北方肉牛舍饲实用技术

杨术环　主编

辽宁科学技术出版社
·沈阳·

图书在版编目（CIP）数据

北方肉牛舍饲实用技术/杨术环主编. —沈阳：辽宁
科学技术出版社，2021.6
ISBN 978-7-5591-2095-3

Ⅰ. ①北… Ⅱ. ①杨… Ⅲ. ①肉牛—饲养管
理 Ⅳ. ①S823.9

中国版本图书馆 CIP 数据核字（2021）第110086号

出版发行：辽宁科学技术出版社
　　　　　（地址：沈阳市和平区十一纬路 25 号　邮编：110003）
印　刷　者：辽宁鼎籍数码科技有限公司
经　销　者：各地新华书店
幅面尺寸：170mm×240mm
印　　张：23.25
插　　页：4
字　　数：480千字
出版时间：2021年6月第1版
印刷时间：2021年6月第1次印刷
责任编辑：陈广鹏
封面设计：颖　溢
责任校对：李淑敏

书　　号：ISBN 978-7-5591-2095-3
定　　价：69.00元

联系电话：024-23280036
邮购热线：024-23284502
http:www.lnkj.com.cn

本书编委会

主　编　杨术环

副主编　刘　全　杨广林　张丽君

　　　　李智博　陈　征　金永志

参编人员（以姓氏笔画为序）

王　宁　王大鹏　王化青　王文强　王宝东

邓福金　宁　馗　庄洪廷　刘　军　江馗语

杜学海　李　宁　李　静　李傲楠　初冠群

张文军　陈　宁　林志鹏　岳密江　金双勇

周成利　姚思名　秦　剑　钱汉超　高　磊

唐学成　黄承俊　阎雪松　蒋　磊　韩　杰

参编单位　辽宁省农业发展服务中心

　　　　　辽宁省牧经种牛繁育中心有限公司

复州牛公牛

复州牛母牛

复州牛牛群

沿江牛公牛

沿江牛母牛

沿江牛牛群

辽育白牛公牛

辽育白牛母牛

辽育白牛牛群

西门塔尔牛公牛

夏洛莱牛公牛

利木赞牛公牛

安格斯牛公牛

皮埃蒙特牛公牛

比利时蓝牛公牛

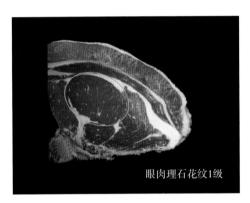

眼肉理石花纹1级

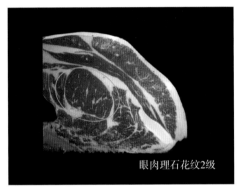

眼肉理石花纹2级

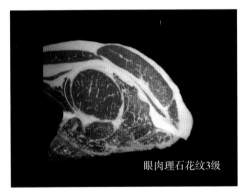

眼肉理石花纹3级

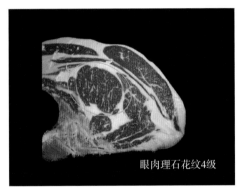

眼肉理石花纹4级

辽育白牛中高等级牛肉生产胴体分级理石花纹评级图谱

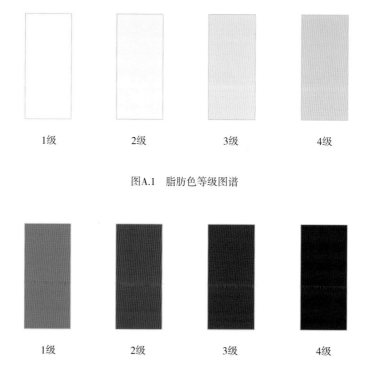

图A.1 脂肪色等级图谱

图A.2 肌肉色等级图谱

辽育白牛中高等级牛肉生产胴体分级脂肪色和肌肉色等级图谱

前　言

　　我国北方地区多为农区或农牧交错地带，气候变化四季分明，种植业以旱地作物为主，发展肉牛生产具有饲草料资源丰富、养殖场建设选场便利、气候环境适宜等自然禀赋优势。北方地区养牛传统悠久，品种改良工作基础好，特别是近年来，牛肉消费需求持续增长，政府大力扶持引导，社会资本大量涌入，北方地区肉牛养殖业呈现出跨越式发展的势头，肉牛生产由过去的小规模粗放散养模式逐步向规模化、设施化、标准化养殖模式发展，生产方式已由传统的放牧生产转为舍饲、半舍饲养殖，北方地区已发展成为国内优质架子牛、后备母牛、育肥牛的重要供应基地。

　　目前，肉牛养殖业正处于历史上最好时期，可以预见，未来十几年内我国肉牛产业将继续呈现利好趋势。但肉牛产业发展中，特别是在养殖技术环节仍存在着许多突出问题，需要业界同仁共同努力来寻找解决途径。

　　育种与繁殖方面。北方地区由于地方牛种体形大，并且引进外来牛种改良本地牛群工作起步早、普及率高、连续性好，牛群遗传品质和性能表现普遍优良，一些采用级进杂交的地区尤其是农区，肉牛改良优秀个体的生产性能基本达到国外纯种水平。但由于引进品种没有组成有效的繁育群体，新培育的肉牛新品种和地方品种又无法与引进品种抗衡，种源依赖外引的被动局面仍然没有改变；同肉牛生产发达国家相比，种公牛遗传评估与冻精生产环节，在质量、工艺、技术和生产水平等方面仍存在一定差距；品种杂交利用还存在品种选择、杂交模式盲目无序和品种单一等问题；随着母牛养殖规模的不断扩大，很多母牛场为了减少繁殖管理压力，保持母牛繁殖效率，又开始采用本交模式，而且本交公牛多数是系谱不清、未经过选育和测定的商品代公牛，这将严重影响牛群遗传改良进程，导致牛群质量的下降，等等。

饲料与营养方面。同单胃动物相比，肉牛生产无论是营养标准还是饲料营养价值评定都非常复杂，我国现行的肉牛饲养标准NY/T 815—2004，饲料营养价值评定体系主要借鉴美国的研究成果，国内饲料原料的相关数据资料还不够完善，而且生产中粗饲料的种类和品质千差万别，理论上精准配制日粮难度本就很大，再加上从事现场养殖的技术人员学识及能力所限，导致目前无论是大型养殖场，还是中小型规模场，肉牛生产普遍存在着日粮配方不科学，营养供给不合理，养殖成本过大，养殖场户未获得应有的收益。同时由于忽视粗饲料收、贮、制等环节的管理，造成肉牛日粮中霉菌毒素严重超标，直接影响到牛群健康及其生产性能的发挥，甚至降低了牛肉品质。

环境控制方面。由于肉牛养殖场建设的场地条件、投资规模、养殖模式、养殖规模、生产工艺各不相同，场区布局和牛舍设计需要根据每个场的需求和实际情况因地制宜，合理选择牛舍类型，科学设计牛舍构造，合理配置附属设施和机械设备，做到一场一策，一舍一构。而现实生产中，许多牛场建设前没有进行细致调研和专业化设计，或简单照搬或自行主张，造成场区布局、牛舍型材及各项技术参数不科学、不合理，投入生产后导致牛舍内小气候环境难以控制，生产操作极不便利，甚至出现一些新牛舍一经投产就要进行改造的情况。牛舍环境控制不力对牛群健康和生产性能的影响是长期的，当饲料和人力价格上升时，这种影响将被放大，最后会成为导致牛场经营失败的最后一根"稻草"。此外，社会上既懂肉牛养殖知识又了解农村生产实际的工程设计人员凤毛麟角，许多新入行的投资人苦于找不到相关咨询或服务部门，又找不到经验丰富的技术人员。

饲养管理方面。肉牛养殖中的繁殖育种、饲料营养、环境控制及疫病防治等技术领域所有好的理念、方法与措施，都需要通过在现场饲养管理中来落实到位。可以说，饲养管理的好与坏最终决定经营的成与败、效益的高与低，是肉牛养殖生产的根本。目前，肉牛场饲养管理问题的症结在于确定生产工艺流程和细节时没有充分考虑牛的生理与习性特点，生产操作的规范化、精细化程度过低，生产安排计划性不足，忽视测量和记录，管理过于粗放。

疫病防控方面。目前养殖场户往往重治疗、轻预防，忽视养殖场的环境消毒和卫生管理，在圈舍环境管理、预防保健上投入少，在疫病治疗上花费大；

同时普遍缺乏用药知识，用药不规范，没有休药期观念，不按说明使用药品的现象更是屡见不鲜；对外来疫病、新发疫病缺乏足够的了解，防范意识不强；基层兽医人员水平良莠不齐，技术水平亟待提升。

多年来，辽宁省畜牧业发展中心一直承担着全省肉牛生产应用技术研究与推广职能，为了贯彻落实好习近平新时代中国特色社会主义"三农"思想，实现国家提出的"十四五"期间肉牛业发展目标，大力推广现代肉牛舍饲健康养殖技术，实现北方地区肉牛产业可持续健康发展，我们立足北方地区肉牛养殖生产现状和基础，认真总结多年来开展肉牛舍饲养殖的实践经验，综合近年来有关科研成果，组织技术人员编著了《北方肉牛舍饲实用技术》。该书由肉牛场建设、肉牛品种与杂交利用、母牛饲养管理、母牛繁殖、犊牛饲养管理、肉牛育肥、种公牛饲养与冻精生产、肉牛饲料及营养需要、肉牛常见疾病防控等章节组成，以面向生产一线的从业人员，服务广大养殖场、户为宗旨，系统地介绍了北方肉牛舍饲各环节的技术要点，内容丰富，文字通俗、简明扼要，方便实用，可操作性强，希望能成为从事肉牛养殖生产和技术服务一线人员的"参谋和帮手"。

本书在编写过程中，参考和引用了一些国内已出版和发布的文件、标准和相关书籍，在此诚挚地向原作者和出版单位致谢！受编写者水平和能力局限，书中一定存在不全面甚至不妥之处，敬请读者批评指正，以帮助我们及时改进，更好地服务好产业和读者。

编者

2021年3月

目 录

第一章 肉牛场建设

　　肉牛场的规划和建设，要做到因地制宜、依法依规、科学选址、合理布局。场内建筑物布局要间距科学、整齐紧凑、节约管线、适合生产流程，便于防疫消杀，符合消防安全，并预留未来发展建设空间。工艺设计要本着节约用地、节约资源、满足生产需要，便于实现清洁化生产和卫生防疫。在建设过程中，应遵循标准化生产的要求，场区及场舍设计、用水、用电、防火、环境卫生应符合国家最新出台的相关标准要求，如生产生活用水应符合《生活饮用水卫生标准》（GB 5749—2006），场区用电应符合《供配电系统设计规范》（GB 50052—2009），场区防火应符合《建筑设计防火规范》（GB 50016—2014）、《农村防火规范》（GB 50039—2010）等。

第一节 场址选择

一、选址原则

　　肉牛场选址在符合《中华人民共和国畜牧法》和地方土地使用规划、农牧业发展规划、环保规划以及卫生防疫要求的基础上，按照牛的生活习性和生理特点，根据牛群种类、发展规模、建设资金、机械化程度、设备条件等因素，因地制宜对地势、地形、土质、水源及周围环境等进行多方面综合比较分析，选择地势较高、便于排水，土质透水、透气性强，水质良好、水量充足、饲草料丰富、交通及电力方便、卫生防疫条件较好的地方。

二、场址要求

（一）地形地势

牛场场址要选择地势高燥，平坦开阔，易于排水，具有北高南低的缓坡最佳，或中间稍高周围较平缓的场地；地下水位2m以下，高出历史洪水线2m以上，以避免洪水威胁，减少土壤潮气上返；背风向阳，有利于场区光照和热调节。在山区坡地建场，应选择坡地平缓、向南或向东南倾斜的地方，总坡度不超过25%，建筑区坡度不超过2.5%，并且要避开风口，有利于阳光照射，通风透光，四周没有大的树木或其他建筑遮挡，以保证自然通风顺畅。低洼下湿、高山顶、高风头的地方不宜修建牛场。

（二）土质

土质对牛体健康、生产性能和环境卫生影响很大。牛场场地的土质要坚实抗压、质地均匀、透水透气性好、吸湿性和导热性弱。沙质土壤是最理想的建场土壤，符合牛场土壤要求的所有条件，有利于牛舍和运动场的清洁卫生和日常管理，有利于牛体健康，降低肉牛肢蹄病和其他传染病的发病率；沙土或沙石土次之，黏土最不适合。

（三）水源

肉牛场每日用水量较大，每头存栏肉牛日需用水约80kg；主要包括牛的饮水、人员生活用水、饲养管理用水以及灌溉用水等。规模化牛场选场时要考虑有充足的水源，水源周围条件好，没有污染源；水质良好、取用方便，水质符合国家《生活饮用水卫生标准》；如选择地下水作为水源时，须注意水中微量元素的成分与含量，特别要避免被工业、微生物、寄生虫等污染的水源，确保人畜安全与健康。

（四）交通电力

为了便于饲草、饲料、粪便及牛只等的运输，肉牛场场址尽量选择离公路或铁路较近的交通便利的地方，但不能太靠近交通要道，以避免过往车辆产生的噪声影响肉牛日常生产，避免人流、物流频繁传播疾病。因此，要求肉牛场距离公路、铁路等主要交通干线500m以上。肉牛场附属设施的运转要求电力充足可靠，正常生产有保障。

（五）饲料资源

肉牛饲养所需的饲料特别是粗饲料量大，因此肉牛场选址时应该选择距农作物秸秆、青贮和牧草饲料资源较近且丰富的地区，周围应尽量避开有大型的同类型饲养场，避免发生原料竞争，以保证草料供应，减少运费，降低成本。

（六）卫生防疫

场址应符合兽医防疫要求与公共卫生的要求，肉牛场不能成为周围的污染源。牛场的位置应选在居民区的下风向、地势低于居民区的地方，并且周围无人畜地方病。距离居民区、文化教育科研等人口集中区域、生活饮用水源地、动物屠宰加工场所、动物和动物产品集贸市场500m以上；距离种畜禽场1000m以上；与其他动物饲养场（养殖小区）之间距离不小于500m；距离动物隔离场所、无害化处理场所3000m以上；距离各种化工厂、制药厂、制革厂等容易造成环境污染的场所距离不应小于500m，且选在其上风向，地势较高处。不能在旅游区、自然保护区、环境污染严重区、畜禽疫病常发区和易遭受洪涝灾害威胁的山谷洼地建场，尽量不要在旧养殖场建场，以免传染病的发生。

第二节　肉牛场规划与布局

一、场区规划原则

肉牛场的规划应本着因地制宜、科学饲养和环保高效的原则，在选定的场地上，根据建设地点的地形、地势，当地的主风向，对场内各功能区和建筑物进行合理布局，同时还要为未来发展留出空间。场内各区域和建筑物的配置应遵循有利于卫生防疫和安全生产、有利于饲养管理和提高生产效率，有利于环境保护和提高土地利用率。

二、牛场的分区与布局

场区按生产管理功能，通常划分4～5个区，即生活管理区、辅助生产区、生产区、隔离区及粪污处理区。各区之间用围墙或绿化隔离带明确分开，在各区间建立相应联系通道。小型肉牛场以生产区为主，大型肉牛场各区要功能齐全，流程科学，协同工作。根据肉牛场生产规模、机械化程度和设备应用情况，科学确定各区建设内容和建筑物布局，以提高牛场的劳动生产效率。

生活管理区要处于全场上风向和地势较高的地段，向下依次为辅助生产区、生产区、粪污处理与隔离区。当地势和主风向不是同一方向，按照防疫要求又不容易处理时，各功能分区布局应以主风向为主。见牛场分区布局（图1-1～图1-4）。

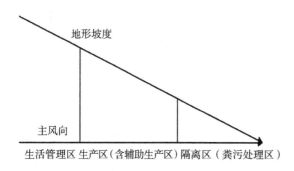

图1-1 牛场分区布局

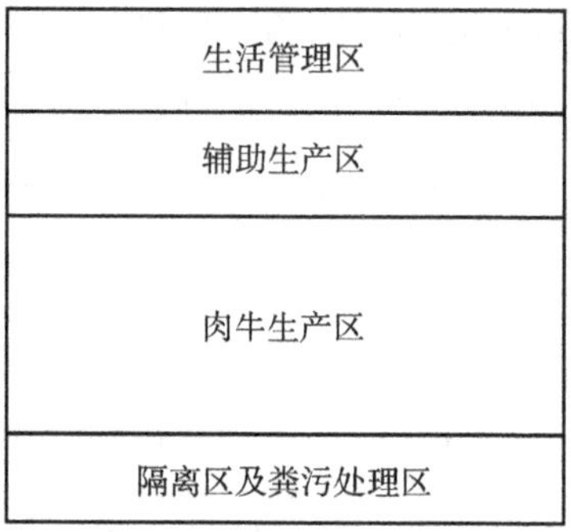

图1-2 牛场分区布局

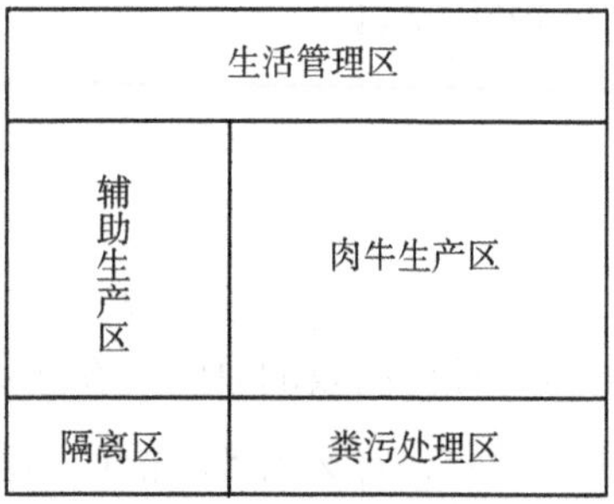

图1-3 牛场分区布局

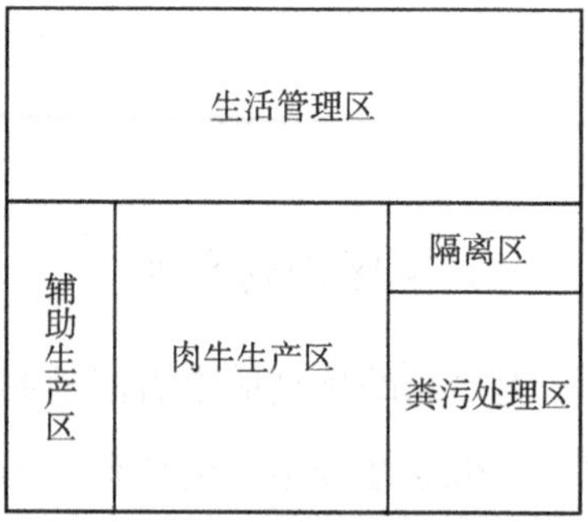

图1-4 牛场分区布局

（一）生活管理区

主要包括职工宿舍、食堂、办公室、接待室、档案资料室、财务室、试验室等建筑。一般情况下生活管理区位于靠近场区大门内集中布置，在主风向上风处、地势较高的地方。生活管理区要与生产区保持50m以上距离，一般通过设置隔离墙或绿化带等方法来分隔两区；有条件的可将生活区和管理区分开建设，将职工住宿等福利设施的生活区设在牛场大门外，全场的上风向和地势最高地段，与生产区保持100m以上距离，以保证生活区良好的卫生环境。

（二）辅助生产区

主要是与生产功能联系较为紧密的库房和设施，包括草料库、青贮窖、饲料加工调制用房、供水、供电、供热及机器设备等设施，要紧靠生产区布置。辅助生产区和生产区之间要用围墙（围栏）或绿化带隔离开，大门口设立门卫传达室、消毒室、更衣室和车辆消毒池，严禁非生产人员出入场内，进入人员和车辆必须经过消毒室或消毒池进行消毒后方可入内。

饲料供应、贮藏、加工调制及与之有关的建筑物，其位置确定必须兼顾饲料由场外运入、再运到牛舍两个环节；青贮窖可设在牛舍和饲料加工间附近，以便取用，但必须防止牛舍和运动场的污水渗入；牧草堆放的位置应设在生产区下风口，并与建筑物保持50m以上的距离，以利于安全防火。

（三）生产区

生产区是肉牛养殖的核心区域，主要是各种牛舍、运动场、草料临时堆放和贮存场地及装牛台等设施。

多栋牛舍宜采取长轴平行配置，舍间距10m以上，前后距离应视饲养头数所占运动场面积大小来确定；数栋牛舍可并列配置。配置牛舍和其他建筑物以及场区道路时应考虑方便运作，利于运输，适合机械化操作。生产区内分设净道和污道，人员、饲料及产品进出走净道，粪便、病牛及废弃物、污染设备运输走污道，净道和污道不可交叉且出入口分开，道路上空至少4m内无障碍物；各牛舍之间设便道，用于饲料的运进、粪便的运出及牛的调动。见牛场布局（图1-5）。

（四）隔离区与粪污处理区

主要包括兽医室、病牛隔离舍及粪污处理设施，该区位于全场场区最低处、主导风向下风向，与生产区保持一定距离；该区必须以围墙和绿化带与生产区隔开，建有单独通道与生产区相连，向场区外单独开门，以便于将处理后的粪污及其他相关产品直接运出牛场。

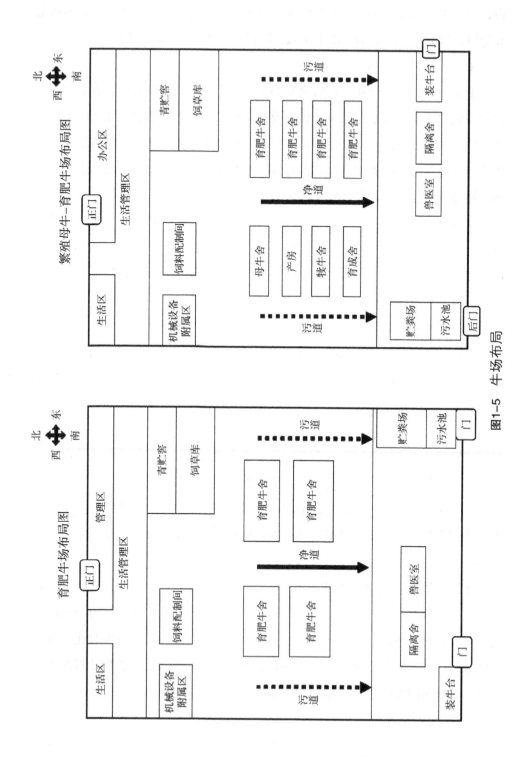

图1-5 牛场布局

第三节 牛舍设计

一、牛舍设计要求与思路

肉牛养殖的生产效果，既取决于牛本身的健康状况、遗传性能以及饲养管理水平，同时也取决于牛舍环境条件。据估算，在品种、饲料营养和牛舍环境三个对牛的生产性能影响的主要因素中，环境占15%～20%。科学合理的牛舍设计，创造牛群舒适环境和生产操作便利条件，更好地满足牛只生理与行为需求、生产工艺高效运行需求和安全与经济需求，使牛群保持良好的健康和生产水平，是肉牛养殖一劳永逸和节本增效的最好途径。

（一）创造舒适环境，满足牛的生理与行为需求

为牛只创造相对舒适的内部环境是牛舍建筑设计的基本要求，同时也是最高目标。对牛的生理、健康和生产有直接影响的舍内温度、湿度、气流、光照和空气质量等环境因素与控制措施，以及牛具有耐寒不耐热、喜燥怕湿，喜欢晒太阳、自由活动、呼吸新鲜空气，更适应安静和熟悉的环境，采食量和饮水量大、速度快且采食后需要反刍、不喜饮过凉的水等生理特点和生活习性等，在牛舍设计时都要被充分考虑。

1. 环境需求

（1）温度

舍内温度过高或过低对牛的生长、发育、繁殖和健康都有不利的影响。环境温度高会导致牛食欲下降、采食减少，增重降低甚至失重，繁殖机能下降；会加重有害气体、微生物对牛的危害，增加患病的风险。环境温度过高甚至会引发热射病，严重时可导致死亡。环境温度低则牛采食量增加，但增重降低；若水料结冻，则造成采食和饮水困难，易引起母牛流产；犊牛舍温度过低，易引发疫病，甚至冻伤。

牛的体温调节与代谢中有最适宜温度和生产适宜温度两个适宜温度。最适宜温度指牛不需要调整代谢水平来维持体温，体感最舒适，生产力、饲料报酬、抗病力最佳的环境温度。牛的最适宜温度为10～15℃。生产适宜温度是指

牛虽然需要通过调整代谢水平来维持体温，但生产性能和健康基本不受影响的环境温度。牛的生产适宜温度为5～21℃。牛的最适宜温度和生产适宜温度不是恒定不变的，不同年龄、生理状态、生产水平都要有所变化。犊牛的生产适宜温度为10～24℃。因此，牛舍夏季要做好防暑降温，冬季要做好防寒保温，为肉牛提供适宜的温度环境。北方寒冷地带，冬季的保温措施显得尤为重要，应按需建立保温牛舍，并注意通风换气。不同阶段的牛群冬季舍内最低生产适宜温度可参考表1-1。

表1-1　不同阶段牛群冬季舍内最低温度参数

牛群阶段	育肥牛	繁殖母牛	哺乳犊牛	分娩牛	病牛
最低温度（℃）	3	5	7	10	12

（2）湿度

舍内空气湿度过高和过低对牛都有危害。高湿会加重高温和低温对牛的危害。当温度适宜时，湿度对肉牛影响不大。但当高温时，牛体主要以蒸发的形式向外界散热，而高湿却阻碍蒸发散热，不利于机体降温；当低温时，牛体主要以非蒸发（传导、对流、辐射）的形式向空气中散热，而高湿却明显增加非蒸发散热，使机体散失更多的热量。同时，高湿环境有利于病原微生物的繁殖和传播，从而增加牛只患传染性疾病、皮肤病和寄生虫病的机会。然而空气过分干燥对牛也不利，会使牛的皮肤和黏膜干燥，降低其对外界病原微生物的抵抗力；也会导致空气中灰尘量过大，呼吸道发病率升高。牛舍的适宜相对湿度为45%～80%。

牛舍内用水量大，且由于牛舍四周墙壁的阻挡，若通风不好，会造成舍内湿度较大，因此北方冬季在保温保暖的同时应更为重视湿气排放，对牛舍的粪尿污水进行及时的清理，保持良好的通风，减少牛疾病发生。不同阶段的牛群对湿度的耐受程度不同，各阶段牛群牛舍的相对湿度的控制可参考表1-2。

表1-2　不同阶段牛群舍内湿度控制参数

牛群阶段	育肥公牛	繁殖母牛	哺乳犊牛	青年牛	产房牛	治疗牛
相对湿度（%）	≤85	≤85	≤75	≤85	≤75	≤75

（3）空气与气流

气流是空气流动，通俗点讲就是风。它主要通过热调节和有害气体排放对牛产生影响。牛舍内适当的空气流动可形成冷热空气对流，能够增强牛只体表散热维持牛舍内空气清新，有利于肉牛新陈代谢和体温的调节，减少疾病发生。在夏季，牛只通过气流对流散热和蒸发散热，实现防暑降温；而冬季，气流会通过增强牛只散热而不利于防寒保温。但是，即使在严寒条件下的冬季，也应该保证牛舍内适当的气流，适当的气流可使空气的温度、湿度、化学组成均匀一致，有利于将污气和湿气及时排放。因此，北方冬季牛舍切忌为保暖而忽视舍内适当的空气流通。

需要强调的是从缝隙进入的温度很低、速度很大的气流，也就是通常讲的"贼风"，对牛的危害很大，应避免。从换气、保温、降温三个方面综合考虑，舍内空气流速在0.2～0.3m/s为宜。以饲养人员进入牛舍会感觉到空气流畅、舒适为佳。冬季气流速度应为0.1～0.25m/s，夏季应为1m/s以上，但不应高于2m/s。

（4）光照

光照是肉牛生存和生产所必需的外部条件之一。自然光照对牛的健康和生长有重要作用。因为，太阳光中的紫外光有杀菌、抗佝偻病、表层消炎、增强机体抵抗力的作用；红外光有御寒、促进生长和消肿镇痛等有益作用。可见光通过视觉器官影响动物的发情、生长发育、产乳和换毛。牛经过人类的长期驯养已成为长年发情动物，但可见光的光照周期、时间和强度（包括均匀度）对牛的肥育、产乳和换毛生长依然具有一定的影响。肉牛生产中应充分利用自然光照，要求牛舍内的采光系数（牛舍窗户的有效采光面积与地面总面积的比值）最低应达到1∶16。但应注意的是夏季光照过强，需遮阴防护，避免热射病。而舍内人工补充光的照度不宜太强，尤其是肥育牛只要能满足人的饲养管理和牛的采食、活动即可，一般为50lx。繁殖母牛应适当增加强度，延长光照时间。

（5）空气质量

空气质量主要包括有害气体、微粒、微生物和噪声。

通常牛舍的有害气体主要有氨气、硫化氢、二氧化碳等。这些有害气体过浓、作用时间过长，轻者人和牛感觉不舒服，重者会对牛黏膜产生刺激导致发炎、造成组织缺氧、抵抗力和防疫力降低、生产力下降等危害。牛舍空气中的氨气、硫化氢和二氧化碳的卫生标准分别为不超过15mg/m³、12mg/m³和2950mg/m³。

舍内的微粒多由分发饲料、使用垫料、刷拭、清扫等生产过程和牛起卧走动、咳嗽等活动产生的空气中以分散胶体形式存在的固体或液体微小颗粒。其有机物含量高、直径小、病原微生物多。舍内空气中微粒过多会影响体表的热调节功能甚至引起皮肤炎症、会导致眼部和呼吸道黏膜发炎，会间接加重有害气体、病原微生物的危害等。牛舍内微粒卫生标准为可吸入颗粒物（PM10）和总悬浮颗粒物（TSP）分别不超过2mg/m³和4mg/m³。

舍内微生物主要由牛本身的排泄物以及撒落的饲料、垫料等产生，其中有很多是病原微生物。舍内微生物过多会降低牛对外来疫病和不良环境的抵抗力，引起发病，同时也会降低生产性能和饲料报酬。牛舍的高温、高湿、微粒浓度大、通风不好、自然光（紫外光线）照不足等都会加重微生物的危害。

噪声是指能使牛产生烦躁、不安、恐惧等不良情绪的声音。高分贝和长时间的噪声影响牛的正常生理机能，导致生产力下降，危害健康。牛舍应相对安静，但一定水平的声音对牛有好处，比如播放轻音乐可以稳定牛的情绪，降低牛对噪声的敏感。牛舍噪声应不超过75dB。

2. 生理与行为需求

（1）采食与饮水

为牛提供可以采食的专用空间和饲槽，让牛以自然的姿势采食到新鲜饲料和饮水是对其的基本福利。拴系成年牛要便于其采食和饮水，头的活动范围应为向前90～100cm、左右宽55～60cm，饲槽底部高于牛床地面至少10～15cm。水温对牛的影响比人们想象的大。据观察自然放牧条件下，牛喜欢喝河水而不是地下水。这大概是因为，牛饮水量很大，水在瘤胃中参与复杂的消化、代谢过程，而瘤胃中的温度在42℃左右，如果饮水温度太低，需要消耗更多的机体热量，尤其在冬天，这会影响牛的消化和健康。

（2）休息、活动与排泄

起卧、行走、休息（反刍）、睡眠、排便是牛最基本的生命活动，其中反刍是牛不同于单胃家畜的特殊生理需求，牛采食后需要充分休息完成反刍。

在自然状态下，牛会将生存空间划分为采食区、休息区和排泄区。在人工养殖条件下，这些自然行为受到严重限制将不利于其正常的生长发育和生产力的发挥。所以标准牛舍要设有牛床和活动通道，牛床上铺有垫料。要求理想成牛舍的牛床尺寸为宽100~120cm、长210~220cm，活动通道宽180~200cm。

（3）空间需求

牛的空间需求分为身体空间需求和社会空间需求。身体空间需求是指身体自由躺卧、站立、伸展和采食（不包括运动）所需空间，社会空间需求是指同伴之间保持最小距离的空间大小。社会空间需求大于身体空间需求。牛在放牧条件下成年母牛的个体空间需求面积为2~4m²/头，所以群养牛舍的栏内面积成年母牛不应小于4m²/头（不包括运动场），育肥牛在肥育后期需要的面积应为5~6m²/头。

3. 环境控制要求

（1）牛舍防暑

牛从生理角度来讲，一般比较耐寒而怕热，通常高温对牛的健康和生产影响比低温大。炎热季节舍内过热的主要原因是由于室外大气温度过热、强烈的太阳辐射、牛体散热等。所以在设计牛舍时，要通过选择隔热性能好的建筑材料、加强通风结构和表面阳光反射以及遮阳设计来防止舍内温度过高。

（2）牛舍保暖

冬季牛舍温度取决于舍内热量的产生与散失。舍内热量的来源主要是牛体散热和日光照射，而失热取决于外围护结构的保温隔热性能。所以牛舍设计时选择导热系数小的建筑材料，减少整个建筑尤其是阴面的表面积，牛舍长轴选择南向以充分利用直射阳光以及降低通风等。寒冷地区产房和犊牛舍应设有取暖设施，增加舍内产热，维持舍内适宜温度。

（3）牛舍降湿

牛舍湿度过大往往是牛舍湿度环境控制的主要问题，尤其在通风受限的冬季。而牛舍空气中水汽主要来源于粪尿、饮水。所以在设计牛舍时，地面、牛床、水槽、尿沟等的材料、位置和坡度要有利于排水（排污）。

（4）牛舍通风

牛舍合理通风是保持舍内适宜温度、湿度和空气质量的重要途径。牛舍通风设计应以自然通风为主，机械通风为辅。根据当地的主导风向选择牛舍方向，按着最大（夏季）换气量和均匀分布的需求，合理设计进、出风口的面积、位置、形状、分布和两者间的距离。在进行通风设计时，首先将牛舍的采光窗作为夏季通风口，通风面积以1/2面积计算，在不能满足通风需求时再进行地窗、天窗和通风屋脊的设计。如自然通风不能满足需求时，可以设置吊扇或在屋顶风管中安装风机，亦可在舍内沿长轴每隔一定距离安装一台大口径风机，进行接力通风。

（5）牛舍采光与照明

牛舍应充分利用太阳光的直射和散射进行自然采光。采光量与牛舍朝向、舍外挡光情况、窗户设置、透光性能、舍内反光面等因素有关。合理设计采光窗的位置、形状、数量和面积来保证牛舍的自然光照，同时控制冬季直射光最多，夏季直射光最少是牛舍采光控制的主要任务。另外，近年来为了增加采光效果，许多牛舍采用屋顶镶嵌阳光板的设计，这种方法带来了两个不足，一是冬天结霜；二是阳光板面积过大，夏季舍温高。此外还需要有人工补充照明，以保证舍内所需光照度和时间并使光照度均匀。牛舍一般选择白炽灯作为人工光源进行照明，首先根据牛舍的光照标准和每平方米地面设1W的光照度标准计算总瓦数，按行距和灯距3m左右确定灯具的数量，为使舍内光照均匀，应适当降低每个灯具的瓦数，增加灯具的数量。

（二）便于生产操作，满足生产工艺高效运行要求

肉牛生产过程中每天或者固定周期内需要进行繁杂的常规性养殖操作，并且不同生产类型、饲养模式都要有不同的生产工艺和技术手段，这些工作有的需要人工操作，有的需要借助机器完成。无论是生产后备牛的繁殖母牛场，还是生产肉牛的育肥牛场，或者是既繁殖又育肥的自繁自育肉牛场，牛舍设计过程中应充分考虑人体与机械的作业需求，以实现养殖生产的顺利实施与高效运行。

1. 常规生产操作需求

饲喂：要实现牛只的饲喂，牛场需要建有草料棚、精料贮存和配制间、水箱（水源）、料道、料槽、水槽、采食区、牛栏、草料切割机、饲料粉碎机、饲料搅拌机、上料车等工具和设施。

清粪：完成牛场粪便处理的完整操作，需要有粪（尿）沟、渗水井、清粪道、堆粪场、污水处理池和清粪车等设备设施。

卫生消毒：应设有用于车辆、人员和环境消毒的消毒池、消毒通道和喷雾器等。

治疗与疫苗接种：牛场需设有保存药品、器械和档案的兽医室，观察与隔离用的隔离牛舍，以及治疗病牛的保定栏（架）。

转群：牛只入场和出栏以及按着不同生长阶段和状态进行分群和转舍，需要设有专用通道和装卸台。

测量：完成牛只进出栏、各发育阶段的体重测量，需要配备有带围栏的体重秤。

接产：母牛场需设计用于母牛围产期管理，供母牛产犊用的产房（间、栏）。

哺乳：规模母牛场应实施母、犊分栏管理，在母牛舍内设计可实现定时哺乳和单独补饲的犊牛栏。

尸体无害化处理：养殖区域内无病死畜尸体集中无害化处理场的牛场，需要设尸体无害化处理设施和设备。

2. 繁殖母牛场生产工艺流程

母牛场生产阶段划分为犊牛期（0～6月龄）、青年牛期（7～15月龄）、育成牛期（16月龄至第1胎产犊前）及成年牛期（产第1胎至淘汰）。成年牛期又可根据繁殖阶段进一步划分为妊娠期、围产期、泌乳期、配种期。其中母牛的泌乳期和配种期在时间上重合。

生产常采用如下工艺流程：

成年母牛配种受胎后经过9个月的妊娠期→为期1个月的围产期→3～6个月哺乳期，期间母牛完成下一胎配种，进入下一个繁殖周期。

犊牛饲养至6～8月龄→青年牛群。其中：公牛育肥；母牛饲养至14～16月龄，体重达350～400kg时第一次配种，确认受孕→育成牛群，分娩后→成年牛群。

3. 育肥场生产工艺流程

肉牛生产工艺流程：

青年牛（架子牛）→育肥牛（适应与准备期，育肥前、中、后期）→出栏上市。

4. 自繁自育场生产工艺流程

自繁自育场生产工艺流程同时完成繁殖母牛生产工艺和育肥牛的生产工艺。

（三）满足安全与经济要求

1. 经济适用

在牛舍设计与建造过程中，应根据当地的技术、经济、气候条件和建筑习惯，因地制宜、就地取材，尽量做到节省劳动力、节约土地和建筑材料以及生产能源，减少投资。在满足生产条件的前提下，尽可能做到经济适用。

2. 安全耐久

在牛舍设计和建造时，应正确选择和运用建筑材料，满足坚固耐久、防火、防电、防疫以及保护环境等要求，以保证人、牛和周围环境以及财产的安全。

二、牛舍类型与选择

牛舍按封闭程度、顶棚形状、牛栏列数及牛床类型等分为不同类型，各类型牛舍具有各自的优缺点和适用性，在选择时应根据当地气候特点、场地条件、牛群规模、养殖模式、生产工艺以及投资规模等具体情况进行系统分析，在此基础上还要多走多看，学习和借鉴其他牛场牛舍建设的成功经验，最终确定适宜的牛舍类型。

（一）牛舍封闭程度

牛舍根据其封闭程度可分为全封闭牛舍、半封闭牛舍、全开放牛舍和围栏等四种牛舍类型。

1. 全封闭式

全封闭式牛舍是指有屋顶，四面有墙壁。全封闭牛舍还分为有窗牛舍和无窗牛舍。肉牛舍多数都采用有窗牛舍，即南北墙上设有可开闭的通风窗，平常天气牛舍采用自然通风和光照即可，极端天气可借助安装的排风扇，进行机械通风来换气降温。而无窗牛舍则牛舍不设窗户，完全依靠机械通风和人工光照，肉牛场不常采用。全封闭牛舍有牛舍内小气候环境可控程度高，牛群健康

014

和生产水平受舍外不利环境因素干扰小、便于精细化管理等优点，同时存在牛舍造价高、设计复杂、环境控制技术和设备要求高等不足。

2. 半封闭式

半封闭式牛舍一般是三面有墙，一面（通常向阳面）为半截墙，围成半敞开空间。冬季寒冷时，开敞的墙面需用塑料薄膜覆盖成封闭状态，用于防风保温；夏季炎热时开启，利于通风散热。半封闭式牛舍与全封闭式牛舍相比具有节省建筑成本、更好地利用自然光照和通风等优点，但也存在不适于双列式牛舍、空间利用率不高的不足。北方采用半封闭式牛舍的最好形式就是塑料暖棚。

3. 全开放式

全开放式牛舍是指上有顶棚，四面没有墙壁，用牛栏或矮墙围起来的牛舍。这种牛舍结构简单，造价低廉，通风性能好，但是因无法保证冬季保暖，牛维持体温需要消耗大量能量，饲料报酬低，不适合北方地区的肉牛养殖。

4. 围栏式

围栏式是指没有顶棚和围墙，四周只有围栏，牛群在围栏内自由运动。这种形式造价最低。但牛群需要抵抗严寒、酷暑、雨淋等不良外界环境，很难取得理想的养殖效果。不适于寒冷和降雨量大的地区，而且存在牛场占地面积大的弊端。

（二）顶棚形状

牛舍按常见的顶棚形状可分为单坡式、双坡式、钟楼式。

1. 单坡式

单坡式屋顶只有一个坡向（一般南墙高，北墙低）。优点是造价低廉，采光和保温好，由于跨度小，适用于单列舍和小规模牛群。

2. 双坡式

双坡式屋顶有两个坡向，是最常用的一种形式，适用于双列舍和大规模牛群较大跨度的牛舍。

3. 钟楼式

钟楼式在双坡式的基础上增设了双侧或单侧通风窗，适于炎热和温暖地区的大跨度牛舍，特点是通风和防暑性能好，有利于舍内采光和通风，适用于温暖和炎热地区。但建筑成本较高、不利于防寒。

（三）牛床列数

牛舍按牛床列数分为常见的单列式和双列式。

1. 单列式

牛舍内只设一排牛床，屋顶可采用平顶式、半坡式或平拱式。单列式牛舍跨度小，易建造，通风好，但散热面积相对较大，适用于小型肉牛场。

2. 双列式

牛舍内设两排牛床，分左右两个单元，有对头式或对尾式两种，以对头式应用较多。双列式牛舍与单列式相比：跨度大，造价稍高，但牛舍空间利用率高；冬季保暖、防寒性好，但光照和通风设计要求高，适用于规模较大的肉牛场。

（四）牛床的固定状态

牛舍按牛床上牛只的固定状态分为拴系式和散栏式。

1. 拴系式

拴系式是指每头牛被拴系在牛床的固定位置，不能在牛栏内自由活动的牛舍类型。该类型牛舍具有便于牛只个体管理，牛只采食均匀，节省饲料和牛舍面积等优点。牛只由于缺乏运动易引起健康问题，同时增加舍外运动牛只的饲养员拴系（上枷）和松解操作。拴系式育肥牛舍适用于短期快速育肥。

2. 散栏式

散栏式是指每头牛在舍内不拴系，牛床位置不固定，可以在牛栏内自由活动的牛舍类型。该类型牛舍的最大优点是牛只活动范围扩大，有利于增强牛只体质，提高牛只健康水平。同时也存在牛只占地面积大，饲料采食不均匀，易造成同栏牛只生长发育和增重差异大的不足。散栏式育肥牛舍适用于长期持续育肥。

三、封闭式牛舍构造及必要设施

牛舍建筑结构的保温隔热性能、通风和采光设计，在很大程度上决定了牛舍小气候环境；必要附属设施设计在很大程度上决定了饲养工艺和养殖效果。牛舍构造包括基础、墙体、屋顶、地面、门、窗；必要附属设施有牛床、牛栏、料槽与水槽、通道等。

（一）基础与地基

1. 基本要求

基础和地基是牛舍整个建筑的承重构件，决定了牛舍的坚固和耐久性。其中基础是指墙深入土层的部分，一般由垫层、大放脚和基础墙以及圈梁组成；地基是基础下面支持整个建筑的土层，分为天然地基和人工地基。基础应具备坚固、耐久、防潮、抗冻、抗震、抗机械作用强等性能；地基应具备坚实有厚度、平整匀质、压缩性小（不超过3cm）、干燥（地下水位2m以下）等性能。

2. 推荐材料与参数

基础材料有砖、碎砖、三合土、灰土、毛石、混凝土等。

砖基础每层放脚一般宽6cm，北方地区应将基础埋置在土层最大冻结深度以下。表面用加入防水剂的水泥砂浆进行2cm厚的防湿粉刷。

（二）地面

1. 基本要求

牛只的采食、饮水、休息、活动、排泄等一切生命活动都要在地面上进行，而且地面需要经常清扫消毒和机械化清粪、饲喂作业等，地面设计和建造对牛的健康和生产至关重要。所以，牛舍地面要求坚实、致密、平坦、不硬、有弹性、不滑、不透水、隔热、利于排水（有适宜的坡度）。

2. 推荐材料与参数

牛舍常用的地面类型有砖地面和混凝土地面。两种地面相比，砖地面的保温性、防滑性和软硬度优于混凝土地面，但坚固性、防潮性和易清洁性则低于混凝土地面。寒冷地区北方母牛舍应选择砖地面。

砖地面的铺设结构一般由下至上依次为素土夯实、沙垫层、侧铺砖；混凝土地面的铺设结构一般由下至上依次为素土夯实、碎砖、混凝土、水泥砂浆面层。地面坡度1%～1.5%。舍内地面高于舍外20～30cm。

（三）屋顶与天棚

1. 基本要求

屋顶具备承重、保温隔热和防雨雪、防阳光辐射功能，由屋架和屋面组成。天棚是将舍檐高以下空间隔开的隔层，天棚具有保温隔热及通风作用，也便于舍内清扫和消毒，在天棚上铺设保温材料更能发挥天棚的隔热作用，寒冷地区的全封闭牛舍设计天棚更有利于通风。

2. 推荐材料与参数

屋面要求选择导热性系数低、防水、防火、耐久、轻便的材料，带有保温板的彩钢瓦最为常用。天棚材料要求不透水、不透气、保温、隔热、轻便、耐久、耐火、表面光滑，可以选择低成本、当地便于采购的工业与民用建筑天棚和保温材料。

以双坡式牛舍为例，为保证牛舍通风，双坡成年母牛舍和育肥牛舍的棚高（或墙高）应达到3.0～4.0m，屋脊到地面高4.5～5m，屋顶出檐宽度不超过80cm。

（四）围墙

1. 基本要求

围墙是牛舍屏蔽外环境不良气候因素，形成舍内小气候的主要建筑构件，在很大程度上决定牛舍温、湿度等环境条件和使用寿命。所以要求围墙除了坚固、耐久外要具有良好的保温隔热、防水等性能，而且表面平整光滑便于打扫。牛舍墙体分为长轴方向的纵墙和短轴方向的端墙，同时还分外墙和内（隔）墙。

2. 推荐材料与参数

围墙一般采用砖、彩钢复合板等材料。

牛舍的外墙不小于24cm厚，梁下设37cm×37cm砖垛或加混凝土柱，端墙不小于37cm厚，隔墙可轻薄些。外墙面作防水造面，四周地面做0.6～0.8cm宽2%坡度的散水，散水上做0.5m左右高的水泥沙浆勒脚，应做1.2～1.5m高的墙裙，内表面宜用白灰水泥砂浆粉刷，以增加室内亮度，便于清扫消毒。纵墙的长度由场地、养殖数量、每头牛的牛床宽度决定。端墙长度即牛舍跨度由牛床长度、粪道、料槽及料道的宽度决定，双列式牛舍10～12m为宜。大型机械上料和清粪可以增加跨度，但跨度加大会带来通风和光照不足以及造价高的问题。

（五）门、窗

1. 基本要求

牛舍门应满足饲喂和清粪机械操作、人员和牛只通行以及辅助通风采光的要求。牛舍一般应向外开门，最好设置推拉门。窗的设计要同时考虑自然采光、夏季通风防暑和冬季密闭保温的需求，以此来确定窗的分布、数量、位置、形状。

2. 推荐材料与参数

门，一般牛舍的端墙上至少有分别用于饲草料运入和粪污运出两个门。为了便于操作和发挥通风采光的作用，坐北朝南的牛舍东西门对着通道，不设门槛。饲料和粪污运输门应满足机械和人工操作的需要，其中供牛只和人通过的门宽度为1.2～2m、高度2.0～2.4m。机械通过的门宽和高为3.2～4m。如牛舍外设有运动场，则纵墙要设有通到运动场的门，成年牛舍门宽和高2.0～2.5m。

窗，牛舍的窗户设计要同时考虑采光和通风两个需求。牛舍的南窗为采光窗，上下缘高度及宽度：窗户上缘高度按阳光入射角，即窗户上缘（或屋檐）到牛舍地面中央连线与地面水平线之间夹角不小于冬至太阳高度角25°（90°－纬度－23°27′）确定，以保证冬季的舍内采光；窗户下缘高度按窗户上缘（或屋檐）和窗台内侧连线与牛舍地面的夹角不大于夏至的太阳高度角71°（90°－纬度+23°27′），且透光角即窗户上、下缘分别到牛舍地面中央连线之间夹角不小于5°来确定。从而即避免夏季阳光对牛舍的直射，又保证冬季牛舍光照（图1-6）。

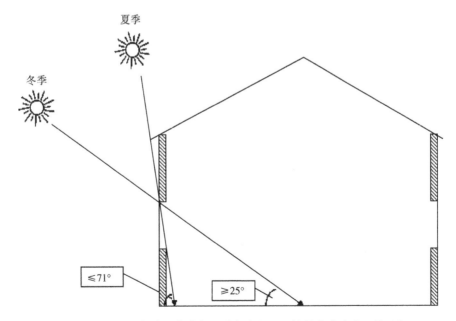

图1-6　根据太阳高度角设计窗户上、下缘的高度（沈阳地区）

窗口总面积，采光窗口的总面积根据采光系数（地面面积与窗口面积的比值）和窗的遮挡系数计算，牛舍的采光系数为1：10～1：16，单层窗的遮挡系数按0.7～0.8计算。即窗的总面积=（地面面积×采光系数）/遮挡系数。建议北窗与南窗的面积比为1：2～1：4。当利用上述参数设计的窗户能够满足牛舍采光，但不能满足通风需求时，应设地窗。一般地窗设在南北采光窗下，面积为采光窗面积的30%～50%。

窗类型，牛舍的窗户以开合方向上分为外开、平开和悬窗（上悬、中悬和下悬）；宽度与高度比值上分为立式、卧式和方形窗。面积一定，高度一定，卧式窗纵向采光和通风均匀度好，立式窗散热好，而方形窗介于两者中间。一般北方牛舍南窗设立式或方形窗，北窗设卧式窗。

（六）牛床

1. 基本要求

牛床是牛采食和休息的地方，牛床地面要求致密坚实、不打滑、有弹性、便于清洗消毒，具有良好的清粪排污系统。

2. 推荐材料与参数

牛床常用材料有水泥、砖和三合土（石灰、碎石、黏土按1：2：4配合）。以水泥、砖最常见，母牛床最好采用砖铺设，而三合土不适于育肥牛牛舍。

牛床位于饲槽后面，通常为通床。一般的牛床长度设计是使牛前躯靠近料槽后壁，后肢接近牛床边缘，粪便能直接落入粪沟内即可。牛床宽度根据牛舍长度和牛只头数设计。成年母牛（育肥牛）牛床长度为1.85～2.10m，育成牛为1.75～1.85m，犊牛为1.30～1.65m。牛床应高出地面5cm，坡度为1.5%～2%，水泥牛床要抹成麻面。母牛产床宜铺设一定厚度的沙土、锯末或碎秸秆作垫料。

（七）料槽、水槽

1. 基本要求

料槽和水槽设计要保证每头牛都可以获得均等的采食和饮水的机会，同时要易于清洁，避免进入杂物造成饲料与饮水的浪费。在建筑上要求坚固、光滑、槽面不渗水、耐磨、耐酸。料槽分为有槽饲槽（专用饲槽）和就地饲槽（无槽饲槽、道槽两用饲槽）。有槽饲槽适于人工上料，地面饲槽适合于机械上料。水槽有专用水槽或自动饮水器，也有的与料槽共用。北方牛舍宜采用具有加热功能的恒温水槽。

2. 推荐材料与参数

料槽和水槽多为水泥槽和金属槽，以固定的水泥饲槽最为常用。

料槽位于牛床前，长度与牛床总宽度相等，槽底部呈弧形高于牛床15~20cm，饲槽内沿高于牛床35~40cm。其中有槽料槽上口宽60~75cm，下底宽40~50cm，外沿高50~60cm；就地料槽要加高饲喂通道，饲槽外沿与饲喂通道处于或接近同一等高线，饲槽上沿宽50~60cm，深15~20cm。与料槽共用水槽要设排水孔，并与舍外的渗水井相通，槽底水平面纵向坡度尽量平缓，力求保持在同一水平面。专用水槽为节省料位一般设在与料槽垂直的方向，成牛舍按每头牛20cm计算水槽的总可饮水长度，槽深60cm左右，宽50~60cm。自动饮水器由水碗、弹簧活门和开关活门的压板组成。自动饮水器的水碗可在饲槽旁边离地面约0.5m处安装。

（八）牛栏

1. 基本要求

牛栏为设在饲槽与牛床之间用于拴系和阻隔牛只的围栏。牛栏要牢固经得住牛群冲撞，间隔合理能阻挡住牛只越过围栏。同时，尽量避免材料表面有尖刺和棱角，以减少牛只的刮伤。

2. 推荐材料与参数

牛栏一般采用金属管件。成牛舍的牛栏高度为1.35~1.5m，由低、中、高三根金属横管组成，要求低位横管距地面35~40cm。

（九）通道

1. 基本要求

牛舍内必要通道有饲喂通道和清粪通道。通道要求地面坚硬、平坦、光滑，可满足机械化操作的需要。

2. 推荐材料与参数

通道用混凝土铺设。清粪通道应抹制粗糙。

饲喂通道设在料槽前方，机械化饲喂通道的宽度视饲喂车宽度而定，为2.5~4m，人工饲喂通道为1.5~2.0m宽。就地饲槽的饲喂通道应高于牛床30~50cm。

清粪通道设在牛床后方，低于牛床5cm左右并以坡面连接，向牛床远端呈2%~3%的下降坡度。机械清粪的通道宽度视清粪机械的宽度而定，为3~4m。如设有舍外运动场，清粪时可以把牛群赶到舍外，清粪车可以借用牛床空间，这时的机械清粪通道宽度可减少到2.5m左右。人工清粪通道宽度为1~1.8m。粪尿沟一般设在牛床和清粪通道之间，宽30~40cm，深10~20cm，截面呈倒梯形。机械清粪的粪尿沟可以设在清粪通道的靠墙端，深度5~8cm即可，也可以不设。

四、牛舍建筑设计

牛舍建筑设计包括平面设计、剖面设计和立面设计。

（一）牛舍平面设计

1. 平面设计内容

平面设计要根据牛场布局、牛头数、饲养管理方式、牛舍类型等，合理绘制围墙、门窗、牛栏、饲槽、牛床、通道等位置及平面尺寸。

（1）确定牛舍跨度。牛舍跨度=料道宽+料槽宽+牛床长+粪沟+清粪通（包括粪沟）。

（2）确定牛舍长度。牛舍长度=牛床宽×单列牛头数+中间或两侧通道宽。

（3）确定围墙、门窗、牛栏、饲槽、牛床、通道的水平位置与尺寸。

2. 参考尺寸与示例图

牛舍平面设计的主要设施参考尺寸见表1-3。人工清粪单列式牛舍和机械清粪双列式牛舍平面布置图示例分别见图1-7和图1-8。

表1-3 牛舍平面设计参考尺寸（m）

牛舍类型	牛床长	料道宽		饲槽宽（上口）	粪道宽	
		机械	人工		机械	人工
成母牛舍	1.8~2.0	3.0~4.0	1.5~2.0	0.6~0.7	2.5~3.0	1.5~2.0
育成牛舍	1.6~1.8	3.0~4.0	1.5~2.0	0.5~0.6	2.5~3.0	1.5~2.0
犊牛舍	1.4~1.6	3.0~4.0	1.5~2.0	0.4~0.5	2.5~3.0	1.5~2.0
分娩舍	2.2~2.4	3.0~4.0	1.5~2.0	0.6~0.7	2.5~3.0	1.5~2.0
育肥舍	2.0~2.2	3.0~4.0	1.5~2.0	0.6~0.7	2.5~3.0	1.5~2.0

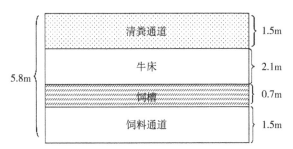

图1-7 单列式牛舍（人工上料、清粪）平面布置

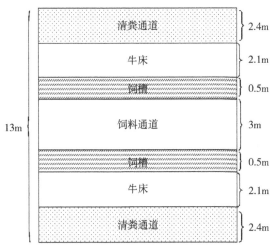

图1-8 双列式牛舍（机械上料、清粪）平面布置

（二）剖面设计

1. 剖面设计内容

剖面设计要确定、绘制并标注说明舍内地坪标高、结构构件高度及舍内设施的高度。

（1）牛舍高度。双坡舍的脊高和前、后檐高、屋顶坡度。

（2）墙体设计。根据材料和气候确定墙的厚度。

（3）门窗设计。根据牛舍面积、太阳高度角、气候情况确定采光窗总面积、尺寸和窗台高度。根据工艺和设备情况确定料道、粪道和牛道的门宽度和高度。

（4）设施、设备设计。主要包括牛床、牛栏、饲槽、通道等的垂直面上的位置与尺寸。

（5）舍内外地坪设计。主要包括舍内地坪、舍外地坪以及门口坡度等。

（6）其他设计。如果需要地窗、檐下通风口、通风屋脊、风帽等设施，要做相应的剖面设计。

2. 参考尺寸与示例图

牛舍剖面设计的构造与主要设施的参考尺寸见表1-4和表1-5。双列式育肥牛舍侧面图示例见图1-9（标注说明见表1-6），就地饲槽及牛栏剖面示例见图1-10（标注说明见表1-7）。

表1-4 牛舍剖面设计参考尺寸（m）

牛舍高度		屋顶坡度	墙体厚度（砖）	窗		门			牛床		牛栏高	粪道坡度	粪尿沟	舍内外地坪差
脊高	檐高			采光窗与舍面积比	窗台高	料道	粪道	牛道	高度	坡度				
4.0 ~ 5.0	3.0 ~ 4.0	25% ~ 33%	0.24 ~ 0.37	6.25% ~ 10%	1.2 ~ 1.5	(2.4 ~4)×(2.4 ~3)	(2.4 ~)×(2.4 ~3)	(2.0 ~3)×(2.4 ~3)	0.05	1.5% ~ 2%	1.3 ~ 1.5	2% ~ 3%	(0.3 ~ 0.4)×(0.1~ 0.15)	0.2 ~ 0.3

表1-5 饲槽剖面设计参考尺寸（m）

牛舍类型	上口宽	槽底宽	内缘高	外缘高
成牛舍	0.6 ~ 0.75	0.4 ~ 0.5	0.3 ~ 0.35	0.6 ~ 0.7
育成牛舍	0.5 ~ 0.6	0.35 ~ 0.4	0.25 ~ 0.3	0.6 ~ 0.7
犊牛舍	0.4 ~ 0.5	0.3 ~ 0.35	0.15 ~ 0.25	0.35 ~ 0.4

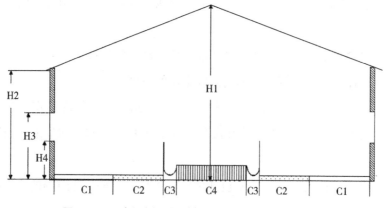

图1-9 双列式（机械上料和清粪）育肥牛舍侧面图

表1-6 图1-9标注说明表

标识	部位	尺寸（m）
H1	屋顶高	5
H2	屋檐高	3.5
H3	采光窗上沿高	3
H4	采光窗下沿高	1.4
C1	粪道宽	2.4
C2	牛床长	2.1
C3	饲槽宽	0.5
C4	料道宽	3

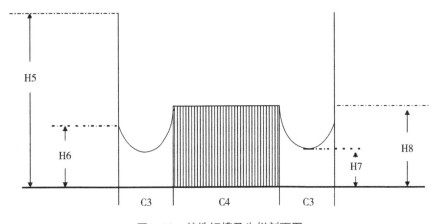

图1-10 就地饲槽及牛栏剖面图

表1-7 图1-10标注说明表

标识	部位	尺寸（m）
H5	牛栏高	1.5
H6	饲槽内沿高（牛栏底高）	0.4
H7	饲槽底高	0.2
H8	饲槽外沿高	0.5
C3	饲槽宽	0.5
C4	料道宽	3

（三）立面设计

平面和侧面设计基本上完成了饲养工艺和环境控制的主要内容。立面设计是在平面设计和剖面设计的基础绘制并标注说明牛舍屋顶、墙面、门窗、进排风口、台阶、坡道、雨罩、勒脚、散水及其他外部构件与设备的形状、位置、材料、尺寸和标高，更侧重于建筑设计，此书不做重点介绍。

第四节　牛舍附属设施、设备和器具

一、附属设施

（一）运动场

运动场是牛每日定时到舍外自由活动、休息的地方。运动场可使牛受到外界气候因素的刺激和锻炼，增强肌体代谢机能，提高抗病力。

1. 位置与面积

运动场应选择在背风向阳的地方，一般利用牛舍间距，也可设置在牛舍两侧。如受地形限制也可设在场内比较开阔的地方。运动场的面积，为牛舍建筑面积的2~4倍，即成年牛运动场面积为每头15~20m²，青年牛为每头15m²左右，育成牛为每头10m²左右，犊牛为每头8m²左右。采用机械作业的大型肉牛场，运动场的设计要便于拖拉机、推土机的进出。

2. 地面

运动场内地面结构有水泥地面、砌砖地面、土质地面和半土半水泥地面等数种，其各有利弊。运动场地面的处理，最好全部用三合土夯实，要求平坦、干燥，有一定坡度，靠近牛舍端稍高，整体向牛舍远端倾斜；运动场中央高，向东、西、南三面倾斜，保证排水良好。

3. 运动场围栏

运动场围栏一般用铁管或钢筋混凝土做立柱、铁管做横向栏杆，立柱高1.3~1.5m，立柱间距3m，横向栏杆3~4根。

4. 凉棚

运动场内应设凉棚，凉棚一般建在运动场中间，为四面敞开的棚式建筑。

为了夏季防暑，凉棚长轴应东、西向。棚柱可采用钢管、水泥柱等，顶棚支架可用角铁等，棚顶面多用彩钢瓦，也可用石棉瓦、油毡等材料。凉棚面积以每头牛3~4m²标准为宜。凉棚内地面要用三合土夯实，地面经常保持20~30cm沙土垫层。

5. 其他

运动场应设有干草槽（架）和饮水槽。水槽下方和四周地面应为混凝土硬化地面。运动场外围应设排水沟，在东西南三面挖明沟排水，防止雨后积水导致运动场泥泞。

（二）饲料库与草料棚

1. 饲料库

饲料库应为全封闭建筑，需满足通风、防雨、防潮、隔热要求。库房的高度、面积以及门的设计要根据饲料加工、运输、混合和饲喂机械的尺寸以及饲料的贮存数量来确定。

2. 草料棚

秸秆及草垛棚设在下风向，与周围房舍至少保持50m以上距离，以便于防火。草料棚地面高10cm，棚檐高5~6m。容积以100头牛为例：长30m、宽8m、高4.5m。

（三）道路

场内道路是联系各牛舍、附属建筑设施和进出场区的通道，更是供正常生产所需的人员、牛只、机械设备及物质运输的交通线路。场内道路从卫生防疫上可分为净道和污道。净道是供人员出入、运输饲料及产品、健康牛群入场与转舍的道路。污道是运输粪污、病死畜禽的道路。场内道路又按载荷能力分为干道和支道。干道指运输全场饲料等物质的主要道路。支道指联系场区内部建筑物分支道路。

道路规划设计要求：一要净道、污道分离，不能混用，并防止交叉。一般采用枝状与梳状尽端布置，枝杆为主道，枝杈为支道，通往兽医专用建筑设专用通道，保证防疫要求。二要路线简洁，保证畜禽场各生产环节联系最方便。三要路面要求坚实、排水良好，保证全天候使用。

道路以沙石路面和混凝土路面为佳，道两侧应有排水沟。与场外联系的干道路面最小宽度应为6.0～7.0m，保证两辆中型运输车辆的顺利错车；用于运输饲料等净干道可设双向车道或单向车道，宽度分别为6m和3.5m，如单向车道须在道路尽头设回车场，路面横坡1.0%～1.5%，纵坡0.3%～8.0%；污道宽度3.0～3.5m即可，支道宽度为2.0～3.5m。

（四）青贮窖

以10～12m³/头为标准计算修建青贮窖，氨化池以5m³/头计算。若仅在冬春季使用，青贮窖按5～6m³计算，池深2.5～3m，长度根据地形地貌和秸秆使用量计算。青贮窖和氨化池要求光滑、无裂缝、无渗水。青贮窖（池）应建在牛场附近地势高燥处，窖（池）地面高出地下水位2m以上，窖壁平滑，窖壁窖底可用水泥或石块等材料筑成，也可建成简易式即土窖，土窖窖壁窖底以无毒农用塑料薄膜做衬，每次更换。窖形呈上宽下窄，稍有坡度，窖底设排水沟（沟可开在中间或两旁），四角呈圆形，尺寸为宽3.5～4m，深2.5～3m，长度因贮量和地形而定。窖不宜过宽过大，以每天取用进深20cm以上为宜。

（五）堆粪场与污水池

牛舍和污水池、贮粪场应保持有200～300m的卫生间距。堆粪场设有遮雨棚，底部做防渗处理，四周有围墙。堆粪场和污水池的大小应根据每头牛每天平均排出粪尿和冲污污水量、饲养牛的头数和贮粪周期确定。成年牛每天排粪尿70～80kg、育成牛50～60kg、犊牛30～50kg。堆粪场一般深0.5m，高1.2～1.5m，每头牛面积2.5m²。

（六）消毒室与消毒池

在饲养区大门口和人员进入饲养区的通道口，分别修建供车辆和人员进行消毒的消毒池和消毒室，便于人员和车辆通过时消毒。消毒池常用钢筋水泥浇筑，车辆用消毒池的宽度略大于车轮间距即可，参考尺寸为长3.8m、宽3m、深0.1m，池底低于路面，坚固耐用，不渗水。供人用的消毒池，采用踏脚垫浸湿药液放入池内进行消毒，参考尺寸为长2.8m、宽1.4m、深0.1m。消毒液定期更换，维持有效的杀菌浓度。消毒室内设小型消毒池和紫外线灯或自动喷雾设备，紫外线灯每平方米功率不少于1W。

二、机械设备和专用器具

（一）饲料加工搅拌设备

规模化肉牛场可采用TMR搅拌机，按照搅拌方式可分为立式搅拌机和卧式搅拌机，按照机动情况可分为固定式搅拌车和移动式搅拌车。

（二）饲草加工设备

牧草收割打捆机、大规模饲养场用的铡草机（揉搓收割机）。制作青贮时，应有青贮料切碎机、青贮取料机、压捆机、打包机。

（三）饲料饲喂设备

小型肉牛育肥场可用手推车给料，大型育肥场可用拖拉机、上料机等自动或半自动给料装置给料，还有饲料称重设备。

（四）保定设备

常用的保定设备有保定架。保定架是牛场不可缺少的设备，用于打针、灌药、戴耳号、人工授精、妊娠诊断、疾病检查、修蹄及治疗等日常检查使用。

（五）卫生保健等日常管理器具

牛场需要准备有保定用的鼻环、缰绳与笼头等器具；牛刷拭用的铁挠、毛刷；清扫牛舍用的叉子、三齿叉、扫帚；测体重的磅秤；登记用的耳标、耳标钳、记号笔；削蹄用的修蹄工具；体尺测量用的测尺、测杖；助产用的助产器等。

第二章　肉牛品种与杂交利用

第一节　肉牛品种

一、引进品种

（一）夏洛莱牛

夏洛莱牛素以体形大、生长迅速、瘦肉多、饲料转化率高而著名，是欧洲大陆最主要的肉牛品种之一。该品种原产于法国，是法国饲养数量最多的肉牛品种，被输出到世界五大洲的许多国家和地区，不少进口国还建有自己的夏洛莱牛育种基地，推动了该牛种数量的进一步提高。

1. 产地、分布与培育情况

夏洛莱牛是现代大型肉用育成品种之一。原产于法国夏洛莱省和涅夫勒地区，原本是古老的大型役用牛，18世纪开始进行系统选育，1864年建立良种登记簿，1887年成立夏洛莱牛品种协会，1920年被培育成为专门的肉牛品种。1964年全世界22个国家联合，成立了国际夏洛莱牛协会，推动了该牛种选育成果的进一步提高。自育成以来就以生长快、产肉多、体形大、耐粗放管理而受到国际市场的广泛欢迎，被很多国家引进用于杂交繁育和新型肉牛品种的选育，或引入国内进行纯种繁育。作为法国优质品牌牛，其种牛已出口到全世界60多个国家和地区。

2. 品种特征与生产性能

夏洛莱牛体躯高大强壮，最显著的外貌特征是全身被毛为白色或乳白色，皮肤常有色斑；全身肌肉特别发达；骨骼结实，四肢强壮。夏洛莱牛头小而宽（头中等大），嘴宽而方，角圆而较长，并向前方伸展，角为蜡黄色、颈粗短，胸宽深，肋骨方圆，背宽肉厚，体躯呈圆筒状，肌肉丰满，后臀肌肉很发达，并向后和侧面突出，常形成"双肌"特征。双肌公牛常有双鬐甲和凹背的特点。

夏洛莱牛具有生长速度快、瘦肉产量高两个突出特点。成年公牛活重为1100~1200kg，成年母牛活重700~800kg，初生体重公犊约45kg、母犊约42kg。屠宰率为60%~70%，胴体瘦肉率为80%~85%。在良好的饲养管理条件下，6月龄体重公犊可达234kg、母犊210.5kg，平均日增重公犊可达1~1.2kg、母犊1.0kg。育肥期的日增重为1.88kg，屠宰率为65%~70%。夏洛莱牛在净肉率和眼肌面积上有优势，当牛肉市场进入批量供应阶段，它具有很大的优势，但肌肉纤维比较粗糙，肉质嫩度不够好。

夏洛莱母牛初次发情在396日龄左右，初次配种年龄在17~20月龄。繁殖方面的缺点是难产率高，平均为13.7%，因此在原产地将配种时间推迟到27月龄，要求配种母牛体重达500kg，约3岁时产犊。夏洛莱牛15月龄以前的日增重超过其他品种，故常用来作为经济杂交的父本。夏洛莱母牛泌乳量较高，平均产奶量为1700~1800kg，乳脂率为4.0%~4.7%。

3. 品种引进与利用

我国曾多次从国外引进夏洛莱牛，引进的种牛分布在东北、西北和南方的13个省、自治区、直辖市。该品种在中国比较受欢迎，其杂交改良牛超过百万头，仅次于西门塔尔牛。在黑龙江、辽宁、山西、河北、新疆等省（区）用夏洛莱牛同当地黄牛杂交，杂种牛体格明显加大，生长速度加快，杂种优势明显，已经形成夏南牛、辽育白牛两个培育品种群。由于夏洛莱牛晚熟，繁殖性能较低，难产率较高，不宜作为小型黄牛的第一代父本，应选择与体形较大的经产母牛杂交，在肉牛经济杂交中适宜作"终端"公牛。

夏洛莱牛耐寒、耐粗饲，对环境条件的适应性强，早期生长发育快，产肉性能高，胴体瘦肉多且眼肌面积大，在改良我国黄牛生长速度慢、体格小等方面有较大的优势。但要注意难产率高的现象，合理利用这一引进品种，同时，要加强夏洛莱牛在我国的种系建设，对有一定基础的群体进行选育提高。

（二）西门塔尔牛

西门塔尔牛原产于瑞士阿尔卑斯山区，因"西门"山谷而得名。原为役用品种，经长期选育，形成乳肉兼用品种。由于西门塔尔牛产乳量高，产肉性能也并不比专门化肉牛品种差，是乳、肉兼用的大型品种。

1. 产地、分布与培育情况

西门塔尔牛主要原产地为西门塔尔平原和萨能平原，在法、德、奥等国边邻地区也有分布。西门塔尔牛现已分布到很多国家，成为世界上分布最广的牛品种。1826年正式宣布品种育成，1878年出版良种登记簿，1890年成立品种协会。1974年成立世界西门塔尔牛联合会，会员国22个。19世纪中期开始向欧洲邻近国家输出，现有30多个国家饲养西门塔尔牛。

2. 品种特征与生产性能

西门塔尔牛毛色为黄白花或淡红白花，头、胸、腹下、四肢及尾帚多为白色，皮肤为粉红色；头较长，面宽；角较细而向外上方弯曲，尖端稍向上。颈长中等；体躯长，呈圆筒状，肌肉丰满；前躯较后躯发育好，胸深，尻宽平，四肢结实，大腿肌肉发达，乳房发育好。

西门塔尔牛的典型特点是适应性强、耐粗放饲养管理、易放牧，产肉性能良好。成年体重公牛平均在1000～1300kg，母牛600～800kg。该牛生长速度较快，放牧条件下日增重可达800g，舍饲条件下可达1kg以上，胴体肉多、脂肪少而分布均匀，公牛育肥后屠宰率可达65%，育肥至500kg的小公牛，日增重达0.9～1kg，净肉率57%。

西门塔尔牛繁殖性能突出，母牛发情期受胎率69%以上，种公牛精液射出量比较大，是产量比较大的牛种，对改良黄牛十分有利。西门塔尔牛乳肉用性能均较好，平均产奶量为5274kg，乳脂率4.12%。

3. 品种引进与利用

世界上许多国家也都引进西门塔尔牛在本国进行选育或培育，育成了属于自己的西门塔尔牛。中国于1912年和1917年分别从欧洲引入西门塔尔牛，20世纪50年代起至80年代，我国黑龙江、吉林、河北、内蒙古、新疆、河南、山东、山西、辽宁、四川等又从苏联、德国、瑞士、奥地利等国多次引入该牛种。中国于1981年成立西门塔尔牛育种委员会，建立健全了纯种繁育及杂交改良体系，开展了良种登记和后裔测定工作。中国西门塔尔牛于2002年通过农业部畜禽新品种认定，根据培育地点的生态环境不同，分为平原、草原、山区三个类群，种群规模达100万头。

西门塔尔牛在国际上的种系众多，不但各国的种系在性能上各具特色，且因各自长期形成独立的繁育体系，致使其能够适应各种自然条件，且具有不同的品种名称。西门塔尔牛是世界上著名的杂交母本牛品种。

（三）利木赞牛

利木赞牛原产于法国中部的利木赞高原，并因此得名。原为大型役用牛，适应山区气候。利木赞牛以生产优质肉块比重大而著称，数量仅次于夏洛莱牛，为法国第二大品种，是杂交利用或改良地方品种时的优秀父本来源。

1. 产地、分布与培育情况

利木赞牛主要分布在法国中部和南部的广大地区，1850年开始选育，1886年建立良种登记簿。此后，法国政府成立了利木赞牛品种协会，1900年后开始选育，1924年宣布育成专门化肉用品种，20世纪70年代初，输入欧美各国，分布于世界许多国家，属于专门化的大型肉牛品种。

2. 品种特征与生产性能

利木赞牛体形小于夏洛莱牛，毛色多为一致的黄褐色，也可见巧克力色的个体。口、鼻、眼周围、四肢内侧及尾帚毛色较浅，四肢强壮，骨骼细致。角为白色，蹄为红褐色。头较短小，额宽，多数有角，胸部宽深，前肢发达，体躯较长呈圆桶形，背腰较短，尻平，背腰及臀部肌肉丰满。

该牛品种比较耐粗饲、生长快、饲料报酬高，肌肉多、脂肪少，出肉率和胴体优质肉比例较高，肌肉大理石状花纹形成较早。良好的饲养条件下公牛12月龄可达450kg，成年公牛体重950～1100kg、成年母牛体重600～900kg。育肥期利木赞牛平均日增重1.5～2kg。因该牛在幼龄期，8月龄小牛就可生产出具有大理石纹的牛肉，因此，是法国等一些欧洲国家生产"小牛肉"的主要品种。

利木赞牛繁殖率高、易产性好，体早熟也是利木赞牛优点之一。母牛很少难产，容易受胎，较好的饲养条件下2岁便可以产犊，早于其他大型牛品种。犊牛初生重虽小，但后期发育快。与其他品种杂交，犊牛初生重均较小，公犊约36kg、母犊约35kg，这种初生重小成年体重大的性状受到广泛认可，在肉牛杂交体系中起良好的配套作用。利木赞牛母牛的产奶量稍低，为1200kg，但乳脂率高达5%。

3. 品种引进与利用

我国数次从法国、意大利引入利木赞种牛，在辽宁、吉林、黑龙江、山东、内蒙古等地进行扩群繁育，同时改良当地黄牛。利杂牛体形改善，肉用特征明显，杂种优势明显，是辽宁、吉林、山东、宁夏等地肉牛品种改良规划中的主导品种，是中国用于改良本地牛的第三主要引入品种。2005年中国畜牧业协会设立利木赞牛产业联合会，目前，吉林、辽宁、山东、宁夏、安徽、黑龙江、陕西等省为主要供种区，杂交后代在吉林、辽宁、宁夏、山东、山西、河南、内蒙古、黑龙江等地都有分布。

利木赞牛具有体格大、体躯长、结构好、较早熟、瘦肉多、性情温驯、生长补偿能力强等特点。我国利用利木赞牛作为父本杂交改良本地黄牛，其杂交后代都表现出显著的杂交优势（例如利木赞牛和辽宁普兰店地区的复州牛杂交），饲料利用率、生长速度和屠宰性能等方面优势显著。

（四）安格斯牛

安格斯牛是英国古老的肉用品种之一，原产于苏格兰北部的阿佰丁、金卡丁和安格斯郡。

1. 产地、分布与培育情况

安格斯牛的育种工作开始于18世纪末期，1862年英国开始安格斯牛的良种登记，1892年出版良种登记簿，自19世纪开始向世界各地输出，现在遍布世界主要养牛国家，是英国、美国、加拿大、新西兰和阿根廷等国的主要牛种之一。该品种早熟易配，性情温和，易管理，体质紧凑，结实，易放牧，肌肉大理石纹明显。

2. 品种特征与生产性能

安格斯牛以被毛黑色和无角为重要特征，体躯矮而结实，肉质好，出肉率高，头小而方正，头额部宽而额顶凸起，颈中等长，背线平直，腰部丰满，体躯呈圆筒状。四肢短而端正，体躯平滑丰润，皮肤松软，富弹性，被毛光亮滋润。此品种也有红色个体，在美国、澳大利亚被育成红色安格斯新品种。

安格斯牛肉用性能良好，表现为早熟易肥、饲料转化率高，被认为是世界上各种专门化肉用品种中肉质最优秀的品种。成年公牛体重700～900kg、母牛体重500～600kg，安格斯6月龄断奶体重公犊为198.6kg，母犊174kg，日增重约1000g。安格斯牛胴体品质好、净肉率高、大理石花纹明显，屠宰率在60%～65%。

安格斯牛母性特征优良，性情温和，不易难产，哺乳能力良好，易于管理。安格斯母牛12月龄性成熟，13～14月龄初配，乳脂率3.94%。在国际肉牛杂交体系中被认为是最好的母系。在一些温带国家作为母本进行杂交，可与难产率较高的品种进行杂交降低难产率。

3. 品种引进与利用

我国1974年开始陆续从英国、澳大利亚引进安格斯牛，与本地黄牛进行杂交。20世纪90年代，辽宁省铁岭市引入红色安格斯牛，广东、河南、内蒙古也有少量引入。2000年左右，山西、贵州、重庆也分别从美国、加拿大、澳大利亚引入，生产基地在东北和内蒙古。

安格斯牛具有体质结实、抗病力强、适应性和繁殖力强、遗传性能稳定、后躯产肉量高、眼肌面积大、泌乳性能好等优点，与地方黄牛杂交，可以形成各地区的配套生产体系，杂交可提高产肉性能和肉的品质，提高经济效益。

（五）皮埃蒙特牛

皮埃蒙特牛原产于意大利。原为役用牛，经长期选育，现已成为生产性能优良的专门化肉用品种。

1. 产地、分布与培育情况

意大利皮埃蒙特牛国家育种协会于20世纪70年代成立，1984年开始进行全面的性能登记，出版了第一册种公牛手册，并组织开展种畜后裔鉴定。皮埃蒙特牛集中分布在意大利、新西兰、捷克、斯洛伐克，因其具有双肌肉基因，是国际公认的终端父本，已被世界20多个国家引进，用于杂交改良。我国10余个省、市推广应用。

2. 品种特征与生产性能

皮埃蒙特牛为肉乳兼用品种，被毛白晕色，公牛在性成熟时颈部、眼圈和四肢下部为黑色，母牛为全白，有的个别眼圈、耳郭四周为黑色。角型为平出微前弯，角尖黑色。体形较大，体躯呈圆筒状，肌肉高度发达。

皮埃蒙特牛肉用性能十分突出，其育肥期平均日增重在1.51kg，生长速度为肉用品种之首。公牛15~18月龄即可达到550~600kg，母牛14~15月龄体重可达400~450kg。犊牛出生重公牛犊为41.3kg、母牛犊38.7kg，因犊牛初生重大，出生死亡率达4%。皮埃蒙特牛有一定的双胎率，占1.118%。皮埃蒙特牛肉质细嫩，屠宰率与瘦肉率特别高，分别达到平均66%和84.13%，胴体瘦肉量高达340kg，其肉内脂肪含量低，比一般牛肉低30%。

该品种作为肉用牛种有较高的泌乳能力，泌乳期平均产奶量为3500kg，乳脂率4.17%。在组织与荷斯坦牛杂交，公牛12月龄活重为451kg，平均日增重在1197g，屠宰率为61.4%；与黄牛杂交，公犊在适度肥育的情况下，18月龄可达496kg，眼肌面积114cm^2，生长速度达国内肉牛领先水平。

3. 品种引进与利用

我国于1987年和1992年先后从意大利引进皮埃蒙特牛冷冻胚胎和冷冻精液，利用胚胎移植技术生产近100头种公牛，对黄牛改良效果良好，杂交一代牛大多集中在河南、陕西、甘肃等地。

皮埃蒙特牛作为肉用牛种有较高的泌乳能力，改良黄牛其后代的泌乳能力有所提高。在三元杂交的改良体系时，以皮埃蒙特牛改良母牛做母本，对下一轮的肉用杂交十分有利。皮埃蒙特牛能够适应多种环境，性情温驯，具有双肌基因，是目前肉牛杂交的理想终端父本。皮埃蒙特牛与西门塔尔牛和本地牛的三元杂交后代，在生长速度和体形上都有父本的特征。

（六）比利时蓝花牛

比利时蓝花牛又称比利时魔鬼筋肉牛，原产于比利时，是世界上最强壮的牛。

1. 产地、分布与培育情况

比利时蓝花牛是分布在比利时中北部的短角形蓝花牛与弗里生牛混血的后裔，经过长期对肉用性能的选择，繁育而成，是欧洲大陆黑白花牛血缘的一个分支，是这个血统牛种唯一被育成纯肉用牛的专门品种。19世纪在比利时中北部由当地牛与英国的短角牛以及法国的夏洛莱牛杂交而来，最初作为一个乳肉兼用品种进行培育，1950年利用近交繁育使该品种的一个随机基因突变得以固定在品种内部，大大提升了肉用性能，被育成纯肉用的专门品种后，引进到美国、加拿大等20多个国家。

2. 品种特征与生产性能

比利时蓝花牛个体高大，体躯呈长筒状，体表肌肉醒目，肌束发达，表现在肩、背、腰和大腿肉块重褶，后臀尤其明显。头呈轻型，背部平直，尻部倾斜，皮肤细腻，有白、蓝斑点或有少数黑色斑点。

成年母牛平均体重725kg，体高134cm；公牛体重1200kg，体高148cm。

犊牛初生重比较大，公犊为46kg，母犊42kg，犊牛早期生长速度快，最高日增重可达1.4kg，屠宰率达65%。比利时蓝花牛在1.5岁左右初配，比同类大型牛略早熟，妊娠期282天。

3. 品种引进与利用

比利时蓝花牛于1996年少量引进中国，虽然曾经是肉牛配套系的父系品种，但由于后代的难产率较高而停止使用。

（七）德国黄牛

德国黄牛是18世纪末、19世纪初在德国南部巴伐利亚州育成的一个肉乳役兼用型品种。

1. 产地、分布与培育情况

德国黄牛主要分布在德符次堡和纽伦堡地区以及相邻的奥地利毗邻地区，是由本地红色或红白花牛引入伯恩牛和瑞士褐牛杂交选育形成。1850年开始选育，1899年在德国成立品种协会，1958年开始对该种进行乳肉兼用方向选育，20世纪60年代引入丹麦红牛改良其产奶性能。最早是从役用、肥育性能方面进行选育，以后又集中选育产乳性能，最后育成了体重大、比较早熟的乳肉兼用牛。在近半个世纪的纯繁工作中，特别注意对后躯的改进，使得其日增重达到了欧洲大型肉牛的良好水平。

德国黄牛于1971年首次出口到美国，1972年引入加拿大，并分别建立德国黄牛协会。20世纪90年代大量德国黄牛活牛、胚胎和冷冻精液出口到澳大利亚、南非、加拿大等国家。

2. 品种特征与生产性能

德国黄牛是一种与西门塔尔牛血缘非常接近的品种，体形外貌与西门塔尔牛酷似，唯毛色为棕色，从黄棕到红棕色，眼圈的毛色较浅。体躯长、体格大、胸深、背直、四肢短而有力，肌肉强健。母牛乳房大，结实。

与其他欧洲品种相比，德国黄牛体形稍小，但产乳能力和适应性强，能适应世界各地气候。德国黄牛属肉乳兼用牛，其生产性能略低于西门塔尔牛。出生重公犊42kg、母犊38kg，成年体重公牛1000~1300kg、母牛650~800kg。屠宰率63%，净肉率56%。泌乳期产奶量4650kg，乳脂率4.15%。去势小牛肥育到18月龄体重达600~700kg，增重速度快。难产率低。

3. 品种引进与利用

20世纪90年代，我国许多省和地区引进德国黄牛改良当地黄牛品种，1997年辽宁引进德国黄牛，并在丹东、岫岩、庄河、普兰店等地推广使用，1999年河南省南阳市从加拿大引进德国黄牛，山东、陕西、甘肃、宁夏等地都有德国黄牛后代。

二、地方良种

（一）秦川牛

秦川牛为中国地方良种之一，是中国牛中体格高大牛种之一。

1. 产地、分布与形成情况

秦川牛因产于陕西省关中地区的"八百里秦川"而得名。其中渭南、临潼、蒲城、富平、大荔、咸阳、兴平、乾县、礼泉、泾阳、三原、高陵、武功、扶风、岐山等15个县、市为主产区。此外，陕西省的渭北高原地区以及甘肃省的庆阳地区亦有少量分布。

据考证，"秦川牛"一名首次出现在1944年陕西宝鸡市西北役畜繁育改良场移交给陕西宝鸡耕牛繁殖场的种牛移交清册中，1956年邱怀教授正式起用"秦川牛"一名，1975年成立秦川牛选育协助组，开始良种登记，制定企业标准，在场内开始育种工作。

2. 品种特征与生产性能

秦川牛是我国较大型役肉兼用品种。体格高大，骨骼粗壮，肌肉丰满，体质强健，头部方正。毛色有紫红、红、黄三种，以紫红和红色居多。公牛头较大，颈粗短，垂皮发达，鬐甲高而宽，母牛头清秀，颈厚薄适中，鬐甲较低而薄，角短而钝，多向外下方或向后稍微弯曲。肩长而斜，胸宽深，肋长而开张，背腰平直宽广，长短适中，结合良好，荐骨隆起，后躯发育稍差。四肢粗壮结实，两前肢相距较宽，有外弧现象，蹄叉紧。

秦川牛成年公牛体高139.2cm，体重555.6kg，成年母牛体高125.9cm，体重371kg。18月龄育肥牛宰前体重达375.7kg，胴体重218.4kg，屠宰率58.13%，大理石花纹明显。秦川牛母牛常年发情，初情期9.3月龄，发情周期20.9天，12月龄性成熟，2岁左右开始配种。泌乳期7个月，泌乳量715.8kg，乳脂率4.7%，乳蛋白4%。

3. 品种保护与利用

秦川牛2006年被列入《国家畜禽遗传资源保护名录》。采取保种场保护，1984年开始，陕西省每年按基础母牛向陕西省秦川牛原种场和乾县秦川种牛场提供保种费。2008年陕西省秦川牛原种场被列入国家级畜禽遗传资源保种场。

（二）南阳牛

南阳牛是我国著名的优秀地方黄牛品种，在中国黄牛中体格最高大。

1. 产地、分布与形成情况

南阳牛主要分布于河南省南阳市唐河、白河流域的广大平原地区，以南阳市郊区、唐河、邓州、新野、镇平、社旗、方城、泌阳等八个县、市为主要产区。除南阳盆地几个平原县、市外，周口、许昌、驻马店、漯河等地区分布也较多。河南省曾约有南阳黄牛200多万头。因南阳地区所处地理位置较偏僻，土质坚硬，需要体大力强的牛只进行耕作运输，群众喜留大牛，以舍饲为主、高槽拴养，而育成大型牛种。

1975年成立南阳牛选育协作组，1977年南阳牛选育研究正式被列入国家计划，1981年国家标准局颁发《南阳牛国家标准》，1998年制定《南阳牛保种育种及杂交生产总体规划》，确定南阳牛品系繁育方案，促进南阳牛的选育提高。

2. 品种特征与生产性能

（1）体形外貌特征

南阳黄牛属大型役肉兼用品种。体格高大，肌肉发达，结构紧凑，皮薄毛细，鼻镜宽，口大方正，肩部宽厚，胸骨突出，肋间紧密，背腰平直，荐尾略高，尾巴较细。南阳黄牛的毛色有黄、红、草白三种，以深浅不等的黄色为最多，红色、草白色较少。一般牛的面部、腹下和四肢下部毛色较浅，鼻颈多为肉红色，其中部分带有黑点，鼻黏膜多数为浅红色。牛头部雄壮方正，额微凹，颈短厚稍呈弓形，颈侧多有皱襞，肩胛斜长，前躯比较发达；母牛头清秀，较窄长，颈薄呈水平状，长短适中，一般中后躯发育较好。四肢端正，筋腱明显，蹄质坚实。蹄壳以黄蜡色、琥珀色带血筋者为多。

（2）生产性能

南阳牛公牛最大体重可达1000kg以上。中等膘情公牛屠宰率平均为52.2%，净肉率43.6%，胴体产肉率为83.5%，眼肌面积为60.9cm²。南阳牛较早熟，母牛常年发情，初情期8~12月龄，初配年龄2岁，发情周期平均21天，妊娠期平均289.8天。

3. 品种保护及利用

由于引入外来牛种改良南阳牛的力度很大，数量大幅减少，2006年被列入《国家畜禽遗传资源保护名录》，当地采取保种区和保种场保护。

（三）晋南牛

晋南牛是中国四大地方黄牛良种之一。

1. 产地、分布与形成情况

晋南牛产于山西省西南部汾河下游的晋南盆地，包括运城地区的万荣、河津、临猗、永济、运城、夏县、闻喜、芮城、新绛，以及临汾地区的侯马、坤远、襄汾等县、市。1960—1966年对晋南牛进行有计划的选育，对母牛建立档案，在产区按等级选配。20世纪80年代，主产区存栏晋南牛30万头，其中以万荣、河津和临猗三县的数量最多、质量最好。

2. 品种特征与生产性能

晋南牛属大型役肉兼用品种，在中国黄牛中体形高大粗壮、肌肉发达、前驱和中躯发育较好，具有良好的肉用发展潜力。毛色以枣红为主，鼻镜粉红色，蹄趾亦多呈粉红色。公牛头中等长，额宽，顺风角，颈较粗而短，垂皮比较发达，前胸宽阔，肩峰不明显，臀端较窄；蹄大而圆，质地致密；母牛头部清秀，乳房发育较差，乳头较细小。

晋南牛成年体高：公牛138.6cm，母牛117.4cm；成年体重：公牛607.4kg，母牛339.4kg。晋南牛在中、低水平下肥育，日增重455g，成年牛肥育后屠宰率平均在52.3%，净肉率43.3%。母牛在9~10月龄开始发情，但一般在2岁配种，

产犊间隔14～18个月，妊娠期平均289.75天。晋南牛具有良好的役用性能，挽力大，速度快，持久力强。

3. 品种保护及利用

晋南牛于1983年被收录至《山西省家畜家禽品种志》，1988年被收录至《中国牛品种志》，2006年被列入《国家畜禽遗传资源保护名录》，当地采用保种场保护。

（四）延边牛

延边牛是东北地区优良地方牛种之一。

1. 产地、分布与形成情况

延边牛产于东北三省东部的狭长地带，分布于吉林省延边朝鲜族自治州的延吉、和龙、汪清、珲春及毗邻各县；黑龙江省的宁安、海林等地以及辽宁省宽甸县。

延边牛是朝鲜牛与本地牛长期杂交的结果，也混有蒙古牛的血液。延边牛体质结实，抗寒性能良好，耐粗饲，耐劳，抗病力强，适应水田作业。

据文献记载，1821年以来，随着朝鲜民族的迁入，将朝鲜牛输入我国东北地区。在当地的自然和经济条件下，输入的朝鲜牛和本地牛进行长期的杂交，经过精心培育形成延边牛。同时，在形成过程中，也导入了一些蒙古牛和乳用品种牛的血液。新中国成立后，曾先后对延边牛进行调查研究，划定选育区，成立育种组织，建立种牛场和冻精站，开展科学研究，推广先进技术，加速了选育进程，促进了延边牛质量提高。

2. 品种特征与生产性能

延边牛属寒温带山区的役肉兼用品种，骨骼坚实，胸部深宽，被毛长而密，皮厚而有弹力，适应性强。毛色多呈浓淡不同的黄色，鼻镜一般呈淡褐色，带有黑色斑点。公牛头方额宽，角基粗大，多向外后方伸展成一字形或倒八字角，颈厚而隆起，肌肉发达；母牛头大小适中，角细而长，多为龙门角，乳房发育较好。

延边牛自18月龄起育肥6个月，日增重达813g，胴体重265.8kg，屠宰率57.7%，净肉率47.23%，眼肌面积75.8cm^2。母牛初情期为8～9月龄，性成熟期平均为13月龄，母牛长年发情，7—8月为旺季，常规初配时间为20～24月龄。公

牛平均为14月龄，公牛性成熟期平均为14月龄。

3. 品种保护及利用

延边牛1988年被收录至《中国牛品种志》，2006年被列入《国家畜禽遗传资源保护名录》（2005年颁布《延边朝鲜族自治州延边牛管理条例》，将延边牛生产、保种纳入法制化管理）。延边朝鲜族自治州建有延边牛品种资源场和延边种公牛站，采用保种场保护。

（五）鲁西牛

鲁西牛是中国中原四大牛种之一，以其优质的育肥性能而闻名。

1. 产地、分布与形成情况

鲁西牛主要产于山东省西南部的菏泽和济宁两地区，分布于菏泽地区的郓城、鄄城、菏泽、巨野、梁山和济宁地区的嘉祥、金乡、济宁、汶上等县、市。聊城、泰安以及山东的东北部也有分布。鲁西牛原产区因人口少，土质黏重，交通闭塞，役畜历来靠牛，农民一贯重视饲养大型牛，同时当地民众自古以来习尚练武，聚义饮酒，请客素有宴请牛肉习惯而培育此牛种。

1906年德国在青岛建立屠宰场，第一次世界大战后日本继续使用该屠宰场，1957年建立了梁山和鄄城两处鲁西牛良种繁育场，1960年前后数量锐减。

2. 品种特征与生产性能

鲁西牛体躯结构匀称，细致紧凑。被毛从浅黄到棕红色，以黄色为最多，一般前躯毛色较后躯深，公牛毛色较母牛的深。多数牛在眼圈、口轮、腹下和四肢内侧毛色浅淡，俗称"三粉特征"。鼻镜多为淡肉色，部分牛鼻镜有黑斑点或黑点。公牛多为平角或龙门角，母牛以龙门角为主。公牛垂皮发达，肩峰高而宽厚，胸深而宽，后躯发育差，尻部肌肉不够丰满，体躯明显地呈前高后低的体形。母牛鬐甲低平，后躯发育较好，背腰短而平直，尻部稍倾斜。尾细而长，尾毛常扭成纺锤状。

鲁西黄牛母牛250～310日龄达初情期，发情周期22天，妊娠期285天。初生重：公犊22～35kg，母犊18～30kg。据屠宰测定结果，鲁西牛18月龄阉牛平均屠宰率57.2%，净肉率49%，肌纤维细，肉质良好，脂肪分布均匀，大理石状花纹明显。母牛性成熟早，10～12月龄开始发情。

3. 品种保护及利用

鲁西牛1988年收录于《中国牛品种志》，2000年列入《国家畜禽品种保护名录》，2006年列入《国家畜禽遗传资源保护名录》。原产地对鲁西牛选择利木赞牛进行级进杂交改良，改良方案虽然提高增重速度。但致使鲁西牛纯种头数锐减。

（六）复州牛

复州牛是我国优良的地方黄牛品种之一。

1. 产地、分布与形成情况

复州牛因起源于辽宁省大连地区的复州河一带而得名，主要分布于瓦房店、普兰店、金州，庄河亦有分布。复州牛的形成已有200多年的历史，在清朝由山东移民带入的华北牛与本地牛杂交，后又有朝鲜牛进行杂交，经不断选育形成，具有被毛黄色、体躯高大结实、结构匀称、役用性能高、耐粗饲、适应性强、性情温顺、遗传性能较稳定等特点。

1959年辽宁省人民政府把这一地方良种牛定名为复州牛，1962年省、市、县组织联合调查组，1963年成立复州牛育种委员会制订育种方案、开展选育工作。

2. 品种特征与生产性能

复州牛属北方大型牛种，体质健壮，结构匀称，骨骼粗壮，背腰平直，尻部稍倾斜。四肢健壮，蹄质坚实。全身被毛为浅黄或浅红，四肢内侧稍淡，鼻镜多呈肉色，角蹄呈棕色及灰白色透明。成年公牛背腰平直，胸深宽，前躯发达，颈与肩峰粗壮隆起，垂皮发达皱褶明显，脑门有卷毛分布，威猛雄壮。成年母牛乳房丰满，乳静脉粗，乳头长，排列整齐。

复州牛成年公牛平均体高149.4cm、体斜长192.0cm、胸围224.0cm、体重842.0kg；成年母牛平均体高129.0cm、体斜长151.4cm、胸围181.8cm、体重432.0kg。公、母犊牛初生重分别为32.8kg和31.7kg，在国内各品种中属于大型牛。平均屠宰率为50.7%，净肉率为40.33%，眼肌面积为59.5cm^2。复州牛性成熟在1周岁左右，发情旺季在5—9月。在轻度使役情况下，一般为一年一胎。

3. 品种保护及利用

复州牛1986年由辽宁省畜牧局组织鉴定，1986年被收录至《中国牛品种志》，2006年被列入《国家畜禽遗传资源保护名录》。采取保种场保护，1988

年大连瓦房店市种牛场首次提出对复州牛实施保种计划，1993年建成复州牛种公牛场，同年进行良种登记。

三、培育品种

（一）新疆褐牛

新疆褐牛属乳肉兼用型培育品种。由新疆维吾尔自治区畜牧厅、新疆畜牧科学院、自治区畜禽繁育改良总站、乌鲁木齐种牛场、塔城地区种牛场、昭苏种马场、新疆农业大学等单位共同培育。1983年通过新疆维吾尔自治区畜牧厅组织的品种审定。

1. 产区和分布

新疆褐牛中心产区在天山北坡西部的伊犁河谷、塔额盆地，主要分布于伊犁哈萨克自治州昭苏县、特克斯县、巩留县、新源县、尼勒克县，塔城地区的裕民县、塔城市、额敏县。在阿勒泰地区的阿勒泰市、哈巴河县、布尔津县，乌鲁木齐市，昌吉回族自治州的昌吉市、奇台县、木垒县，哈密地区的巴里坤县、伊吾县，巴音郭楞蒙古自治州的和静县、尉犁县等县市有分布，南疆部分县市也有新疆褐牛。

2. 培育过程

新疆褐牛是以当地哈萨克牛为母本，引入瑞士褐牛、阿拉托乌牛及少量的科斯特罗姆牛与之杂交改良，经过长期的选育形成。

新疆褐牛育成历史较长，1935—1936年曾引入瑞士褐牛在伊犁、塔城地区对当地牛进行杂交改良。但有计划的大量杂交改良和育种工作是从1949年以后开始的。1951—1956年自治区先后引进数批阿拉托乌牛和少量的科斯特罗姆牛，在伊犁、塔城、阿勒泰、石河子、昌吉、乌鲁木齐、阿克苏等地进行杂交改良。到1958年在全区已广泛开展新疆褐牛的改良和育种工作。1977年、1980年又先后从德国、奥地利引进了纯种瑞士褐牛以及冻精和胚胎，用于纯种繁育和杂交改良，为提高和巩固新疆褐牛的优良遗传品质起到了很大作用。

3. 品种特征和性能

（1）体形外貌特征

新疆褐牛毛色为褐色，深浅不一，被毛短、贴身，有的有局部卷毛。头顶、角基部呈灰白色或黄白色。多数有灰白色或黄白色的口轮和背线，皮肤、角尖、眼睑、鼻镜、尾帚、蹄均呈深褐色。

新疆褐牛体格中等，体质结实，各部位发育匀称，结合良好。头部长短适中，额宽稍凹。耳壳厚、平伸、耳端钝。有角，角向前上方弯曲呈半椭圆形，角尖稍直。无肩峰，颈垂和胸垂小，无脐垂。背腰平直、较宽，背线明显，胸宽深，腹部中等大。尻部长宽适中，有些稍斜尖，尾形短小。四肢健壮，肢势端正，蹄圆坚实。乳房中等大，乳头长短、粗细适中，呈柱状，分布匀称。

新疆褐牛成年公牛体重达970kg，成年母牛体重达450kg以上，但依饲养条件不同有变化。

（2）生产性能

产肉性能：新疆褐牛生长发育速度较快，在终年放牧饲养条件下，夏秋季体况恢复能力强。肉质好，具大理石花纹结构，肉质细嫩，风味极佳。据《中国牛品种志》记载，伊犁河谷地区褐牛放牧育肥日增重为0.65kg，强度育肥日增重为0.85～1.25kg；育肥条件下1.5岁阉牛屠宰率达47.55%，净肉率36.64%；2.5岁阉牛屠宰率在52.46%，净肉率41.80%。

产奶性能：新疆褐牛在伊犁、塔城牧区草原终年放牧饲养，产奶期主要集中在5—9月，据《中国牛品种志》记载，新疆褐牛在长年放牧条件下平均泌乳期约150天，产奶量1675.8kg，舍饲加放牧条件下平均泌乳280天，产奶量2897.6kg。据2008—2009年新疆农业大学对牧区新疆褐牛388头次奶样进行测定，其乳脂率为3.54%，乳蛋白率为3.32%。

繁殖性能：在新疆地区，新疆褐牛的最佳繁殖季节为5—9月。公牛10月龄、母牛12月龄性成熟，公、母牛均在18月龄左右进行初配。母牛发情周期21.4天，妊娠期285天。初生重公犊21kg、母犊19kg，3月龄断奶重公犊为85kg、母犊75kg，哺乳期日增重公犊0.71kg、母犊0.62kg。犊牛成活率在95%以上。

4. 推广利用情况

据新疆维吾尔自治区畜牧厅资料，新疆褐牛与当地黄牛杂交，后代杂种牛体尺、体重都有所提高，与当地黄牛相比体高杂交一代提高3.9%，杂交二代提高6.4%；体重杂交一代提高18.1%，杂交二代提高34.8%；产奶量提高42%，屠宰率提高3.2%，净肉率提高3.4%。

新疆褐牛具有较强的适应能力，青海省2000年从新疆伊犁地区引进纯种新疆褐牛百余头，经过一段时间的饲养能够适应高海拔低氧环境。新疆褐牛1988年被收录于《中国牛品种志》。我国1986年2月发布了《新疆褐牛》农业行业标准（NY 22—1986）。

（二）中国草原红牛

中国草原红牛属乳肉兼用型培育品种，由吉林省农科院畜牧所、内蒙古家畜改良站、赤峰家畜改良站、河北张家口市畜牧兽医站等单位共同培育，1985年8月通过农牧渔业部组织的品种鉴定验收。该品种培育初期称为吉林红牛，1974年暂定为草原红牛，后来考虑到俄罗斯已有草原红牛品种，1985年将该品种正式命名为"中国草原红牛"。

1. 产区和分布

中国草原红牛主要分布于吉林、内蒙古和河北。育成初期三个省（区）的存栏量分别占总数的40%、40%和20%。其具有适应性强、耐粗饲、耐寒的特性，适合我国北方草原地区放牧饲养。

2. 培育过程

中国草原红牛是以引进的短角牛为父本对当地蒙古牛进行级进杂交，在级进二代和三代杂种牛的基础上进行横交固定、自群选育形成的乳肉兼用牛品种。

中国草原红牛的育种始于1953年，主要是在吉林、内蒙古和河北三个省（区）的草原地区用从加拿大和新西兰引进的乳用短角牛公牛与当地蒙古牛进行级进杂交，繁殖了大量二代和三代杂种牛群，从杂交牛群中选择理想型的杂交公、母牛个体，进行横交固定和自群选育。1985年8月20日，农牧渔业部组织在赤峰市召开了草原红牛品种验收及品种标准审定会，将其命名为中国草原红牛。

3. 品种特征和性能

（1）体形外貌特征

中国草原红牛全身被毛为深红色或枣红色，少数牛腹股沟为淡黄色，有些腹下、睾丸及乳房有白色斑点，尾尖兼有白毛。鼻镜多为粉红色，兼有灰色、黑色。公牛额头及颈间多有卷毛；公、母牛均有角，多为倒八字形角，公牛角根部粗壮、较短，母牛角细长。体形中等，胸宽且深，背腰平直，鬐甲宽平，颈肩结合良好，尻宽平，四肢端正而结实，侧观略呈长方形。体质结实紧凑，整体结构匀称，骨骼较细致，肌肉附着良好。母牛乳房发育良好，呈盆状、不下垂。

中国草原红牛成年公牛体重850～1000kg，成年母牛体重450～550kg。

（2）生产性能

产肉性能：据测定，中国草原红牛从6月龄育肥至18月龄，平均宰前活重可达473.8kg，胴体重269.9kg，育肥期日增重937.6g。

产奶性能：中国草原红牛产奶性能良好，各胎次平均泌乳210～220天，产奶量1400～2000kg，高产母牛产奶量达3600kg；平均乳脂率4.13%，乳蛋白率4.3%，乳糖率4.0%。

繁殖性能：早春出生的中国草原红牛母牛，由于饲料资源丰富、气候条件好、发育较快，到14～16月龄即开始发情；夏季出生的牛要到18～20月龄才开始发情。初配年龄公牛为16月龄，母牛18月龄。母牛全年发情，一般情况下4月发情开始增多，6—7月最多。初生重公犊33.5kg，母犊28.9kg；6月龄断奶重公犊162.5kg，母犊145.7kg。哺乳期日增重公犊1.09kg，母犊0.96kg。

4. 推广利用情况

1985年中国草原红牛品种验收时，育种区内存栏中国草原红牛2.8万头，其中达到登记标准的成年母牛6688头，其杂交改良牛存栏约35万头。但20世纪90年代后，许多地区引进国外品种牛杂交改良当地牛并取得了一定效果，导致部分中国草原红牛被盲目地杂交，影响了群体的发展。

随着人们对高品质牛肉的需求，中国草原红牛因其肉质好、风味独特而受到重视，存栏数量又有了明显增加。据2007年调查显示，中国草原红牛在吉林省的纯种数量为6000头，其中繁殖母牛3500头、种公牛15头，其杂交改良牛存栏近8万头，主要集中在白城地区和通榆县。有研究表明，对中国草原红牛导入利木赞牛血液，使其育肥出栏体重从过去的450kg提高到500kg，屠宰率提高了5.71%，净肉率提高了7.51%。导入丹麦红牛血液，可使其产奶量有大幅度的提高。草原红牛1988年被收录于《中国牛品种志》。1986年6月发布了《中国草原红牛》农业行业标准（NY 24—1986）。

（三）三河牛

三河牛曾称滨州牛和北满牛，是我国培育的乳肉兼用品种。因育成于大兴安岭西麓额尔古纳市的三河地区（根河、得勒布尔河、哈布尔河）及呼伦贝尔市境内滨州铁路沿线而得名。1986年在内蒙古海拉尔市通过农业部组织的品种鉴定验收，由内蒙古家畜改良站等单位培育。

1. 产区和分布

三河牛现主要分布在额尔古纳市的三河地区及呼伦贝尔市、兴安盟、通辽市、锡林郭勒盟等地。2005年存栏4.03万头，中心产区在海拉尔市农牧场管理局所属的农牧场，共存栏3.12万头；海拉尔区757头，额尔古纳市3145头，陈巴尔虎旗2360头，鄂温克旗2858头。

三河牛培育于高寒干旱的呼伦贝尔大草原，受当地气候、草原及饲养条件影响，具有耐粗饲、易牧、抗寒、适应性强的特点。

2. 培育过程

三河牛是经多个品种杂交和选育形成，在育成过程中受西门塔尔牛影响最大。据1923年东北铁路局农林局的调查，当时在原呼伦贝尔盟的三河地区以及滨州、滨绥两铁路沿线的奶牛中，血统复杂，有10个品种之多，其中含俄国改良牛（西门塔尔杂种牛）血统最多，占52.9%；其次，西伯利亚牛血统占18.0%；再次为蒙古牛、后贝加尔牛和西门塔尔牛等，分别占17.0%、7.0%和2.9%。使用这些引进品种牛与当地蒙古牛杂交，其杂种后代形成了三河牛品种培育的基础。

三河牛有计划的选育工作始于1954年。当时，在苏侨奶牛的基础上，呼伦贝尔盟建立了一批以饲养三河牛为主的国有农场（如谢尔塔拉种畜场）；1976年成立了三河牛育种委员会，经过多年有计划的系统选育，逐步形成了体大结实、耐寒、耐粗饲、适应性强、乳脂率高、乳肉兼用性能好、体形趋于一致、遗传稳定性好、具有一定生产潜力的新品种，1986年通过内蒙古自治区政府的鉴定。因其具有较强的适应性，可以向高海拔地区引种，对我国各地黄牛都有较好的改良效果。

3. 品种特征和性能

（1）体形外貌特征

三河牛被毛为贴身短毛，并呈界限分明的红白花片或黄白花片，头白色或有白斑，腹下、尾尖至四肢下部为白色。公牛额部和颈侧有少量卷毛。鼻镜、眼睑、乳房呈粉色，蹄壳呈蜡色或黑褐色。

三河牛具有乳肉兼用型外貌特征，体形高大，骨骼粗壮，结构匀称，肌肉发达，角向前上方弯曲，眼大，头部清秀，头颈结合良好；无肩峰，胸垂、颈垂小。肩宽，胸深，肋骨张开好，背腰平直，腹圆大，体躯较长。四肢结实，肢势端正，蹄质坚实，整体结构适中；乳房发育较好，但乳头不够整齐。

三河牛成年公牛平均体重930.5kg，成年母牛平均体重578.9kg。

（2）生产性能

产奶性能：根据海拉尔畜牧部门于2005年8月调查，802头基础母牛混合胎次305天平均产奶量为5105.77kg。

产肉性能：三河牛肉用性能较好，18月龄以上公牛或阉牛经过短期育肥后，屠宰率达55%左右，净肉率40%～45%。

繁殖性能：三河牛公牛12月龄左右性成熟，18～24月龄可正常采精，可利用到10岁左右。三河牛母牛一般12月龄性成熟，16～20月龄初配；常年发情、没有明显的繁殖季节，最长可繁殖利用10胎次以上，繁殖成活率80%以上。

4. 推广利用情况

三河牛是我国培育的著名乳肉兼用型品种，1986年品种验收时，存栏总数达到8.5万头，后来由于片面追求产奶量，大量用荷斯坦牛杂交改良，致使三河牛存栏数量不断下降。2007年在海拉尔谢尔塔拉种牛场建立了三河牛选育核心群，开展了三河牛的选育提高，全场有三河牛1.19万头，基础母牛5246头。建场以来累计向国内其他省区提供三河牛2万余头，并有部分公牛出口到国外。1986年入编《中国牛品种志》。我国1986年发布了《三河牛》国家标准（GB/T 5946—1986），2010年1月发布了修订的《三河牛》国家标准（GB/T 5946—2010）。

（四）中国西门塔尔牛

中国西门塔尔牛是由20世纪50年代、70年代末和80年代初引进的德系、苏系和澳系西门塔尔牛与本地黄牛进行级进杂交后，对高代改良牛的优秀个体进行选种选配培育而成，属乳肉兼用品种。2001年通过国家畜禽品种资源委员会牛品种审定委员会的审定。

1. 产区和分布

中国西门塔尔牛分为草原类群、平原类群和山区类群。它的适应范围广，适宜于舍饲和半放牧条件，产奶性能稳定，乳脂率和干物质含量高，生长快，胴体品质优异，遗传性稳定。育成并广泛分布于西北干旱平原、东北和内蒙古严寒草原、中南湿热山区和亚高山地区、华北农区、青海和西藏高原以及其他平原农区。

2. 培育过程

1981年，中国西门塔尔牛育种委员会成立，自此，中国西门塔尔牛的系统性选育工作便开始了。西门塔尔牛在中国的培育是一个近20年的持续过程，采用开放核心群育种（ONBS）技术路线，旨在吸收国外西门塔尔牛和我国黄牛的优良基因。西门塔尔牛育种群的组建包括种畜场和地方类群核心群两个部分，饲养在种畜场的主要是原进口牛群，来自各国的、不同系别之间的种牛可以互相选配，生产的种公牛一部分用作纯繁，一部分用于改良地方黄牛；地方类群则包含了含有西门塔尔牛血液的科尔沁牛以及其他地区外貌特征与西门塔尔牛相近和生产性能较高的杂交群体。随着群体规模的扩大和种群质量的提高，小部分地方类群的优秀个体也被选入核心群用于种牛生产。

种牛选择过程中，首先用进口种牛及冷冻精液进行选配，同时对系谱指数和本身部分成绩较高的公牛进行后裔测定。待后裔测定结果出来后，根据由PD74（20世纪90年代前应用）和BLUP育种值组成的总性能指数（TPI）对种牛进行选择，并对选中个体实行染色体及血型、血液蛋白型检测，合格个体作为公牛父亲、公牛母亲进行下一代种子公、母牛生产。对于总性能指数（TPI）较高的地方类群核心群个体与纯种核心群个体统一排队，优者进入核心群。地方类群核心群担负着为基础群和纯种核心群输送合格后备母牛的双重作用，选出的优秀公牛除在核心群使用外，也用于杂交群体的提高，以加快核心群遗传进展和迅速提高改良群的生产性能，最终形成乳肉生产性能较高、遗传性能稳定的中国西门塔尔牛新品种。

3. 品种特征和性能

（1）体形外貌特征

中国西门塔尔牛体躯深宽高大，结构匀称，体质结实，肌肉发达，行动灵活，被毛光亮，毛色为红（黄）白花，花片分布整齐，头部白色或带眼圈，尾梢、四肢和腹部为白色，角蹄蜡黄色，鼻镜肉色，乳房发育良好，结构均匀紧凑。成年公牛体高145cm、体重850～1000kg；成年母牛体高130cm、体重550～650kg。

（2）生产性能

产肉性能：根据97头育肥牛试验结果，平均日增重1106g，18～22月龄宰前活重573.6kg，屠宰率61.4%，净肉率50.01%。在短期育肥后，18月龄以上的公牛或阉牛屠宰率达54%～56%，净肉率达44%～46%。成年公牛和强度育肥牛屠宰率达60%以上，净肉率达50%以上。

繁殖性能：初配年龄为18月龄，体重在380kg左右，泌乳期产奶量达4000kg，核心群母牛产奶量达到了年均4300kg以上，平均乳脂率4.03%。

4. 推广利用情况

中国西门塔尔牛具较好的耐粗放特性且体形大、抗病力强，广泛分布于我国各个地区，是我国饲养量最大的乳肉兼用型肉牛品种。

（五）夏南牛

夏南牛属专门化肉牛培育品种。是南阳牛导入夏洛莱牛血液培育形成。2007年通过国家畜禽遗传资源委员会鉴定。由河南省畜牧局、河南省畜禽改良站、泌阳县畜牧局、驻马店市畜禽改良站、泌阳县家畜改良站联合培育。

1. 产区和分布

中心产区为河南省泌阳县，主要分布于河南省驻马店市西部、南阳盆地东隅。

2. 培育过程

夏南牛是以法国夏洛莱牛为父本，以我国地方良种南阳牛为母本，经导入杂交、横交固定和自群繁育三个阶段的开放式育种培育形成的肉牛新品种。夏南牛含夏洛莱牛血液37.5%，含南阳牛血液62.5%。

夏南牛培育起始于1986年，历时21年，经历了杂交与正反回交、横交固定和自群繁育三个培育阶段。20世纪90年代初，相继开始夏南杂交一代牛和回交牛的横交，经过对杂交一代牛和回交牛的对比分析表明，前者饲养条件要求较高，后者体躯结构不理想，群众不欢迎。为此，及时进行了横交，并于1995年对含夏洛莱牛血液37.5%的个体进行横交。1999年明确了夏南牛的夏洛莱牛血液含量为37.5%，之后育种工作进入横交固定阶段，选择含夏洛莱牛血液37.5%的优秀个体进行横交。优秀个体是按血统、外貌和体重三项指标，以体重为主进行严格选择，要求肉用特征明显。最后通过自群繁育，对横交牛群经过数代严格的选种选育和定向培育，最终培育出肉牛新品种。

3. 品种特征和性能

（1）体形外貌特征

夏南牛毛色为黄色，以浅黄、米黄居多。公牛头方正，额平直；母牛头部清秀，额平、稍长。公牛角呈锥状，向两侧水平延伸；母牛角细圆，致密光滑，稍向前倾。耳中等大小；颈粗壮、平直，肩峰不明显。成年牛结构匀称，体躯呈长方形。胸深肋圆，背腰平直，尻部宽长，尾细长，肉用特征明显。四肢粗壮，蹄质坚实。母牛乳房发育良好。夏南牛体质健壮，性情温驯，适应性强，耐寒冷、耐粗饲，采食速度快，易育肥；遗传性能稳定；耐热性稍差。

成年公牛体高142.5cm，体重850kg左右；成年母牛体高135.5cm，体重600kg左右。

（2）生产性能

产肉性能：夏南牛肉用性能好。30头平均体重392.6kg的架子公牛，经过90天的集中强度育肥，平均体重559.53kg，平均日增重1.85kg。10头17～19月龄的未育肥公牛屠宰率60.13%，净肉率48.84%，眼肌面积117.7cm^2，肌肉剪切力值2.61，肉骨比4.8，优质肉切块率38.37%，高档牛肉率14.35%。

繁殖性能：夏南牛繁育性能良好。母牛初情期为432日龄，初配时间为490日龄，产后发情时间约60天，难产率1.05%。

4. 推广利用情况

夏南牛培育期间，项目区共繁育杂交牛70多万头。2007年育种群规模为1.3万头，其中核心群2310头。

（六）延黄牛

延黄牛是以延边牛为母本、利木赞牛为父本培育的肉用牛新品种，于2008年通过国家畜禽遗传资源委员会审定。由延边朝鲜族自治州牧业管理局、延边朝鲜族自治州畜牧开发总公司、延边大学农学院、延边朝鲜族自治州家畜繁育改良工作总站、延边朝鲜族自治州种牛场、吉林省农业科学院、延边朝鲜族自治州农业科学院、吉林大学等单位共同培育。

1. 产区和分布

延黄牛主产于吉林省延边朝鲜族自治州，分布于吉林省图们市、珲春市等地区。产区地处高纬度地带的山林盆地，具有大陆性气候特点，牧草丰富，饲养方式以放牧、放牧加补饲为主。

2. 培育过程

延黄牛是以利木赞牛为父本、延边牛为母本，经杂交、横交固定和群体继代选育形成，其含延边牛血液75%，利木赞牛血液25%。

延黄牛的培育采用开放式杂交育种和群体继代选育相结合的方法。大体分为三个阶段：1979—1991年为杂交阶段，1992—1998年为横交固定阶段，1999—2006年为选育提高和扩群阶段。育种目标是改变延边牛后躯发育较差、斜尻、产肉量低、生长速度较慢等缺点，同时保持延边牛原有的耐粗饲、易饲养和肉质细嫩、味道鲜美的优良特性。

3. 品种特征和性能

（1）体形外貌特征

延黄牛具有体质健壮、性情温驯、耐粗饲、适应性强、生长速度快、肉质细嫩等特点。毛色为黄色；公牛头方正，额平直，母牛头部清秀，额平，嘴端短粗；公牛角呈锥状，水平向两侧延伸，母牛角细圆、致密光滑、外向，尖稍向前弯；耳中等大小；颈粗壮，平直；肩峰不明显；成年牛结构匀称，体躯呈长方形，胸深肋圆，背腰平直，尻部宽长；四肢较粗壮，蹄质坚实，尾细长；肉用特征明显，母牛乳房发育良好。

延黄牛成年公牛体重900～1100kg，成年母牛体重490～630kg。

（2）生产性能

产肉性能：延黄牛在放牧饲养条件下，未经育肥的18月龄公牛，屠宰率58.6%，净肉率48.5%；集中舍饲短期育肥的18月龄公牛，屠宰率59.5%，净肉率48.3%。

繁殖性能：延黄牛母牛初情期8～9月龄；初配时间15月龄；母牛全年发情，发情旺期为7—8月；初配妊娠期285天，产犊间隔期360～365天，繁殖成活率91.7%。使用年限种公牛8～10岁，母牛10～13岁。延黄牛成年母牛在一般饲养条件下泌乳期6个月，乳脂率4.31%，乳蛋白率3.67%。

4. 推广利用情况

延黄牛是吉林省肉牛生产的主要品种之一，是延边地区肉牛的主要品种，年提供肉牛5万多头，在延边地区已经形成了以延黄牛为主的种、养、加、销的产业化体系。

（七）辽育白牛

辽育白牛是我国自主培育的专门化肉用牛品种。辽宁省牛育种中心为第一培育单位，辽宁省昌图县、黑山县、开原市、凤城市和宽甸满族自治县五个育种基点县（市）的畜牧技术推广站共同培育，2009年11月通过国家畜禽遗传资源委员会审定。

1. 产区和分布

辽育白牛主要分布在辽宁省东部、北部和中西部地区，在辽宁省昌图、黑山、喀左、开原、彰武、阜蒙等地饲养数量较多。

2. 培育过程

辽育白牛是以从法国、加拿大和美国引进的夏洛莱牛为父本，以辽宁东部、北部和中西部地区的本地黄牛为母本，级进杂交至第四代后，在杂交群中选择优秀个体进行横交固定和有计划的选育提高，形成含夏洛莱牛血液93.75%、本地黄牛血液6.25%、遗传性能稳定、适宜当地气候和饲养条件的肉用牛新品种。辽育白牛新品种的培育大致经历两个阶段。1974—1999年为杂交阶段。辽宁省从1974年开始用引进的夏洛莱牛种公牛与本地黄牛母牛进行杂交，到1999年在大多数地区已经较难找到本地黄牛，全省有夏洛莱杂种牛约48.8万头，其中夏杂四代14.4万头。期间对昌图、黑山等5个育种基点县的杂交二代至四代的优秀个体进行系谱登记。1999—2008年为横交固定阶段和扩群提高阶段。期间确定新品种牛血液组成为93.75%夏洛莱、6.25%本地黄牛，对1.1万头的级进四代优秀登记母牛进行档案组群，培育横交公牛2代，家系8个，开展自群繁育、性能测定和扩群提高，最终完成二代横交和四代系谱清楚的育种核心群母牛1080头，公牛家系8个。

3. 品种特征和性能

（1）体形外貌特征

辽育白牛全身被毛呈白色或草白色，鼻镜呈肉色，蹄角多为蜡黄色。体形大，体质结实，肌肉丰满，体躯呈长方形。头宽且稍短，耳中等偏大，大多有角，少数无角。公牛头方正，额宽、平直，头顶部有长毛，角呈锥状、向外侧延伸；母牛头清秀，角细圆、向两侧并向前伸展。颈粗短，母牛颈平直，公牛颈部隆起。无肩峰，母牛颈部和胸部多有垂皮，公牛垂皮发达。胸深宽，肋圆，背腰宽厚、平直，尻部宽长，臀端宽齐，后腿肌肉丰满。四肢粗壮、长短适中，蹄质结实。尾中等长。母牛乳房发育良好。

辽育白牛成年公牛体重910kg，成年母牛体重451kg。

（2）生产性能

产肉性能：辽育白牛耐粗饲、抗逆性强、增重快、宜肥育。公牛断奶后持续育肥（直线育肥）至16或18月龄，平均日增重1100g以上；300kg以上的架子牛经3～5个月的短期育肥，平均日增重1300g以上。18月龄育肥公牛宰前重达580kg，屠宰率58%，净肉率48%，眼肌面积90cm^2。

繁殖性能：辽育白牛长年发情繁殖，无季节性。母牛初情期10～12月龄，性成熟期12～14月龄，初配年龄14～18月龄，母牛繁殖成活率84.1%以上；辽育白公牛12～14月龄达到性成熟，适宜采精年龄为16～18月龄，18月龄后可正常采精生产冷冻精液，利用年限8～9岁。

4. 推广利用情况

由于辽育白牛继承了夏洛莱牛高肉用性能和本地黄牛耐粗饲、抗逆性强的优点，具有生长速度快、产肉性能突出、耐粗饲、易管理的特点，可以用于纯繁生产优质牛肉，也可以与其他地方品种牛进行杂交，用作第二父本或终端父本，深受当地广大养牛户的喜爱。据统计，2008—2016年，在辽宁省昌图、开原、黑山、法库、喀左、彰武、阜蒙等11个辽育白牛养殖重点县（市），辽育白牛及其后代基础母牛存栏均在30万头左右，占当地牛总数的70%以上。辽育白牛种公牛在肉牛改良中具备一定的竞争力，生产的冷冻精液除省内推广应用外，还销往河北、四川、甘肃、河南、云南、吉林、黑龙江等10余个省份。

（八）蜀宣花牛

蜀宣花牛是以宣汉黄牛为母本，西门塔尔牛和荷斯坦乳用公牛为父本，杂交育种而成的乳肉兼用牛新品种。由四川省畜牧科学研究院、四川省达州市宣汉县畜牧食品局共同培育，于2011年年底，通过国家畜禽遗传资源委员会新品种审定。

1. 产区和分布

蜀宣花牛的主产区为四川省宣汉县及其周边乡镇。据2016年统计，蜀宣花牛群体总数达7万余头，基础母牛2万余头，核心群母牛4000余头。

2. 培育过程

蜀宣花牛是以宣汉黄牛为母本，选用原产于瑞士的西门塔尔牛和荷兰的荷斯坦乳用公牛为父本选育而成的乳肉兼用型牛新品种。含西门塔尔牛血缘81.25%，荷斯坦牛血缘12.5%，宣汉黄牛血缘6.25%。

培育过程为1978—1985年的杂交阶段。此阶段主要是引进世界著名乳肉兼用型的西门塔尔牛冻精和纯种公牛与宣汉黄牛进行杂交。1985—1990年初引种导血和横交选育阶段。此阶段引进了荷斯坦牛冻精后继续用西门塔尔牛冻精进行二代级进杂交，在此基础上选择理想个体进行横交选育；之后是选育提高阶段。此阶段完成了4个世代选育和扩繁。通过引种杂交后，杂交牛群初具规模，但由于牛群的改良代次低，泌乳性能亦很低。

3. 品种特征和性能

（1）体形外貌特征

蜀宣花牛体形外貌基本一致。毛色为黄白花或红白花，头部、尾梢和四肢为白色；头中等大小，母牛头部清秀；成年公牛略有肩峰；有角，角细而向前上方伸展；鼻镜肉色或有斑点；体形中等，体躯宽深，背腰平直、结合良好，后躯较发达，四肢端正结实；角、蹄以蜡黄色为主；母牛乳房发育良好。

成年公牛的平均体高为145.4cm、体重为782.2kg；成年母牛平均体高为128.2cm、体重为522.1kg。

（2）生产性能

产奶性能：牛群平均泌乳期297天，平均胎产奶量4495.4kg，乳脂率4.2%，乳蛋白率3.2%。

产肉性能：在农村粗放饲养条件下，蜀宣花牛生长发育快，肉用性能好。18月龄育肥牛体重509.1kg，屠宰率58.1%，净肉率48.2%，眼肌面积96.7cm^2。

繁殖性能：母牛初配时间为16月龄，母牛妊娠期平均为278天，产犊间隔平均为381.5天，犊牛成活率99.26%。

4. 推广利用情况

蜀宣花牛性情温顺,具有生长发育快、产奶和产肉性能较优、抗逆性强、耐粗饲、耐湿热特点突出、适应高温(低温)高湿的自然气候及农区较粗放条件饲养等特点,深受各地群众欢迎,培育期间已向育种区外推广5000余头母牛、500余头公牛。

(九)云岭牛

云岭牛是由云南省草地动物科学研究院利用婆罗门牛、莫累灰牛和云南黄牛3个品种杂交选育而成的专门化肉牛新品种。2014年12月获国家畜禽遗传资源委员会颁发的畜禽新品种证书。云岭牛是适应我国南方热带、亚热带地区的专门化肉牛新品种。

1. 产区和分布

云岭牛核心育种场为云南省草地动物科学研究院小哨示范牧场,截至2016年年底,选育区云岭牛存栏四世代以上基础母牛5万头,主要分布在云南的昆明、楚雄、大理、德宏、普洱、保山、曲靖等地。

2. 培育过程

云岭牛是利用婆罗门牛、莫累灰牛和云南黄牛3个品种杂交选育而成。含婆罗门牛血缘50%,莫累灰牛血缘25%,云南黄牛血缘25%。

云岭牛育种前期工作始于改革开放初期,澳大利亚外交部国际发展援助局对中国提供的援助项目。1983年,云南省草地动物科学研究院从云南文山州引进云南黄牛母牛99头,1984年澳大利亚政府无偿援助中国墨累灰牛87头,育种专家先用这两种牛进行杂交,产生莫云杂群体。但是,墨累灰牛属温带牛品种,对牛蜱抵抗能力较差,死亡率高。为解决这一难题,1987年,引入瘤牛品种——婆罗门牛。结果,抗蜱能力明显好转。之后,经过长达30余年的科技攻关,选育出了耐热、耐粗饲、抗蜱、育肥和繁殖性能优良的肉牛新品种——云岭牛。

3. 品种特征和性能

(1)体形外貌特征

云岭牛毛色以黄色、黑色为主,被毛短而细密;体形中等,各部结合良好,细致紧凑,肌肉丰厚;头稍小,眼明有神;多数无角,耳稍大,横向舒张；颈中等长；公牛肩峰明显，颈垂、胸垂和腹垂较发达，体躯宽深，背腰平直，后躯和臀部发育丰满；母牛肩峰稍有隆起，胸垂明显，四肢较长，蹄质结实；尾细长。

云岭牛成年公牛体重813.08kg，成年母牛体重517.40kg。

（2）生产性能

产肉性能：24月龄育肥公、母牛活重分别为508.2kg和430.8kg，屠宰率为59.56%和59.28%，净肉率为49.62%和48.64%，眼肌面积为85.2cm^{2}和70.4cm^2。

云岭牛具有肉质好的特点，可用于生产高档雪花牛肉。据试验报道，育肥至30月龄的阉牛，按照日本和牛肉分割与定级标准，70%个体的肉品质达到A3以上等级，口感好、多汁、滋味好，可与日本神户牛肉媲美。

产奶性能：在一般饲养条件下，泌乳期为245~305天，产乳量为490.3~979.1kg，3~4胎整个泌乳期的产乳量可达1200~1500kg。乳脂率为4.78%，乳蛋白为4.17%。

繁殖性能：早熟、泌乳性能好。母牛初情期8~10月龄，适配月龄为12月龄、体重250kg以上；难产率低于1%，繁殖成活率高于80%。公牛18月龄、体重在300kg以上可配种或采精。

4. 推广利用情况

云岭牛母性极强、繁殖性能好，适宜于山区饲养，特别是在低营养、天然牧场放牧的粗放管理条件下仍能保持很高的繁殖力，使用年限长，是杂交肉牛生产的优秀母本。云岭牛可以作为一个配套系，与其他品种的杂交牛采用合成品系的方法进行商品肉牛生产。云南省共建设了云岭牛扩繁场8个，改良站（点）数十个，改良牛累计30万头以上。

第二节　杂交利用

一、杂交与杂种优势

杂交是指不同品种、品系或类群间的交配。肉牛生产中杂交的目的是加速品种的改良以及利用杂种优势进行商品生产。

杂种优势是指不同种群杂交所产生的杂种后代往往在生活力、生长势和生产性能等方面在一定程度上优于两个亲本种群平均水平的现象。生产上主要用杂种优势率来衡量杂交优势程度。杂种优势率可以用如下简便公式来计算：

杂种优势率=100%×（F1平均性能−双亲平均性能）／双亲平均性能

杂种优势按个体在杂交中的位置分为三种：

1. 个体杂种优势

这是杂交后代本身所具有的优势，最主要的表现是生活力强、生长速度快、死亡率低及其他相应的有益经济性状。

2. 母本杂种优势

这是杂种母牛代替纯种母牛做母本时所表现的优势，最主要的表现是泌乳能力强、犊牛生长快、利用年限长等。

3. 父本杂种优势

这是杂种公牛代替纯种公牛做父本时所表现的优势，最主要的表现是公牛的精液品质较好、性欲较强等。

二、杂交利用

杂交根据杂交目的分为商品杂交和繁育杂交。商品杂交是杂种后代直接作为商品代肉牛，而繁育杂交的目的是繁育新的品种。在许多情况下两者互相衔接，即在制订商品性杂交计划中往往会引发出培育新种的机会，而在新品种培育中有很大部分的个体不符合留种要求而作为商品牛利用。

（一）繁育杂交

繁育杂交是用两个或多个品种的杂交来培育新品种，也称为杂交育种。杂交育种采取的杂交模式有以下几种。

1. 级进杂交

级进杂交又叫吸收杂交，育种方法是本地品种母牛与外来品种公牛交配。所生F1代母牛，再与同品种外来公牛交配，所生F2代母牛继续与该品种公牛交配，一直到三、四、五代，其大部分血液都变成了外来牛血液，生产性状、外貌特征也接近外来牛。

2. 导入杂交

育成后的新品种，总的性能可满足生产需求，但在某些方面还有缺点，用本品种选育的方法很难纠正，这时就可引用另一个品种采用导入杂交来改正，使品种更加理想。导入杂交的目的是保留原有品种的大部分优点，不准备彻底改变它，其关键是选好所用的品种和公牛，杂交一次后，在后代中加强选择和培育。

3. 育成杂交

育成杂交的目的在于使两个或两个以上品种牛所各具有的优良特性结合到一起，并使其巩固下来，从而创造出比杂交亲本更为优秀的品种。

4. 轮回杂交

轮回杂交的做法就是两个或更多个品种之间不断轮流交配，其目的就是使杂交各代都可保持一定的杂种优势。

（二）商品杂交

商品杂交也叫经济杂交，是用不同品种（系）进行杂交来生产商品代，利用杂交后代生活力强、生长速度快、生产成本低的优势。并不是所有品种间杂交都产生杂种优势，即使固定的品种间杂交，哪个作父本，哪个作母本其后代的表现也会不同，需要进行测定，这种测定杂交组合的测定叫配合力测定。通常父本牛品种应生长速度快，胴体品质好；母本牛品种则需繁殖性能好。商品杂交包括以下几种杂交模式。

1. 二元杂交

指两个品种（系、群）的杂交，所生后代为二元杂种。如两品种分别用A和B来代表，后代表示为A×B→AB，AB为二元杂种，其中，公畜在前母畜在后（以下皆同）。

2. 三元杂交

两品种（系、群）杂交所得的母牛，与第三品种（或品系）的公畜交配，后代为三元杂种，全部用作商品牛，这也叫"终端"父本杂交。表示为C×AB→C（AB），三元杂交的优点是后代具有三个原种的互补性，母本繁殖性能方面的杂种优势得到了利用，其杂种优势一般优于二元杂交。

3. 双杂交

是两个不同的二元杂交后所得的公、母之间的交配。表示为（AB）×

（CD）→（AB）（CD）。双杂交可以发挥杂交后代的杂种优势，也同时发挥父本和母本的杂交优势。双杂交的互补性比三元杂交更好，被认为是商品代性状更加完美的组合。

4. 轮回杂交

几个品种（系、群）轮流作为父本进行杂交，杂交用的母本除第一次杂交用的是纯种外，其余各代均用杂交所产生的杂种母畜。

最常见的有二品种轮回杂交和三品种轮回杂交。二品种轮回杂交为AXB→AB、AXAB→A（AB）、BXA（AB）→B（A（AB））……（无限轮回）；三品种轮回杂交表示为AXB→AB、CX（AB）→C（AB）、AXC（AB）→A（C（AB））、BXA（C（AB））→B（A（C（AB）））、CXB（A（C（AB）））→C（B（A（C（AB））））……（无限轮回）。优点是，除第一次杂交外，母畜始终都是杂种，有利于利用繁殖性能的杂种优势；只需每代引入少量纯种公畜，节约纯繁成本。

三、杂交优势的影响因素

1. 杂交种群的平均加性基因效应

杂种的生产性能在遗传上既受基因的非加性效应影响，又受基因的加性效应影响，而杂种的平均加性基因效应等于两亲本种群平均加性基因效应的均值，所以有关种群的平均加性基因效应值越高，杂交效果越好。

2. 种群间的遗传差异

遗传差异反映的是两个种群的基因频率间的差异，如果基因具有部分显性、完全显性、超显性及上位效应，同时这些效应像大多数情况下所表现的那样具有好的作用，则杂交将出现杂种优势。种群间的遗传差异越大，杂种优势也可能越大。

3. 性状的遗传力

已知一个性状的遗传力越低，这个性状受非加性基因效应影响的程度就越大，随着杂交带来的杂种杂合子比例的增加，杂种的杂种优势也就越明显。而遗传力高的性状则主要受基因的加性效应影响，非加性效应程度很低，因此即使杂交使得杂合子比例增高，也不会带来多大的杂种优势。

4. 种群的整齐度

群体的整齐度在一定程度上反映其成员的纯合性，进而在一定程度上反映不同群体间的遗传差异性。因此，整齐度高的种群，其杂交效果一般也较好。

5. 母体效应

杂种后代除受遗传影响外，还受环境影响。而就环境影响而言，一大部分乃是来自母体在产前产后对后代提供的生活条件，即母体效应。不同种群作为母体，母体效应不同，因而最终的经济效益也不同。

6. 父母组合杂种优势

父本与母本有时对生产效率的贡献不相等，则父母杂交组合的生产效率不等于父母的平均数，即使在没有其他成分的条件下，这种情况也有可能发生。例如在利润函数的公式中，母本的性能决定着繁殖成本，而母本和父本的基因型共同决定着子代的生产效率。

四、生物技术

杂交利用所涉及的主要生物技术分细胞（繁殖生物技术）与分子（分子生物技术）两个方面。

（一）细胞方面

1. 人工授精技术

人工授精技术是肉牛杂交利用的常规技术。其意义：

（1）使优秀种公牛获得大量的后代，提高其优良遗传特性和高产基因在群体中的利用率。

（2）使公牛的使用不受时间和地域的限制。进一步扩大了优秀种公牛在家畜遗传改良中的作用。

（3）使每头种公牛承担更多头母牛的配种任务。在同样的选择基础上，提高了公牛的选择强度，加快了群体的遗传进展。

（4）可获得更多参测公牛的后裔测定数据，进而提高遗传评定精确度。

（5）可以更经济可靠地实现牛品种资源的保护。

在牛育种工作中，有一套系统地应用人工授精技术的方案——"AI育种体系"。其要点是：①在牛群中广泛地应用人工授精技术，并全部使用经过遗传评定的验证公牛；②在育种群中实施规模化的生产性能测定；③通过定向选配，有计划地培育后备公牛；④组织科学、严格的公牛后裔测定，运用统计分析方法估计育种值，提高选种的精确性。

2. 性别控制技术

即人为地控制牛群的性别比例。其意义：

（1）提高肉牛生产的专门化程度和效率。

（2）增加母牛养殖头数，提高其选择强度，加快遗传进展。

（3）在一个杂交繁育方案中，还可根据需要在繁育方案的不同阶段，灵活地应用性别控制技术。如在肉牛杂交繁育的开始阶段，通常需要更多的杂种母牛。而在横交固定阶段，则需要选育一定数量的公牛。在肉牛生产群中，除了需要一定数量的母牛外，需要更多的公牛进行育肥。这些不同需要都可以通过性别控制来实现。

（4）经过性别鉴定的胚胎移植，可以避免异性双胎不育现象，进而可以广泛地推广母牛多胎技术，提高产出率。

3. 体外受精技术

该技术常与活体取卵相结合，主要用于优秀公母牛的繁殖、扩群与育种上。其意义：

（1）大幅降低胚胎生产成本，与超数排卵技术相结合，可生产更多的可移植胚胎。

（2）使优秀母牛可生产更多的胚胎和后代，提高其高产基因在群体中的影响力。对特别优秀的母牛，在屠宰后可通过体外受精技术再利用。

（3）在母牛更新率固定的育种方案中，通过该技术可降低母牛的留种率，提高选择强度，加快群体的遗传进展。

（4）能够为公牛遗传评定提供更多的同胞数据，提高种公牛选择的准确性。

（5）可以通过产生半同胞组，提高估计育种值的准确性。

（6）可以充分利用数量稀少而十分珍贵的种公牛的精液。

（7）可以打破常规生产体系，建立新的动物生产模式。如将中低产奶牛作受体，来生产高档肉牛品种。

此外还有很多繁殖生物技术参与了肉牛杂交生产过程中，这些技术间的相互配合使用，共同促进了肉牛的发展与进步。

（二）分子方面

包括转基因技术、生物信息学技术、基因组学技术、基因芯片技术、分子遗传标记技术等，这些先进的技术能够直接指导商品的生产与品种的选育，且具很高的效率性与精确度。如利用分子遗传标记选育"双肌"牛，利用转基因技术选育抗"疯牛病"肉牛品种等。这些技术在肉牛的杂交生产中前景十分广阔。

第三章 母牛饲养管理

饲养母牛是发展肉牛生产的基础，主要目的就是繁育犊牛，母牛饲养管理的好坏，不但决定母牛自身的健康和生产性能的发挥，还决定其后代犊牛生长发育的好坏。

第一节 育成母牛（后备母牛）饲养管理

犊牛断奶后6月龄至初配种时期的幼母牛称为育成母牛或后备母牛，通常将此阶段分为小育成母牛和大育成母牛两个时段，发情以前阶段（6~12月龄）称为小育成母牛，初情期后至配种妊娠前阶段（13~18月龄）称为大育成母牛。处于育成阶段的母牛生长发育较快，一般到18月龄时，体重应达到成年时的70%以上。因此，只有对育成母牛进行科学的饲养管理，才能保证其正常生长发育和及时配种，保证母牛将来表现出最好的生产状况和最优的繁殖性能。

一、育成母牛的生长发育特点

育成母牛阶段是母牛生长发育最快的时期，具有以下生理特点。

（一）瘤胃发育迅速

6月龄前的犊牛，虽已开始饲喂植物性饲草料，瘤胃经过锻炼已具备相当的容积和消化青粗饲料的能力，但由于犊牛刚刚断乳，此时瘤胃容积有限，还不能保证采食足够量的青粗饲料来满足生长发育的需要。到6~12月龄时，幼牛瘤胃发育迅速，瘤胃容积逐渐增大，可生长扩大一倍，整个消化器官都处于快速的生长发育阶段，利用青粗饲料能力明显提高，至12月龄左右时可接近成年牛水平。因此该阶段要重点训练育成母牛尽多采食青粗饲料，以促进育成母牛消化器官的发育，为其成年后能采食大量青粗饲料创造条件。

（二）生长发育快

小育成母牛阶段以骨骼发育为主。6～12月龄期间是幼牛体长增长最快阶段，外形表现为体驱向高度和长度方面快速生长，以后体驱转向宽深发展，育成母牛在16～18月龄基本接近成年牛的体高。该阶段如果饲养管理不当将对母牛终生繁殖性能造成影响，如发生营养不良，则会导致育成母牛生长发育受阻，体躯瘦小，初配年龄延后，所产犊牛质量较差，或很容易发育成为难配不孕牛，即使在后期进行补饲也很难达到理想状况；如营养过剩，幼牛脂肪沉积过多，会造成繁殖障碍，同时还会影响幼牛的乳腺发育。因此，育成阶段的母牛膘情非常重要，培育幼牛最忌肥胖，要宁稍瘦而勿肥，特别是在配种前，应保证育成母牛每天能充分运动，膘情适度，这样才有利于其繁殖和生产性能的发挥。

（三）生殖机能变化大

6～12月龄期间，母牛的性器官和第二性征发育很快。7～10月龄时，卵巢上出现成熟卵泡，出现首次发情，可排出能正常受精的卵子。但全身各器官系统尚未发育成熟，发情周期不正常，各生殖器官都处在发育过程中，还不健全，此时不宜配种。在10～14月龄时，育成母牛逐渐进入生殖机能成熟时期，生殖器官和卵巢内分泌功能趋于健全，但此时母牛的机体发育并未成熟。只有当母牛生长发育基本完成，机体达到体成熟时，即育成母牛具有成年牛的结构和形态，体重达到成年牛标准体重的70%（300～350kg）以上时，方可配种。

二、育成母牛的饲养管理

育成母牛培育的好坏，直接影响其一生的繁殖性能和生产性能，做好育成母牛的饲养管理，是培育优良肉用母牛，提高母牛繁殖效率和养殖效益的基础。同时育成期加强饲养管理还可补偿犊牛期受到的生长抑制，延长母牛利用年限，所以要高度重视育成期母牛的饲养管理。

（一）育成母牛的饲养

抓好育成母牛饲养就是通过科学饲养方法使其按时达到理想的体况和性成

熟，按时配种受胎，并为其一生的优产高产打下良好的基础，因此，育成母牛的饲养不容忽视。育成母牛在不同生长阶段的发育特点、营养需要和消化能力都有所不同，故在饲养方法上要有所区别，一般育成母牛饲养可分两个阶段进行。

1. 6～12月龄阶段

6～12月龄育成母牛除了饲喂优良的青粗料外，须适当补充一些精饲料，以满足育成牛对蛋白质和钙、磷的需求。该阶段粗饲料的干物质中应至少有一半来自青干草，高水分青绿饲料喂量不宜过大，补饲精饲料的质量和需要量取决于粗饲料的质量。在良好的饲养条件下，本阶段日增重较高，应保持0.6kg以上，尤其是6～9月龄最为明显。为了兼顾此期育成牛生长发育的营养需要并进一步促进消化器官的生长发育，在育成牛12月龄内仍然需要饲喂适量的精料，才能保证育成母牛达到一定的日增重。

按100kg体重计算，每天应补充精料混合料1.0～1.5kg。参考喂量（每日）：青贮5～7kg，干草1.5～2.0kg，秸秆1.0～2.0kg，精料1.0～1.5kg。此期推荐的日粮配方为混合料2～2.5kg，秸秆3～5kg（优质青干草或秸秆0.5～2kg，玉米青贮11kg）。

2. 13～18月龄阶段

13～18月龄育成母牛日粮应以粗饲料和多汁饲料为主，其比例约占日粮总量的75%，其余25%为精料混合料，以补充能量和蛋白质的不足；如粗饲料质量差则需要适当增补精料，每日可补2～3kg精料，同时补充钙、磷、食盐和必要的微量元素。按400kg体重计算，参考喂量（每日）：青贮15kg，新鲜牧草（或多汁饲料）6kg，干草3～5kg，精饲料2～3kg，骨粉或贝壳粉、食盐各25g（运动场内可放置盐砖供自由舔食）。

此阶段育成母牛消化器官容积增大，已接近成熟，消化能力增强，但仍需进一步刺激消化器官生长发育，使其继续扩大；生殖器官和卵巢的内分泌功能更趋健全。在16～18月龄时，若发育正常，体重可达成年母牛的70%～75%，生长强度渐渐进入递减阶段，无妊娠负担，更无产乳负担，应尽可能利用青、粗饲料，适当减少精料的补饲，以降低饲养成本；如粗饲料质量较好，可不喂或少喂精料，每日控制在0.5kg以下；如优质青干草和多汁饲料不足，每日每头牛可加喂1～1.5kg精料。

（二）育成母牛的管理

育成母牛管理，主要就是要及时做好育成母牛分群、适时配种、保证光照和运动、定期进行刷拭和修蹄、保证饮水及环境舒适等工作。

1. 公母分开，合理分群

公、母犊牛合群饲养的时间最晚不应超过6月龄，6月龄后应分群饲养。由于公、母牛的生长发育和营养需要不同，分群饲养可以有针对性地满足母牛的饲养需求；公、母牛混养还易造成育成母牛早配受孕，一般情况下，公牛9月龄即性成熟，13～15月龄就有配种能力，母牛12～13月龄即有受孕能力，如果公、母牛混养，常常发生早配情况，会影响育成母牛正常的生长发育，进而对其终生的生产性能和繁殖能力造成不利影响。

繁殖母牛养殖场，母犊牛满6月龄后转入育成牛舍，同时对育成母牛进行分群饲养，尽量把年龄、体重相近的牛分在一起，同一小群内体重最大差别不应超过40kg，生产中一般先按月龄再结合犊牛体重进行分群。

2. 及时配种，不早不晚

在正常饲养条件下，肉用育成母牛在12月龄前后开始第一次发情。母牛开始发情只能证明其性成熟，并不代表体成熟，一定不能过早地配种。由于育成母牛饲养阶段只有投入，没有收入，延迟配种和产犊将增加饲养成本，而过早配种又会影响母牛的繁殖性能。因此准确掌握母牛初情期，观察发情是否正常，对母牛适时配种有重要意义；生产中技术人员应及时准确记录母牛的初情期，认真观察母牛的生理状态，在计划配种的前3个月要注意观察其发情规律，在确认母牛有规律地正常发情后，再预定配种日期，以免错过配种时期。在正常情况下，育成母牛在16月龄以后，体重达到成年体重的70%，开始初配。

（1）初次发情

育成母牛的初次发情基本上出现在14月龄以前，最早的在10月龄左右。一般来说，初次发情的早晚主要取决于母牛合适的体况与体重，而母牛月龄的大小并不是决定因素。营养状态好的牛性成熟早，因此初次发情月龄是检验饲养管理是否得当的一个标准。正常的初次发情为10～12月龄，过早发情可能是营养过剩、牛体肥胖所致，过晚发情则说明营养欠佳。

（2）初次配种

决定育成母牛初配时间主要是体重和体高，而不是年龄。母牛体况必须发育到体成熟才能配种。如果过早配种，由于胎儿发育和产后泌乳会消耗大量养分，使正处于生长发育阶段中的母牛发育严重受阻，造成母牛成年后个体偏小，分娩时因母体身体各器官系统发育不充分而易发生难产，同时由于母体发育和胎儿发育同时争耗营养，常常造成胎儿因营养不足而体质虚弱，发育不良，甚至娩出死胎。如果过晚配种，身体虽然长成，但由于初产年龄滞后，增加额外的饲养费用，延长了繁殖周期，母牛还会因卵巢形成持久黄体而造成配种困难，成为不孕牛。

何时配种应以个体发育情况而定，一般来说，最佳配种时期应以牛体发育匀称，体重达成年母牛体重70%以上为宜（300～400kg）。如果母牛发育较差，配种时间可相应推迟，但最晚应在19月龄前配种。放牧牛发育可能稍慢，应加强补饲，使之尽快接近正常配种体况，即使牛体况略小也应在19月龄前完成配种。

3. 充分运动，充足光照

充分的运动和充足的光照是保证育成母牛保持健康体况的重要因素。充分的运动有利于血液循环和新陈代谢，使牛有饥饿感，食欲旺盛，肋骨开张良好，肢蹄坚硬，整体发育良好，增加对疾病的抵抗力，同时也有利于生殖器官的发育。

充足的光照是牛生长发育不可缺少的条件，太阳光中的紫外线不仅有助于牛只合成体内所需的维生素D_3，而且还能刺激丘脑下部的神经分泌性激素，使之保持正常的繁殖性能。如果以放牧为主，可以保证有充足的运动和光照；如果以舍饲为主，则需有运动场来保证其运动和光照。舍饲时，平均每头育成母牛占用运动场面积应达10～15m^2，且每天要保证不少于2～3小时的自由活动时间。

4. 刷拭修蹄，保持卫生

牛有喜卧的特性，保持牛体的卫生是很难的，尤其是在冬季舍饲、饲养数量较多的情况下，更难保证牛体清洁，皮肤很容易沾有粪便和尘土形成皮垢而影响发育。因此，及时清扫牛舍，适时刷拭牛体是牛饲养管理过程中很重要的环节。保持牛舍清洁，经常刷拭牛体有利于牛体表血液循环、预防皮肤病，同时还可以培养牛群的温驯性情，使牛只同饲养人员有效融合，方便日后管理。

刷拭时以软毛刷为主，必要时辅以铁篦子，用力宜轻，以免刮伤皮肤，每天最好刷拭牛体1次，每次不少于5分钟。

育成母牛生长速度快，蹄质柔软，容易磨损。如不定期修蹄任其发展，会造成牛只蹄形不正，进而引发腐蹄病等肢蹄疾病，所以每年定期修蹄很重要。放牧为主时，为使牛充分自主运动，可在6～7月龄、9～10月龄和14～15月龄将磨损不整的牛蹄进行修整；舍饲为主时，建议每6个月修蹄1次。

5. 防寒防暑，注意饮水

冬季寒冷地区（气温低于–13℃）应做好防寒工作，炎热地区夏天应做好防暑工作。寒冷的北方育成牛舍地面需要铺设稻草、麦秆等保暖性好的垫料，非封闭牛舍应设置暖棚，以防牛体受凉生病。夏天应多注意通风换气，同时注意遮阴，避免太阳长时间直射牛只，引发中暑等应激反应。

因育成母牛采食大量粗饲料，必须供应充足的饮水。放牧时每天应让牛饮水2～3次，饮水地点距放牧地点要近些，最好不要超过5km。舍饲时每日应保证2～4次饮水频率，饮水槽应设在育成母牛容易喝到的地方，并且应设计足够多的饮水位来保证每头牛的饮水需要。饮水槽要便于清洗消毒，储水应及时更新以便育成母牛能随时喝到清洁卫生的饮水。育成母牛的饮水需注意以下几点。

（1）要求水源水质良好

最好饮用自来水，对井水、河水要经沉淀、消毒后再饮用，硬度过大的饮水可采用饮凉开水的办法降低硬度，有污染的水禁用。

（2）要求饮用水器具卫生

牛的饮水器具要每天按时刷洗，每周定期消毒。夏季温度高，微生物易滋生，水质易变坏，更要注意清洁卫生。特别是运动场上的水槽，要注意清洗和消毒，随时更换新水，保持清洁卫生。另外饮水槽周围地面应当有适宜的坡度不至于积水，影响母牛饮水。

（3）要注意科学饮水

冬季保证喝上温水，在北方冬季水槽要保温或用电加热，水温不低于10～12℃；夏季要饮凉水，或在饮水中可添加些抗热应激的药物，如小苏打、维生素C等，以缓解热应激。

第二节　繁殖母牛饲养管理

饲养母牛，养殖户期望母牛的受胎率高，泌乳性能高，哺育犊牛的能力强，产犊后返情早；期望生出的犊牛初生重大小合适、犊牛质量好、断奶重大，成活率高。

一、妊娠期母牛饲养管理

母牛的妊娠期是指最后一次配种到犊牛出生时的这段时间，肉用母牛妊娠期为270～290天，平均为280天。一般分为妊娠前期、妊娠中期、妊娠后期和围产前期4个时期。

妊娠母牛的营养需要和胎儿的生长速度有关，同时妊娠期间的营养水平还与产后泌乳量、正常发情有关。如果供给的营养不足，会影响犊牛的初生重、哺乳犊牛的日增重及母牛的产后发情；如果营养过剩会使母牛肥胖，生活力下降，影响繁殖和健康，母牛一般应保持中等膘情。对于头胎母牛，还要防止难产，尤其用大型品种改良小型品种时，对母牛妊娠后期的营养供给不可过量，否则极易造成难产。因此，妊娠母牛饲养管理的主要任务就是做好保胎工作，预防流产或早产，保证胎儿的正常发育和安全分娩，保证母牛产后体况尽快复原；在饲料条件较好时避免过肥或运动不足，在粗饲料较差时做好补饲，保证营养供应。

（一）妊娠前期的饲养管理

饲养：妊娠前期是指妊娠后的1～3个月（1～91天）的阶段。这一阶段，通过输精配种，精子和卵子结合发育成胚胎。此期的胚胎发育较慢，母牛的腹围没有明显的变化。母牛在妊娠初期，由于胎儿生长发育较慢，其营养需求较少，为此，对妊娠前期的母牛一般按空怀母牛一样进行饲养，以粗饲料为主，适当搭配少量精料。初孕青年母牛身体开始发胖，后部骨骼开始变宽，营养向胎儿和身体两个方面供给，精饲料每头日喂1～1.5kg，每天饲喂2～3次；要保证充足的饮水，每天饮水3次或自由饮水。

管理：不要快速驱赶或者突然刺激母牛做剧烈活动，防止意外流产。定时、定量饲喂精料，冬季要饮温水。牛舍要保持清洁干燥，每天打扫卫生2~3次。有条件时在牛床铺垫草，并且每天更换1次，每天刷拭牛体1~2次。

（二）妊娠中期的饲养管理

饲养：妊娠中期是指妊娠4~6个月（92~182天）的阶段。这一阶段，胎儿发育加快，母牛腹围逐渐增大。营养除了维持母牛身体需要外，其余全部供给胎儿。该阶段应提高营养水平，满足胎儿的营养需要，为培育出优良健壮的犊牛提供物质基础。精饲料补饲要增加，每头日喂1.5~2kg，每天饲喂2~3次；要保证充足的饮水，每天饮水3次或自由饮水。

管理：此阶段重点是保胎，不要饲喂冰冻的饲料；不刺激孕牛做剧烈或突然的活动。每天刷拭牛体的同时注意观察母牛有无异常变化。饮水槽要定期刷洗，保持饮水清洁卫生，冬季要饮温水。牛舍要保持清洁干燥，通风良好，冬季注意保温，夏季注意防暑。

（三）妊娠后期的饲养管理

饲养：妊娠后期是指妊娠7~9个月（183~265天）的阶段。这一阶段是胎儿发育的高峰，母牛的腹围粗大。胎儿吸收的营养占日粮营养水平的70%~80%。妊娠最后2个月，母牛的营养直接影响着胎儿生长和本身营养蓄积，如果长期低营养饲喂饲养，母牛会消瘦并容易造成犊牛初生重低、母牛体弱和奶量不足，有时造成母牛易患产后瘫痪；若严重缺乏营养，会造成母牛流产。如果营养水平过高，造成母牛过度肥胖会影响分娩，如出现难产、胎衣不下等情况。所以这一时期要加强营养但要适量，舍饲时母牛精饲料每头日喂量2~2.5kg，每天饲喂2~3次；8个半月（255天）后可根据母牛的膘情适当减少精料用量，由于胎儿增大挤压了瘤胃的空间，母牛对粗饲料采食相对降低，补饲的粗饲料应选择优质、消化率高的饲料，水分较多的多汁类饲料要减少用量，因此这一时期要提供优质的干草和精料，同时要保证充足的饮水。

管理：应单独组群，防止相互挤撞，严禁突然驱赶和鞭打孕牛，以防流产和早产。不采食霉变饲料，不要大量采食幼嫩豆科牧草，限饲棉籽饼和菜籽饼，不饮冰碴水。适度加强营养，粗饲料以优质青贮、青干草为主，精饲料营养要全价，精粗比不高于3:7，同时要注意补充维生素A、钙、磷等维生素和微量元素；舍饲的母牛每天要至少保证运动2小时，保持中等膘情，以免发生难产。每天刷拭牛体，清扫牛舍保持清洁干燥。每天注意观察孕牛状况，发现异常，立即请兽医诊治。

（四）围产前期的饲养管理

母牛分娩前15天，这一阶段称为围产前期。此时胎儿已经发育成熟，母牛腹围粗大，面临着分娩，身体十分笨重。粗饲料以饲喂优质干草为主，精料每头日喂量1.5~2.0kg，有条件的养殖场产前2~3天，为防止便秘，精料可适当增加麸皮含量，每天饲喂3次，同时要保证充足的饮水。

管理：母牛进入围产前期应进入产房，每头牛一个产栏，自由活动；预产期前5~10天，进行昼夜观察监护，同时做好母牛分娩前的各项准备，产栏地面要防滑，并提前做好清洗消毒，铺上干净垫草待用。每天保持3~4小时运动，临产前3天做1~2小时运动，这样可有效地预防难产和胎衣不下。禁止饲喂青贮玉米和块根等多汁饲料，严禁喂小苏打等缓冲剂。

妊娠母牛精料参考配方

混合精料参考配方1：玉米60%，饼（粕）类26%，糠麸10%，磷酸氢钙2%，食盐1%，微量元素维生素预混料1%。

混合精料参考配方2：玉米65%，饼（粕）类15%，糠麸15%，磷酸氢钙2%，食盐2%，微量元素维生素预混料1%。

二、哺乳期母牛饲养管理

哺乳母牛就是产犊后用其乳汁哺育犊牛的母牛，哺乳期是母牛哺育犊牛、恢复体况、发情配种的重要时期，哺乳母牛饲养管理的主要任务：一是要保证母牛产足够的乳汁以满足犊牛生长发育，使哺乳期犊牛获得理想的日增重和断奶体重；二是保证母牛在产犊45天后尽快成功发情受孕，实现母牛年产一犊。因此，加强哺乳母牛的饲养管理，具有十分重要的现实意义。

（一）围产后期饲养管理

母牛分娩后15天，这一阶段称为围产后期。母牛产出胎儿时，子宫颈开张，产道黏膜表层可能造成损伤，产后子宫内又积存大量恶露，为病原微生物的繁殖和侵入创造了条件。因此，对围产后期的母牛应细心妥善护理，以促进母牛机体尽快恢复到妊娠前的正常状态，并做好疾病预防，保证母牛具有正常的繁殖机能。

1. 做好产后监护

分娩时，母牛体内大量失水，分娩后应立即给母牛补水。产后7天内，每天应饮温水，水温控制在36～38℃。

建议如下：

饮麸皮盐汤。在10kg温水中加入麸皮1～1.5kg，食盐100g，有条件加500g红糖和500g益母草膏效果更好，搅拌均匀调成稀粥状饲喂，水温控制在36～38℃为宜，要少量多次饮饲。如产后乳房水肿严重，建议饮饲小米粥。小米0.8kg，水10kg，煮成粥加红糖500g，晾至40℃左右时饮用。待水肿消退后再改饮麸皮盐汤。

母牛产后1周内要注意产后卫生，每天或隔天对母牛外阴部及周围区域进行清洗，并用1%～2%来苏儿进行消毒，防止苍蝇叮蜇；牛床铺以清洁干燥垫草并经常更换，防止受风湿。母牛产后易发生胎衣不下、食滞、乳房炎和褥热等症，要经常观察，发现病牛及时医治。

①产后3小时内注意观察母牛产道有无损伤、出血，发现损伤出血及时处理。

②产后6小时内注意观察母牛努责情况，若母牛努责强烈，要检查是否还有胎儿未产出，并注意是否有子宫脱征兆。

③产后12小时内注意观察胎衣排出情况，胎衣排出后要及时取走，严防被母牛吃掉。

④产后24小时内注意观察母牛恶露排出的数量，如排出较少要及时治疗。

⑤产后3天内注意观察母牛有无生产瘫痪症状，发现瘫痪症状要及时治疗。

⑥产后7～12天注意观察母牛恶露排出程度，发现恶露不净或腐败要及时治疗。

2. 围产后期的饲养

产后1天，一般只喂给易消化的优质干草（最好是苜蓿）和少量以麸皮为主的粥状精料。

产后2～3天，喂给易消化的优质干草（最好是苜蓿），适当补饲以麦麸、玉米为主的混合精料，控制喂催乳效果好的青饲料、蛋白质饲料等。

产后第4天，逐渐增加精料的喂量，每天增加精料量不得超过0.5kg，精饲料最高喂量不能超过2kg。对体弱母牛，产后3天只喂优质干草，4天后可喂给适量的精饲料和多汁饲料，并根据乳房及消化系统的恢复状况，逐渐增加给料量，但每天增加精料量不得超过0.5kg；当乳房水肿完全消失时，饲料可增至正常。若母牛产后乳房没有水肿，体质健康，粪便正常，在产犊后的第2天就可饲喂多汁料和精料，到6~7天即可增至正常喂量。

产后8~10天，母牛尚处于体况恢复阶段，要限制精饲料及根茎类饲料的喂量，精料最高不宜超过3kg。要求精料的蛋白质要达到12%~14%，并富含必需的矿物质、微量元素和维生素。

产后11~15天，饲料喂量应随产乳量的增加而逐渐增加，饲料要保证种类多样，特别要注意蛋白质含量和品质，日粮中粗蛋白含量不能低于10%，同时供给充足的钙、磷、微量元素和维生素。粗饲料质量要好，应以适口性好、易消化吸收、有软便作用的优质青干草为主，日喂量3~4kg，让母牛自由采食；混合精饲料补饲量为2~3kg，主要根据粗饲料的品质和母牛膘情确定，可饲喂青绿、多汁饲料，以保证泌乳需要和母牛产后体况恢复。哺乳母牛以日喂3次为宜，青粗饲料应少给勤添，饲喂次序一般先粗后精，并保证充足的饮水；对于产犊后过肥或过瘦的母牛须适度减增营养供给。注意观察母牛粪便，如果出现拉稀、发灰、恶臭等不正常现象，则应减少或停喂精料。

头胎母牛产后饲养不当易出现酮病，表现为食欲不佳、产乳量下降和出现神经症状。其原因是饲料中富含碳水化合物的精料喂量不足，而蛋白质给量过高所致，所以头胎母牛日粮中蛋白质含量不宜超过15%，实践中应给予高度的重视。

3. 产后易发主要疾病的防治

母牛产后易发胎衣不下、子宫内膜炎、产后瘫痪等疾病，应及时做好防治工作（见第九章）。

（二）哺乳期母牛的饲养

母牛分娩2周后至2个月，为泌乳盛期。泌乳量迅速上升，母牛身体已恢复正常，应增加精料用量，每日可进食干物质为9~11kg，日粮中粗蛋白含量要求10%~11%；应供给优质粗饲料，精料补饲量根据粗饲料的品质和母牛膘情而定，补饲精料2～3kg。饲料要多样化，精、粗饲料各由3～4种原料组成，有条件的饲养场应大量饲喂青绿、多汁饲料，以保证泌乳需要，若粗饲料品质差，可在日粮多添加1kg混合精料，以免产乳量急剧下降；若粗饲料以豆科、禾本科优质牧草为主，母牛体况达到中等体况，则不用增加精料。

母牛产后第3个月，为泌乳中期。泌乳量开始下降，采食量达到高峰，这一时期应增加粗饲料，减少精饲料，精料喂量控制在2.5kg左右，日粮精粗比例控制在40：60左右。

母牛产后第4个月至犊牛断奶时，为泌乳后期。这一时期应多增加优质粗饲料，适当补充料，但要使母牛保持中上等膘情。一般精料喂量不少于2kg，如饲喂优质粗饲料（苜蓿、全株青贮或青绿饲料等），可视母牛膘情，适当减少精饲料喂量，日粮精粗比例控制在30：70左右。

哺乳期母牛应采取先粗后精、少给勤添的饲喂方式，即在饲喂次序上先喂干草，再给青草和多汁饲料，最后饲喂精料，精料也可拌草饲喂。配合饲料最好傍晚单独拌湿饲喂，若量大则早晚供给，量小傍晚一次供给。秸秆和较老的牧草切成长度3～5cm饲喂，让其自由采食。块根块茎类饲料应切碎，防止食道阻塞。舍饲牛供应粗饲料应少给勤添，槽中不断料，每日给料2～3次。目前许多牧场采取TMR饲喂方式，即利用TMR设备将精料和粗饲料混合搅拌后进行饲喂，每日饲喂2次，效果很好。

哺乳期母牛精料参考配方：

混合精料参考配方1：玉米55%～60%，饼类25%～30%，麸皮5%～10%，磷酸氢钙2%，食盐1.5%，微量元素维生素预混料1%～2%。

混合精料参考配方2：玉米65%，饼类20%，麸皮10%，石粉1.5%，磷酸氢钙1%，食盐1.5%，微量元素维生素预混料1%。

（三）哺乳期母牛的管理

做好哺乳母牛管理，使母牛能尽多地产奶，更好地哺育犊牛，及早恢复体况，适时发情配种，为下一个妊娠期做好准备。

适度运动：有条件的牧场应让母牛每天适度运动；舍饲哺乳母牛，每天应保持自由活动3～4小时或驱赶运动1～2小时；让母牛保持适度运动能增强母牛体质，增进食欲，保证正常发情，同时可预防肢蹄疾病，同时有利于维生素D的合成。

修蹄和梳拭：每年在哺乳期内修蹄1次，保持牛肢蹄姿势正常；有条件的每天梳拭牛体一次，梳遍牛体全身，保护牛体清洁，预防传染病，并增加人畜情感。

适时配种：适当加强哺乳母牛营养，保持母牛膘情中等以上，膘情良好的母牛产后40天左右会出现首次发情，产后3个月内会出现2～3次发情；母牛产后45天内不进行配种，以利于母牛产后体况恢复和健康；母牛生产40天后，要注意观察母牛是否发情，便于适时配种，配种后2个情期内，还应观察母牛是否有返情现象，如有返情应及早进行补配。

犊牛断奶：做好犊牛的断奶工作，一般在犊牛6月龄时进行断奶。

疾病防治：产后注意观察母牛的乳房、食欲、反刍、粪便，发现异常情况及时治疗。母牛在产后1个月左右，进行驱杀体内寄生虫。

三、空怀母牛的饲养管理

空怀母牛是指在正常的适配期内不能受孕的母牛。母牛空怀会给养牛者造成很大的经济损失。空怀母牛饲养管理的主要任务是查清不孕原因，针对性采取措施。同时围绕着促使空怀母牛尽早发情，提高受配率、受胎率，充分利用粗饲料，降低饲养成本等目标进行饲养管理。

（一）造成母牛不发情和不受孕的原因

1. 先天性不孕

先天不孕一般是由于母牛生殖系统发育异常或不健全造成的，如异性的孪生母牛因生殖机能发育不全不能发情受孕。

2. 后天性不孕

主要是由于患有严重的生殖性疾病、营养严重不良和饲养管理不当造成的。如母牛生殖器官疾病（子宫积液、子宫囊肿、卵巢发育不全、黄体囊肿、持久黄体等）、营养缺乏（包括母牛在犊牛期的营养缺乏）、使役过度、漏配、营养过剩或运动不足引起的肥胖、环境恶化（过寒、过热、空气污染、过度潮湿等）等，个别处于哺乳期的母牛常会出现不发情的现象。一般在疾病得到有效治疗、饲养管理条件得到改善后能克服空怀。但如果是在犊牛时期由于营养不良导致的生长发育受阻，从而影响生殖器官正常发育而造成的不孕，则很难通过饲养方法补救。

（二）空怀母牛的饲养管理

成年母牛因饲养管理不当而造成不孕，在恢复正常营养水平后，大多能够自愈。要细心观察母牛发情状况，应及时予以配种，防止漏配。

舍饲空怀母牛的饲养以青粗饲料为主，适当搭配少量精料，当以秸秆为粗料时，应增加补饲1~2kg精料。实际生产中应根据空怀母牛的体况，适当增减其营养供给，使母牛在配种前1~2个月达到中等膘情，才能提高受胎率。过瘦过肥都会影响母牛繁殖，同时注意食盐等矿物质、维生素的补充。在日常生产中，母牛由于饲喂过多精料而又运动不足，易使牛只过肥，造成不发情；这是目前肉用母牛饲养管理最常见的情况，必须加以注意。对因过肥不发情受孕的母牛需增加劳役量，调减精料量，多喂粗料和多汁饲料。但当母牛饲料营养不足、母牛极度瘦弱时，也会造成母牛不发情而影响繁殖。对因过瘦不发情受孕的母牛，需多补精料和青绿料，力争在配种前达到中等膘情。

牛舍内通风不良、空气污浊、夏季闷热、冬季寒冷、过度潮湿等恶劣环境极易危害牛体健康，敏感的个体很快停止发情。因此，改善饲养管理条件对提高母牛繁殖力，减少母牛空怀十分重要。此外，运动和日光浴对增强牛群体质、提高肉牛的生殖机能有着密切关系，有条件的饲养场户对母牛应每天至少刷拭一遍，每次不少于5分钟，同时也要加强运动促进发育。

对患有严重的生殖性疾病的不孕母牛，要因症施策，及时治疗，对没有利用价值的母牛应尽早淘汰。

第四章 母牛繁殖

第一节 母牛选留

　　繁殖母牛是养牛业发展的基础，母牛生产性能的好坏直接影响养牛场（户）的生产水平和经济效益，所以选留高产母牛对于养殖业主来说意义重大。高产母牛主要是指繁殖性能好、泌乳性能好、产肉性能好的"三好母牛"，具体表现到个体，就是母牛具有产后发情早、产犊间隔短、泌乳力高、母性行为强、产犊质量优、育犊成绩好、适应能力强等特征。

　　选留肉牛高产母牛，首先应选择适用于肉牛生产的母系品种，在实际生产中要尽可能选用肉用或兼用型品种（含高代杂交牛），这样才能最大限度地利用品种优势提高生产效益。高产母牛具有一定的外貌特点，因此，确定好母牛品种后，更应注重对母牛个体外貌特征的选择。从整体结构上，肉用母牛全身肌肉较发达，偏重于肉用型特征，前望、侧望、上望和后望均呈"矩形"；乳肉兼用母牛则要求具有较多的乳用型体形，如体质细致紧凑，中、后躯发育良好。高产成年母牛的外貌特点是品种特征明显，整体发育良好；侧望呈矩形或楔形，上望呈楔形；头清秀而长，角细而光滑，颈短而宽；胸宽而深，后躯宽而平直或略有倾斜；乳房发育良好，乳头圆而长，排列匀称，乳静脉明显；阴户大而明显，形态正常。在实际生产中挑选母牛时，一看整体结构，二看头型，三看胸腰荐，四看乳房外阴；如是经产母牛还要了解其受胎率、产犊间隔、产犊质量等繁殖性能方面的信息。此外，高产母牛可以将繁殖力、泌乳力、母性行为等性状遗传给后代，与其"母亲""同胞姐妹""外祖母"等在生产性能上都有相近之处。因此，可以通过对与母牛有亲缘关系的母系群体进行生产性能上的观察、调查和了解，结合其自身的外貌特征和繁殖性能进行综合选择。

外购母牛时，在价格适宜的前提下应尽量购买青年育成母牛。一是市场上的成年母牛多为老弱病牛，常存在产后不发情、屡配不孕、后代犊牛质量差、泌乳性能差、母性不好等问题，购买这样的母牛难以获得理想的繁殖率和经济效益；二是如购买过小的母牛犊，须饲养8～10个月后达到18月龄左右时方可进行配种，期间的饲养成本并不低，且购买的牛犊越小越容易出现应激及伤亡，因此购买母牛犊也不是最佳选择。所以建议最好购买12月龄以上的青年育成母牛，从繁殖率和经济效益上看更为划算，买回后3～6个月便可以配种，在繁殖时间上并不比成年母牛长多少，且基本不会存在繁殖问题。

第二节　母牛发情与配种

一、性成熟与体成熟

（一）性成熟

母牛出现第一次发情和排卵的时期，称为初情期。母牛的初情期多在10～12月龄，此时母牛的生殖器官仍在继续发育中，发情和排卵都不规律，不适合配种。

当母牛生殖器官发育完成，其卵巢产生成熟的能受精卵子，表现为母牛有完整的发情过程，形成有规律的发情周期，具备了繁殖能力，称为性成熟。母牛性成熟期在12～14月龄，牛性成熟的早晚，因品种、营养水平、气候环境和饲养管理情况的不同而有差异，一般气候条件较寒冷地区比温暖地区母牛的性成熟要晚些；饲养管理水平高、营养状况良好的母牛要比饲养管理水平差、营养不良的性成熟早些。

达到性成熟期的母牛虽然生殖器官已发育完成，具备了正常繁殖能力，但全身机体各器官和系统并未发育成熟和完善，故不宜配种。如过早配种会影响母牛本身和胎儿的正常发育以及母牛以后生产性能的发挥，造成母牛成年后个体偏小，易难产，所产犊牛通常病、弱、小，生产能力低下。

（二）体成熟

所谓体成熟是指牛只机体各器官和系统基本发育完成，具备了成年牛应有的形态和结构，适宜繁殖生产的阶段。母牛在16月龄左右、体重达到其成年体重的70%左右时达到体成熟，对于青年母牛，体成熟意味着机体功能可以负担妊娠和哺育犊牛的任务。

母牛的体成熟期就是母牛的初配适龄期，在实际生产中，应根据牛的品种及其生长发育情况而定，母牛在15～18月龄时，母牛的体重达到其成年体重的70%左右，大型品种牛在350～400kg体重时，即可进行初配；早熟品种母牛的初配适龄在14～16月龄，晚熟品种母牛的初配适龄在18～24月龄；年龄已达到而体重未达到时，则初配适龄应推迟，反之则可适当提前。初配过迟，增加了母牛饲养成本、缩短了繁殖利用年限，而且易使母牛过肥，不易受胎。因此，正确掌握母牛的初配适龄期，对充分发挥母牛的生产性能和提高繁殖率具有现实生产意义。一般肉牛最佳繁殖利用为一年产一胎，最佳利用年限为8～10胎，6胎以后母牛繁殖能力逐渐衰退，产犊间隔逐渐延长，繁殖力下降，应及时淘汰。

二、发情及其鉴定

（一）发情及发情周期

1. 发情

发情是育龄空怀母牛与排卵密切相关的周期性生殖生理现象。发情时，卵巢上的卵泡迅速发育，并产生大量的雌激素，在雌激素的作用下，使母牛产生性欲和性兴奋，同时使母牛的生殖道产生一系列变化，为受精受孕提供条件。母牛完整的发情行为具备以下四个方面的生理变化：一是精神状态变化。表现为兴奋、敏感，活动增强，食欲减退，正在泌乳的母牛奶量下降。二是外阴和生殖道变化。表现为阴唇充血肿胀，有黏液流出，俗称"挂线"或"吊线"；阴道黏膜潮红、滑润，子宫颈口勃起开张红润。三是性欲变化，表现为主动接近公牛或其他母牛，爬跨其他母牛和接受公牛及其他母牛的爬跨。四是卵巢变化，表现为卵巢上的卵泡迅速发育并成熟和排卵。

母牛因疾病或营养不良等原因，会出现生理变化和表现不完整的异常发情。

一是隐性发情。也叫安静发情，处于隐性发情的母牛，卵巢上有卵泡发育成熟并正常排卵，但母牛发情的外观表现和症状不明显，发情时间很短，很容易发生漏配。对隐性发情的母牛，一定要细心观察，弄清原因，及时诊治。在实际生产中建议对一直表现为隐性发情的母牛同可进行本交的种公牛放在一起，采取本交自然配种，以防止观察发现不及时造成多次漏配的现象。

二是假发情。母牛外观上出现发情症状和变化，但卵巢上无卵泡发育，不排卵。出现这种情况一般多见于青年母牛，或患有子宫内膜炎或阴道炎的母牛。在实际生产中建议一定要建立母牛配种记录，日常认真做好观察，及时进行诊治。特别是少数已经怀孕的母牛在妊娠4～5个月时也常会出现假发情，实际生产中应认真观察并核实配种记录，以防误配造成母牛流产。

三是持续发情。主要表现就是母牛连续2～3天或持续更长时间发情不止。出现这种情况多是由于母牛患有卵泡囊肿疾病导致分泌的激素过多所致，有时母牛出现左右的卵巢交替发育排卵时也可使母牛持续发情。

上述情况会干扰对母牛的发情鉴定和配种。

2. 发情周期

相邻两次发情或排卵间隔的时间为发情周期，通常以上一次发情开始到本次发情开始的时间来计算。牛的发情周期平均为21天，正常范围为18～24天，不同品种的牛其发情周期的长短基本无差别，但受年龄影响较大，青年母牛偏短为20天，经产母牛偏长为21天，同时发情周期还受光照、温度和饲养管理的影响。一般根据牛在发情周期内的生理变化特点，将发情周期分为4个阶段：

（1）发情前期

此期卵巢上的功能黄体逐渐消失，卵泡已开始发育。外观上：母牛无性欲表现，但阴道分泌物逐渐增加，生殖器官开始充血，持续1～3天。

（2）发情期

此期卵巢上的卵泡迅速发育并成熟，随后排卵，子宫腺体分泌出黏液，子宫颈口开张。外观上：母牛发情各症状相继出现并表现逐渐增强，不时哞叫，食欲减退，外阴黏膜和阴蒂充血、肿胀，分泌物大量流出，性欲明显，最突出的特征就是接受公牛和其他母牛爬跨，持续时间随品种、年龄、季节和饲养情况不同而有变化，成年母牛约持续18小时（6～36小时），育成母牛约15小时

（10~21小时）。

（3）发情后期

此期卵泡破裂卵子排出后，卵巢上黄体开始形成，子宫腺体分泌出少而稠的黏液，子宫颈口收缩。外观上母牛由性欲高峰逐渐转入安静状态，持续3~7天。此期如果未受孕，大多数母牛会从阴道内流出少量血，应在16天后注意观察下一次发情。

（4）休情期

黄体已发育完成，如果母牛已妊娠，黄体转化为妊娠黄体；如果未受孕，黄体转化为周期性功能黄体，即功能黄体逐渐萎缩，下一个卵泡处于孕育中，母牛逐渐步入下一个发情期。外观上，母牛一切恢复到正常状态，持续12~14天。

3. 排卵时间

卵巢上的卵泡成熟后突出在卵巢的表面，最后卵泡破裂排出卵母细胞和部分卵丘细胞及卵泡液，这一过程称为排卵。人工授精时必须准确估计排卵时间，才能做到适时输精以提高母牛受孕率。正常情况下，大多数母牛排卵时间在发情开始后的24~36小时，或在发情结束后10~12小时。营养状况正常的母牛，排卵时间较为一致，营养状况较差的母牛则相对分散。

4. 产后发情及配种

母牛在产犊后子宫需要一段时间才能恢复正常状态，期间多数母牛分娩后第一次排卵常常没有发情的外部表现，即安静发情，因个体不同发生在分娩后10~40天。而母牛分娩后出现完整发情表现的，平均在分娩后的65（40~90）天左右，然后进入正常的发情周期。母牛产犊后在哺乳期内，会有相当数量的个体不发情。

母牛最理想的繁殖效率是一年能产一胎，科学的做法是使母牛产后45~90天内再度受孕。实践证明：如果母牛产后配种过早（45天之内），因子宫尚未完全康复，很难受孕；即使受孕，常会导致母牛发生生殖性疾病；如果配种过晚，又延长了产犊间隔，降低了母牛的利用效率和生产效益。因此应采取措施使母牛产后45~90天内再次受孕，如果发现母牛产犊60天仍不发情，应及时进行检查，提早进行诊治。

5. 发情季节

牛是常年周期性发情动物，除在怀孕情况下发情周期终止而外，正常的可以常年发情、配种。由于营养和气候因素，北方部分母牛在冬季很少发情或不发情，这种非正常的生理反应可以用提高饲养水平、改善生产环境条件来解决；此外炎热的气候环境对母牛的发情周期或排卵也有影响，因此在炎热的夏季对母牛进行防暑降温有助于母牛正常发情配种。

（二）发情鉴定

通过发情鉴定，及时发现发情母牛，科学确定最适宜的配种（输精）时间，防止早配、晚配和误配，以提高母牛受胎率。日常生产中，发情鉴定的方法主要有外部观察法、直肠检查法和试情法。

1. 外部观察法

外部观察法就是通过观察母牛外部表现，对照母牛发情时通常表现出的特异征兆，来判定母牛是否发情及所处的发情阶段。发情期各阶段的表现如下。

（1）发情早期表现

达到性成熟尚未妊娠的母牛每18～24天就有一次发情。母牛出现最早的发情表现持续时间为6～24小时。外在表现：母牛外阴部湿润且稍有肿胀，黏液流出量逐渐增多并呈稀薄透明或牵丝状，食欲下降，常有几声哞叫。在运动场上来回走动，追随其他母牛，后面也常有其他牛跟随，嗅闻其他母牛外阴部，并企图爬跨别的牛，但不愿接受别的牛爬跨。此阶段不适合输精配种。

（2）发情盛期表现

发情盛期也称为站立发情期，为6～8小时。外在表现为阴门红肿，由阴道中流出的黏液透明但浓稠牵缕性强，愿意接受其他牛爬跨，这是此阶段最明显的特征；有的牛流出的黏液中混有少量血液，故呈淡红色，这种现象在处女牛较为常见。处于发情盛期的母牛食欲差，不停哞叫，目光锐利，两耳直起，烦躁不安，走动频繁，并伴有体温升高；以手按压十字部，母牛表现凹腰，高举尾根部，俗称打稳栏期。有时因接受爬跨，致使尾根部被毛蓬乱。此阶段输精配种比较适合。

（3）发情末期表现

站立发情阶段后，部分母牛继续表现的发情行为，可持续17～24小时。其主要表现为黏液量减少，乳白而混浊，有干燥的黏液附于尾部。发情母牛被其他母牛闻嗅或有时闻嗅其他母牛，但不愿意接受其他母牛爬跨，同时外阴部的充血肿胀度明显消退，母牛逐渐恢复正常。此阶段输精配种过晚。

2. 直肠检查法

直肠检查法就是输精员用手伸到母牛直肠内，隔着直肠触摸卵巢，来判断卵泡是否发育成熟。由于不同的牛发情表现程度、特点不同，外部观察法需要观察者既要有丰富的经验，又要熟悉母牛的发情期和休情期的日常表现。而母牛发情期较短，特别是有的母牛还存在安静发情的现象，输精时机很容易错过。所以在实际生产中，采取人工输精时最常用和有效的方法就是应用直肠检查法，根据触摸掌握卵泡发育情况，适时进行输精。牛的卵泡发育可分为以下四期：

（1）卵泡出现期

卵巢稍微增大，卵泡直径0.5cm左右，触感时为软化点，波动不明显，此时相当于发情的早期阶段，母牛开始发情。此阶段不宜输精。

（2）卵泡发育期

卵泡进一步发育，直径达到1.0～1.5cm，呈小球状，部分凸出于卵巢表面，波动明显。此时相当于发情盛期，母牛发情表现由明显到强烈，再到减弱。此阶段不宜输精。

（3）卵泡成熟期

卵泡不再增大，泡液增多，泡壁变薄，紧张而有弹性，有一触即破之感，母牛发情外部表现已完全消失。此阶段输精效果最好。

（4）排卵期

卵泡破裂，卵泡液流出，形成一个小的凹陷，触之有两层皮之感。排卵后6～10小时凹陷消失，黄体开始生成，有别于卵泡，触之有肉样感觉，成熟黄体的直径约2cm。此阶段可以输精，但受胎率会较于卵泡成熟期输精低一些。

3. 试情法

使用公牛（或结扎公牛）对母牛进行试情，根据母牛的性欲表现来判定发情程度；该法简单，易掌握。试情牛的选择，应是性欲旺盛，无恶癖的，最好结扎输精管。

三、配种

（一）适配时间

掌握好适宜的输精时间是母牛能否受胎的关键，卵子排出进入输卵管后，保持受精能力的时间为8～12小时，所以最佳的输配时间为排卵前6～8小时，受胎率最高。但在实际生产中，由于不能准确掌握牛的排卵时间，通常做法是根据牛发情时间来掌握输精时间，适宜的输精时间要在科学做好发情鉴定的基础上确定。通常发情后期输精较好，在母牛发情开始后10～24小时，根据母牛多在夜间排卵的特点，应尽量在夜间或清晨输精，以提高受胎率，尤其是炎热的夏季，应尽量避免在上午或下午气温高时配种。具体时间安排是：早上至中午发情（接受爬跨），当天下午或傍晚输精；下午至傍晚发情，次日早晨输精。每一情期输精1～2次，且两次时间间隔应在8～12小时。发情表现与适时输配见表4-1。

表4-1 发情表现与适时输配表

发情时间	发情症状	是否输配
0～5小时	出现兴奋不安，食欲减退	不适合
5～10小时	主动靠近公牛或其他牛只，做弯腰弓背姿势	过早
10～15小时	爬跨其他牛，外阴肿胀，分泌稀薄透明黏液，不时哞叫	可以输配
15～20小时	阴道黏膜充血潮红，外表光亮，黏液逐渐由牵缕性透明变为不透明，接受其他牛爬跨	最佳输配期
20～25小时	不再爬跨其他牛，黏液量增多，变稠	晚
25小时以后	阴道逐渐恢复正常	过晚，不适合

（二）配种方法

母牛配种方法有自然交配和人工授精两种。

1. 自然交配

自然交配又称本交，是指公母牛之间直接交配。该方法对公牛的利用率较低，易相互之间传染疾病，生产上不宜采用。

2. 人工授精

人工授精是指借助专门器械将公牛精液输入发情母牛的生殖道内，以代替公母牛自然交配，使其受胎的一种繁殖技术；适时而准确地把一定量符合标准的精液输送到发情母牛生殖道内的适当部位，是保证母牛受胎的重要环节。

输精方法有开腔器输精法和直肠把握子宫颈输精法，开腔器输精法由于具有"操作烦琐，容易引起母牛不适，输精部位浅，受胎率低"等缺点，生产中使用较少。目前生产中主要采用直肠把握子宫颈输精法，其优点：用具简单，操作安全，不易感染；母牛无痛感刺激，处女牛也可使用；可顺便做妊娠检查，以防止误给孕牛输精而引起流产；便于将精液输到子宫深部，可获得较高的受胎率，因此，被输精员广泛使用。具体操作规程如下。

（1）输精前的准备

一是输精器械的准备，主要包括输精枪及一次性输精枪外套等用具；所有输精用具必须在使用前清洗干净，然后进行消毒处理，金属输精器可用75%酒精或放入干燥箱内消毒。二是母牛的准备，将准备输精的母牛牵入输精架内保定，并把尾巴拉向一侧。用温清水洗净其外阴部，再进行消毒，然后用消毒布擦干。三是输精人员的准备，输精员应穿好工作服，并剪短、磨光指甲，然后清洗手臂，擦干后用75%酒精消毒，戴上一次性输精手套。四是精液的准备，应用冷冻精液时，必须先解冻，然后进行镜检，活力不低于0.3时，方可用于输精；我国目前主要应用的精液为冷冻后的细管精液，其解冻方法为细管可直接投入38±2℃温水中解冻，待细管中精液的颜色发生变化后立即取出。

（2）操作方法

将左手伸入直肠内，排除宿粪，寻找并把握子宫颈外口，压开阴裂。右手持输精枪由阴门插入，先向上斜插，避开尿道口，而后再平插直至子宫颈口。以左手四指隔直肠壁把握子宫颈，两手配合，将输精枪越过子宫颈螺旋皱裂，将精液输入子宫内或子宫颈5~6cm深处，缓慢抽出输精枪，以免精液倒流。

（3）操作要领

当手通过直肠抓握子宫颈时，直肠可能发生收缩，遇此情况可稍停一会儿，待松弛后再进行；如子宫颈过细或过粗难以把握时，可将子宫颈挤向骨盆侧壁固定后再输精；插入输精枪时动作要轻，并随牛移动而移动，当有阻力时，不要硬推，应变动方向；输精枪对不上子宫颈口时，可能是把握过前，造成颈口游离下垂，若把握正确，仍难以插入时，可用扩张棒扩张子宫颈口或用开膣器撑开阴道，检查子宫颈口是否不正或狭窄；通过子宫颈后，要轻轻推进输精枪，以防穿透子宫壁；输入精液时，应将输精枪稍稍往外拉出，以免输精器口被堵。若发现大量的精液残留在输精枪内，要重新补输。

（三）影响牛人工输精受胎率的因素

影响牛人工输精受胎率的因素有多种，但主要取决于冷冻精液质量、输精操作细节和受配母牛营养状况三方面因素。

1. 冷冻精液质量

应用的牛冷冻精液应符合国家标准，即解冻后活力不得低于0.3；每一剂量呈直线前进的精子数，细管不得少于1000万个、颗粒不得少于1200万个；解冻后精子畸形率少于20%，精子顶体完整率大于40%，在37℃下存活时间大于4小时。

2. 输精操作细节

（1）冷冻精液的解冻温度与速度

解冻温度过高或过低都会使解冻后的精子活力下降，塑料细管冻精解冻的最适宜温度应在38～40℃，时间是10秒以内，在此温度和时间下精子受到的损伤最小。在解冻过程中应避免与阳光、化学药品及有毒有害物品、气体接触。

（2）适时输精

正常情况下，刚刚排出的卵子活力较强，受精能力也最高。在母牛发情后或排卵前10～20小时输精最适宜。此时已完成获能的精子与受精能力强的卵子相遇，受精的概率最大。一般说来，输精或自然交配距排卵的时间越近受胎率越高，这就要求对母牛的发情鉴定要准确，才能做到适时输精。

（3）输精部位

将精液输到排卵侧子宫角甚至是该侧子宫角深部，也就是尽可能地将精液输注到接近受精的部位，绕开子宫颈屏障，减少精子在子宫中运行时被吞噬的概率，使精子一进入母牛生殖道就处于最接近受精部位的位置。这样，即使输入少量精子，也可以在受精部位达到所需要的精子数。所以，子宫角深部授精可以提高受胎率。

（4）严格执行操作规程

牛人工输精站多存在着工作室简陋、封闭不严、消毒设施不全、室内卫生差等问题。特别是不严格消毒输精器、不讲究个人卫生、吸烟和喝酒而引起的环境污染、畜体的卫生不良等因素，直接影响母牛受胎率，甚至传播疾病，给母牛带来终身不孕。因此，应严格执行操作规程。

3. 受配母牛的营养状况

营养是影响发情母牛能否受胎的重要因素，为此，应提供全面、均衡的营养，使受配母牛膘情达到中上等。如果营养水平过高，会导致母牛过度肥胖，性欲降低，交配困难，胚胎死亡率也会增加。营养不良时，会使母牛产生乏情或假发情等情况。因此，养殖户应加强母牛的饲养管理。

第三节　妊娠与分娩

一、妊娠及诊断

（一）妊娠

妊娠是指母牛配种受孕后，到胎儿产出的生理状态，这段时间称为妊娠期。母牛的妊娠期为270～285天，平均280天。

（二）妊娠诊断

做好早期妊娠诊断，一方面可及时发现母牛空怀，对没有受胎的母牛适时补配，提高繁殖率。另一方面可对已受胎的母牛，科学饲养管理，做好保胎工作。此外还可及早发现母牛生殖疾病，以便进行早期诊治。

妊娠诊断的方法主要有：

1. 外部观察法

妊娠后的母牛性情变得安静、温顺；反应迟钝，行动缓慢，驱赶运动时常落在牛群后；食欲和饮水量增加；被毛光泽，膘情好转。

母牛输精后30～45天内不发情，继续观察15天仍无发情，则初步断定已经妊娠。

妊娠后期，腹部渐大。育成牛在妊娠4～5月后乳房发育加快，体积明显增大。经产母牛在妊娠期最后的1～4周才发生明显变化。妊娠6月以上，可触摸到或看到胎动。

该法不能准确判定妊娠时间，需与其他方法结合，综合判定。

2. 阴道检查法

通过借助阴道开张器打开阴道，根据阴道黏膜、黏液及子宫颈等的变化来判断是否妊娠。

（1）妊娠母牛阴道黏膜变化

妊娠初期（25～30天）阴道黏膜由未妊娠时的淡粉色变为苍白色，阴道黏膜干燥苍白无光泽；阴唇收缩，有水肿。

（2）阴道黏液变化

妊娠2个月左右，子宫颈口内及附近有黏液，量不多。3～4个月时，黏液增加且浓稠，呈灰白、灰黄的糊状。6个月后，黏液开始变得稀薄而透明，黏液量多而滑润，常常流出阴门之外，或黏附于阴门及尾毛上。

（3）子宫颈外口变化

妊娠后子宫颈外口被灰黄、半透明、黏稠坚韧的黏液阻塞，称之为子宫颈塞，也称黏液塞或子宫栓。在妊娠40～80天，60%～70%的牛的子宫颈塞增大凸出或盖住子宫颈外口。在分娩或流产前，阴道黏膜湿润、充血、子宫颈扩张，子宫颈塞溶解，并呈线形流出。

单独用阴道检查法进行妊娠诊断不够准确，尤其是对妊娠后的假发情、未妊娠的假妊娠、阴道患有疾病的母牛，往往不易做出正确判断。

3. 直肠检查法

通过直肠壁触摸子宫、卵巢及黄体变化和有无胚泡存在等情况来判定是否妊娠的一种方法。前期准备和操作过程，与发情鉴定时直肠检查法大致相同。此法较为准确，应用也较普遍。

妊娠20天左右，主要判定依据是有无妊娠黄体。母牛从排卵后逐渐形成黄体，配种后19～25天，在一侧卵巢上发现正常黄体而无发情症状，可初步判定已妊娠。为了进一步证实，可在40～50天时再检一次，并结合子宫角变化做出判断。

妊娠1个月时，妊娠黄体凸出于卵巢表面，卵巢体积增大。孕侧子宫角增粗，比另一侧约大1倍，育成牛比经产牛明显。孕角稍有波动。

妊娠2个月时，孕角显著增粗，有波动，角间沟已不清楚。40～90天，子宫像充满水的厚橡皮气球。

妊娠3个月时，角间沟消失，子宫颈移至耻骨前缘，子宫角开始垂入腹腔；孕角波动明显；可摸到如蚕豆大小的子叶，呈颗粒状。子叶在妊娠70～90天形成，但到100～110天时才能清楚地摸到。

该法可靠，诊断结果准确，可在妊娠早期做出判断，母牛妊娠2个月，甚至1个月左右即可判明。同时，此法还可以诊断妊娠状态，及时发现假妊娠及死胎等，所以应用较为普遍。

4. 超声波诊断法

母牛配种28天后，可使用超声波（B超）检测母牛妊娠情况，即使用B超仪探头通过直肠对母牛子宫内的变化情况进行直接观察。与直肠检查法相比，超声波诊断法具有快速、直观、准确、应激小等特点。

母牛的妊娠检查方法，除以上常用几种外，还有乳汁和血液孕酮测定分析法、晨尿碘酒测定法、子宫颈黏液果糖含量测定法、孕牛眼球巩膜上细小血管鉴别法等化学诊断法，但都有一定的局限性，准确率也不及直肠检查法和超声波诊断法，故应用较少。

在实际生产中，最实用和常用的是直肠检查法，并使用外部观察法或阴道检查法作为辅助方法进行综合判断。随着技术的进步，超声波诊断法在大型奶牛场和肉用母牛繁殖场得到了越来越多的应用。

二、分娩与助产

（一）预产期的推算

实际生产中，应准确掌握好预产期，以提前做好产前准备，保护好生产母牛和出生犊牛。预产期推算的基础是妊娠期，如果按妊娠期280天计算，可按口诀"月减3，日加6"，即预产期。如果月份不够减或日期超30天，可借一年或推一月计算，如配种受孕日期为2020年7月10日，按照口诀"月减3，日加6"，则预产期为2021年4月16日；配种受孕日期为2020年5月26日，按照口诀"月减3，日加6"，日期超过30日，推一月计算，则预产期为2021年3月4日；配种受孕日期为2020年2月15日，按照口诀"月减3，日加6"，月份不够借一年计算，则预产期为2020年11月21日。预产期计算出来后，应在预产期前一周注意观察母牛的表现，尤其是要细心观察母牛产前预兆，做好接产和助产准备。

北方肉牛舍饲实用技术

（二）产前准备

1. 产房

最好建有专用的产房或分娩栏。产房应宽敞明亮，环境要安静，阳光充足，场地要干燥且通风良好。围产前期或产前一周应把母牛转入产房，以便适应环境。进入产房前，应将临产母牛体表刷拭干净，产房要消毒并铺垫清洁而干燥柔软的干草。入产房后，要去掉缰绳，让母牛自由活动。

2. 产前备品

分娩前，应将所需的接产、助产备品准备齐全。如水盆、剪刀、刷子、毛巾、纱布、脱脂棉、结扎线，以及难产时所需的产科器械等。还要准备消毒药品，如来苏儿、酒精、碘酊、高锰酸钾或消炎粉等。润滑剂和一些急救药品，如强心剂也应准备一点。对乳房发育不好的母牛，还应及早准备哺乳品或代乳品。

（三）分娩预兆与分娩过程

1. 分娩预兆

母牛产犊的过程叫分娩。分娩前，母牛的生理和形态上会发生一系列的变化，称之为分娩预兆。根据预兆，可以更准确地预测分娩时间，以做好接产、助产准备。

（1）行为变化

母牛表现极度不安，常回望臀部，频频排尿，但尿量不多，食欲减弱或停止采食。

（2）乳房变化

分娩前乳房变化最为明显，体积膨大，乳腺充实，乳头膨胀。产前几天可以从乳头内挤出黏稠、淡黄的液体。如能挤出白色的初乳时，母牛将在1~2天内分娩。

（3）外阴部变化

产前一周，阴唇开始肿大、充血，阴道黏膜潮红。当有蛋清样透明黏液呈线形流出时（俗称"挂线"），母牛将在1周（有的1~2天）内产犊。

（4）骨盆变化

骨盆韧带软化，臀部塌陷；分娩前1~2天，骨盆韧带已充分软化，尾根两侧明显塌陷（俗称"塌尾巴根"）。

上述情况是母牛分娩前的一般表现，实际生产中常常因饲养管理水平、品种、胎次和个体差异而表现各异，所以要注意全面观察，综合推断，以正确估计产犊时间。

2. 分娩过程

母牛分娩过程大致可分为开口期、产出期和胎衣排出期三个阶段。

（1）开口期

是从子宫开始出现阵缩到子宫颈口完全开张的时期。子宫颈口与阴道之间的界限完全消失。母牛表现不安，喜欢安静地方；开始时子宫收缩引起的阵痛时间较短，15～30秒，而间歇时间较长，约15分钟。随着分娩进程，阵痛加剧，间歇时间由长变短，有轻度努责，时间持续1～16小时，平均2～6小时。

（2）产出期

母牛极度兴奋不安，时卧时起，背弓努责，子宫颈口完全开放。因胎儿进入产道，子宫、腹壁与横膈发生强烈收缩。收缩的时间变长，间歇时间更短；多次努责后，胎囊由阴门露出；胎膜破裂，羊水流出；胎儿的前肢或唇部开始露出；再经强力努责后胎儿产出。此期持续0.5～4小时，经产母牛比初产牛长。如果是双胎，则在产后20～120分钟后产出第二个胎儿。

（3）胎衣排出期

胎儿产出后，母牛仍有轻微努责，子宫继续收缩，将胎衣排出体外。此期5～8小时，如果超过12小时，可按胎衣不下处理。排出的胎衣要及时清走，以免被母牛吞吃，引起消化紊乱。

产后母牛子宫的完全恢复需26～47天。

（四）助产

分娩是母牛的正常生理现象，一般不需干预。助产的目的是尽可能做到母子安全，减少或避免不必要的损失。助产的方法及原则如下。

1. 严格消毒

临产时要将母牛外阴部、肛门、尾根及后臀部用温水、肥皂水洗净擦干，再用0.1%～0.2%的高锰酸钾或1%～2%的煤酚皂溶液洗涤消毒并擦干。助产人员手臂要消毒。其他助产工具、产科器械等都要严格消毒，以防病菌感染子宫，造成生殖系统疾病。

2. 注意胎位

母牛卧下时要引导其左侧着地，以避免胎儿受到瘤胃的压迫。母牛开始努责时，应注意检查胎儿方向、位置和姿势。胎儿两前肢夹着头先出来是正常胎位，可以正常生产；如果两后肢先产出来，则是倒生。当母牛努责时，胎膜露出，胎儿的前置部分开始进入产道，这时可将手伸入产道，隔着胎膜触摸胎儿的方向、位置及姿势。如果胎位正常，就让其自然产出；如果反常，应当及早矫正。矫正方法，须先将胎儿推回子宫内，推时要待母牛努责间歇期间进行，然后矫正。如果是倒生，当后肢露出时，要及时拉出胎儿，避免胎儿在产道内停留过久而窒息死亡。

3. 关注破水

当胎儿前肢和头部露出阴门，但羊膜仍未破裂时，可将羊膜扯破并将胎儿口腔、鼻周围的黏膜擦净，以便胎儿呼吸。如破水过早，产道干燥或狭窄或胎儿过大时，可向阴道内灌入肥皂水或植物油润滑产道，及时拉出胎儿。

4. 保护阴门

如拉出胎儿时，应配合母牛的努责进行，为防撑破可用手捂住阴门等。

5. 舍子保母

如果母子安全受到威胁，仅在不得已时才舍子保母，同时需注意保护母牛的繁殖能力。

（五）难产及其预防

1. 难产检查及处理

根据发生难产的原因不同，可以将难产分为产力性难产、产道性难产和胎儿性难产三类。

（1）产力性难产

包括阵缩及努责力量小，阵缩及破水过早和子宫疝气等造成的难产。

（2）产道性难产

包括子宫捻转、狭窄，阴道及阴门狭窄，骨盆狭窄、产道肿瘤等因素造成的难产。

（3）胎儿性难产

包括胎儿与母体骨盆大小不相适应，如胎儿过大、双胎难产等；胎儿姿势不正、位置不正或方向不正等造成的难产。

以上三类难产中，以胎儿性难产较为常见。在胎儿难产中，由于胎儿头颈及四肢较长，容易因姿势不正而发生难产。

要想判明难产的具体原因，必须对产道及胎儿进行检查。

检查产道：主要看产道是否干燥、有无损伤、水肿或狭窄，子宫颈开张程度（开张不全者较多），并注意流出的液体颜色及气味是否异常等。

检查胎儿：查看胎儿进入产道的程度，了解胎儿是正生或倒生及姿势、胎位、胎向等，并要断定胎儿的死活，据此选择助产方式。检查方法：正生时，将手指伸入胎儿口腔，或轻拉舌头，或按压眼球，或牵拉刺激前肢，观察有无生理反应，如口吸吮、舌收缩、眼转动、肢伸缩等，以判明胎儿死活。倒生时，可将手伸入肛门，或牵拉后肢，观察有无收缩或其他反应，最好能触摸到脐带查明有无搏动。如果胎儿死亡，助产时不必顾忌胎儿损伤，但要注意保护母牛的繁殖能力。

2. 难产预防

一是勿使母牛过早参加配种；二是妊娠期间应给予合理的营养供给，满足母体及胎儿发育需要，保证母牛及胎儿健康；三是要安排适当的运动，尤其是产前半个月可做牵遛运动。适当的运动可提高母牛对营养物质的利用，同时可使全身及子宫肌的紧张性提高，分娩时有利于胎儿的转位以减少难产的发生；四是早期诊断分娩状态，及时矫正反常胎位。

第四节　实用繁殖新技术

一、生殖激素的应用

生殖激素指对动物的生殖活动有直接的调节和控制作用的所有激素的统称。起维持正常生殖机能的作用，具有明显的特异性，分泌量小但作用大，只调节反应速度不参与代谢过程，相互之间具有协同或拮抗作用等特点。在实际生产中主要用于家畜繁殖活动的人工控制、繁殖障碍的防治和动物的妊娠诊断等方面。

母牛繁殖生产中常用的生殖激素：①神经激素。包含促性腺激素释放激素和催产素。②促性腺激素。包含垂体促性腺激素和胎盘促性腺激素。③性腺激素。包含孕激素和雌激素。④前列腺素。

（一）促性腺激素释放激素（GnRH）

GnRH的天然提取物叫促黄体素释放激素，简称LHRH或LRH。可人工合成，类似物有LRH-A、LRH-A$_2$和LRH-A$_3$。

1. 主要生理作用

调节垂体分泌促卵泡素（FSH）和促黄体素（LH）。具有促进卵泡生长发育成熟，促进卵泡内膜粒细胞增生并产生雌激素，刺激排卵，促进黄体的生成等功能。还可促进公畜精子生成并产生雄激素。

2. 在肉牛繁殖上的应用

主要用于诱发排卵，同期发情和治疗产后不发情。输精时注射LRH-A$_3$，剂量按使用说明确定，可提高情期受胎率。同时还可用于治疗公牛的少精症和无精症。

3. 主要制剂及注意事项

其制剂主要有促性腺激素释放激素注射液、醋酸促性腺激素释放激素注射液（康生露）、复方促性腺激素释放激素类似物注射液。对同一个体短期连续注射GnRH制剂可导致垂体分泌LH的敏感性逐渐下降。对同一个体长期或大剂量地应用，可直接作用于卵巢/睾丸引起性腺萎缩，进而抑止排卵、延缓胚胎附植、阻碍妊娠等，故具有抗生育作用。

（二）催产素（OT、OXT或缩宫素）

主要由下丘脑合成，经神经纤维转运到垂体后叶贮存。卵巢和子宫也可少量分泌。可人工合成。

1. 主要生理作用

促进子宫平滑肌和输卵管的节律性收缩。促进精子的运行。

2. 在肉牛繁殖上的应用

主要用于促分娩。如临产母牛，先注射地塞米松，48小时后按计量静脉注射催产素，可诱发4小时后分娩；治疗产后子宫出血、胎衣不下和促进子宫内异物（恶露、死胎等）的排出；人工授精前1~2分钟，肌肉注射或子宫内注入5~10单位催产素，可促进精子的运行，提高受胎率；还可用于治疗产后早期的排乳抑制，克服挤乳应激。

3. 主要制剂及注意事项

其制剂主要为缩宫素注射液。只能用于产道和胎儿姿势都正常而宫缩乏力者，忌用于产道有障碍（如子宫颈口未松弛开张、骨盆狭窄）或胎位不正的临产母牛。产道未完全扩张前大量使用，易引起子宫撕裂。只用1次，若注射后10分钟仍未起作用，应立即改用其他处理措施。在用于催产前，一般需提前注射适量雌激素以致敏子宫（雌激素注射后观察时间最长可达48小时）。

（三）垂体促性腺激素

包括促卵泡素（FSH）和促黄体素（LH）。

1. 促卵泡素（FSH，又叫促滤泡素）

（1）主要生理作用

刺激卵泡生长，促进卵泡从无腔卵泡发育为有腔卵泡。但不能让卵泡发育成熟。与LH协同作用，促进卵泡内膜细胞合成和分泌雌激素。与LH在血液中达到一定浓度且成一定比例时，引起排卵。还作用于曲细精管，促进精子的发生。

（2）在肉牛繁殖上的应用

可用于母牛催情（对幼稚型卵巢无效），提早性成熟。可诱导泌乳乏情牛外部表现发情；配合LH，可用于超数排卵处理；可治疗卵泡发育迟滞、卵泡萎缩和持久性黄体；可用于提高公牛的精子密度。

（3）主要制剂及注意事项

其制剂主要为注射用垂体促卵泡激素。每次注射前应检查卵巢的变化，酌情决定用药剂量和次数。剂量过大或长期应用可引起卵巢囊肿。

2. 促黄体素（LH）

（1）主要生理作用

促排卵，促进黄体形成并分泌孕酮。与FSH协同作用，促进卵巢血流增加，使卵泡最后发育成熟并分泌雌激素。与FSH协同作用，使母畜的发情表现明显。促进睾丸间质细胞分泌睾酮，故又称间质细胞刺激素，简称ICSH。与FSH协同作用，有助于精子的发生。

（2）在肉牛繁殖上的应用

主要用于诱发排卵。还可用于妊娠早期保胎，避免发生孕酮分泌不足性流产，克服"屡配不孕"。从配种后第3天起，以促排卵剂量每隔2天注射一次，连用2～3次；可用于治疗卵巢疾病。LH对排卵迟缓和卵泡囊肿有较好作用。治疗卵泡囊肿时，用常量的加倍剂量效果较好。卵巢囊肿分卵泡囊肿和黄体囊肿。卵泡囊肿会长期分泌雌激素，临床表现为长期发情、不排卵。黄体囊肿会长期分泌孕酮，临床表现为长期不发情；可治疗公牛性欲减退，提高精液量和精子密度。

（3）主要制剂及注意事项

其制剂主要为注射用垂体促黄体激素。用于促排卵之前应检查卵泡的大小，卵泡直径在2.5cm以下时禁用。禁止与抗肾上腺素药、抗胆碱药、抗惊厥药、麻醉药和安定药等抑制排卵的药物同用。在卵泡发育成熟前，如用过高水平的LH处理，会使孕酮水平快速升高，使卵泡发育受到抑制或引起卵泡发生黄体化样改变，进而导致母畜不出现发情症状。反复或长期注射应用，会产生抗体，降低药效。

（四）胎盘促性腺激素

包括孕马血清促性腺激素（PMSG）和人绒毛膜促性腺激素（HCG）。

1. 孕马血清促性腺激素（PMSG）

（1）主要生理作用

PMSG与FSH的生理作用相似，亦具微弱的LH样作用。主要是刺激卵泡的生长发育，量大时亦起LH样作用，可促进成熟卵泡的排卵。同时促进公牛精细管的发育和精子发生。

（2）在肉牛繁殖上的应用

可用于母牛的催情、同期发情和超数排卵处理。催情剂量在1000～2000IU，肌肉一次量注射，3～5天后可出现发情。超数排卵剂量在2000～4000IU；可用于治疗排卵延迟、卵泡萎缩和持久黄体；还可用于治疗公牛的睾丸萎缩。1500～3000IU/次，共3次。

（3）主要制剂及注意事项

其制剂为注射用血促性素。经稀释液稀释后易失效，配好的溶液应在数小时内用完。不要在PMSG诱发的发情期配种，以免引起超排。PMSG分子量大，易产生抗体，若需反复或长期使用，可在人工授精的同时，结合使用PMSG抗体或PMSG抗血清。

2. 人绒毛膜促性腺激素（HCG）

（1）主要生理作用

HCG与LH的生理作用相似，亦具微弱的FSH样作用。主要促进成熟卵泡排卵并形成黄体。促进黄体分泌孕酮。还能促进子宫的生长，睾丸的发育，精子的生成以及刺激睾酮和雄酮的分泌。

（2）在肉牛繁殖上的应用

在卵泡发育成熟时使用，可诱导排卵，增强超排和同期排卵效果；可对卵巢静止的母牛进行催情；可用于治疗排卵延迟、不排卵和卵泡囊肿。配合前列腺素使用效果更好；可用于治疗母牛产后缺奶；还可用于治疗种公牛性机能衰退，如阳痿或性欲迟钝。一般一次便可收效。

（3）主要制剂及注意事项

其制剂为注射用绒促性素（兽用）。临用前用生理盐水溶解，配好的溶液应在4天内用完。反复或长期注射应用，可导致药效降低，有时会引起过敏反应。

（五）孕激素

孕激素是维持妊娠的一类激素的总称，主要生物活性成分为孕酮（P），又叫黄体酮。维持妊娠的孕酮主要由胎盘所分泌。

1. 主要生理作用

促进子宫内膜的孕向发育，在雌激素作用的基础上，使发情母牛的子宫内膜增生、腺体发育并增强分泌功能，进而有利于胚胎发生附植。降低子宫肌的兴奋性，利于维持妊娠。促进乳腺腺泡的发育。与雌激素和促乳素协同作用引起泌乳。少量的P可促进垂体释放促黄体素而引起成熟卵泡排卵。也可与雌激素发挥协同作用，使母畜出现发情外部表现或发情明显化。大量的P会与雌激素发挥拮抗作用，抑制卵泡发育。

2. 在肉牛繁殖上的应用

可用于防流保胎，即防止发生孕酮分泌不足性流产。但对子宫内膜有缺陷或瘢痕的病例无效；可治疗牛的屡配不孕；从配种后（确认已经排过卵）第6天起连续注射孕酮7～10天，每天100mg参考剂量；可用于同期发情处理；还可用于治疗卵泡囊肿。

3. 主要制剂及注意事项

其制剂很多，如黄体酮注射液、复方黄体酮缓释圈、甲孕酮（MAP）、甲地孕酮（MA）、醋酸甲稀雌醇（MGA）等。人工合成制剂均比天然的效果好。注射液遇冷易析出结晶，可置热水中促使溶解后使用。使用复方黄体酮缓释圈时需置入母牛阴道内，一次量，每头一个。缓释圈应在置入母牛阴道后12天时取出残余橡胶圈，在取出后48~72小时内配种。

（六）雌激素（E）

又称动情素。其主要生物活性成分为17β-雌二醇（E2）。某些植物（多为豆科植物）中含具有雌激素样作用的生物活性物质，种畜大量摄入后会引起生殖内分泌紊乱而导致不孕或不育。如早期的地三叶草、红苜蓿、鸡脚草（鸭茅）等的全草，补骨脂的果实（中药）以及葛科植物的根瘤、棕榈仁等。

1. 主要生理作用

改善卵巢的血液循环，使卵巢机能得以激活。调节促性腺激素的分泌。少量E有助于促进卵泡的发育（正反馈作用）；大量E则抑制卵泡发育（负反馈作用）。提高内生殖道的运动性，松弛子宫颈（即致敏子宫），增强子宫活动，提高子宫平滑肌对催产素的敏感性，为催产素发挥作用创造条件。促进子宫前列腺素的合成与释放。维持雌性第二性征，促进乳腺导管系统发育。

2. 在肉牛繁殖上的应用

主要用于催情，增强同期发情效果。生产中，用少量的E配合前列腺素使用效果会更好，可用于治疗卵巢静止、卵巢硬化等病症。大剂量时可治疗持久黄体，可促进子宫内异物的排出，可用于治疗慢性子宫内膜炎。

3. 主要制剂及注意事项

其制剂很多，如苯甲酸雌二醇（E$_2$B）、己烯雌酚、己雌酚、乙炔雌二醇等，生理活性都很强。需注意雌激素只能使空怀的乏情母畜出现发情症状，不能直接促进卵泡成熟和排卵（故为不育性发情、假发情）。但可在此后诱发正常的自然发情。反复大剂量或长期应用，可导致流产、卵巢囊肿、卵巢萎缩、黄体退化等。

（七）前列腺素（PG、PGs）

前列腺素为非典型的生殖激素，几乎所有的重要机体组织都能分泌合成，与动物生殖活动有密切关系的只有PGF$_{2\alpha}$和PGE两种，其中以PGF$_{2\alpha}$最为重要。

1. 主要生理作用

PGF$_{2\alpha}$可溶解黄体（溶黄作用）。溶解黄体的天然PGF$_{2\alpha}$由子宫内膜所分泌，且只能溶解功能性黄体（即能够分泌孕酮的成熟黄体），对新生黄体（如牛排卵后1～4天的黄体）无效。PGF$_{2\alpha}$的溶黄作用可被外源性孕酮（P）、促黄体素（LH）和促乳素（PRL）所抵消。

PGF$_{2\alpha}$是LH引起排卵的媒介物，可刺激排卵。其合成酶抑制剂有消炎痛、阿司匹林、吲哚美辛、双苄胺等。

PGF$_{2\alpha}$可刺激非排卵期的子宫肌收缩。可引起子宫颈管舒张，有利于子宫内分泌物和分娩时胎儿的排出。

2. 在肉牛繁殖上的应用

可用于诱发发情。仅对有功能性黄体存在的母牛有效；可提高胚胎移植中超数排卵处理的效果。原理：较彻底地溶解功能性黄体，促进更多的卵泡发育和排卵；可用于治疗持久黄体和黄体囊肿。用阴唇黏膜下注射法治疗持久黄体，操作简便、易吸收、效果好，可用于排除子宫内异物，诱发和促进分娩。

3. 主要制剂及注意事项

其制剂很多，如前列腺素F$_{2\alpha}$注射液、律胎素注射液（氨基丁三醇前列腺素F$_{2\alpha}$注射液）、氯前列烯醇钠注射液等。需注意诱发分娩时，牛只能在妊娠263～276天使用，注射后3天左右产犊，且易发生胎衣不下。孕妇和气喘病人接触时应多加小心。

二、母牛繁殖控制技术

（一）发情控制技术

指根据生产需要，利用某些生殖激素或物理方法（如改变环境条件），人为地控制和调整母牛的发情、排卵规律而提高繁殖力的技术。

1. 诱发发情

也称催情。主要用于乏情期成年母牛。促使其卵巢恢复正常机能，以达到配种繁殖的目的。分生理性乏情（泌乳期乏情）和持久黄体性乏情两种。

（1）生理性乏情母牛的诱发发情

母牛可在产后2周开始，采用孕激素预处理9~12天，然后注射孕马血清促性腺激素（PMSG）1000IU进行诱导发情。

乏情母牛卵巢上应无黄体存在，一定量的PMSG（750~1500IU或每千克体重3~3.5IU）可促进卵泡发育。若10天内仍未发情，可将剂量稍加大，再次进行处理。该方法简单，效果明显。

还可用CnRH类似物进行处理。如使用促排卵3号（LRH~A₃），可进行一次量肌肉注射50~100μg，每日1次，每个疗程3~4天。一个疗程后10天内仍未见发情的，可再次处理。

（2）持久黄体性乏情母牛的诱发发情

持久黄体是卵巢上黄体持续存在而不退化的现象。可用PGF$_{2\alpha}$或其类似物将黄体溶解而引起卵泡生长发育。必要时，可结合使用促性腺激素。

2. 同期发情

指利用人工方法（生殖激素或改变环境）控制和改变一群空怀母牛的卵巢活动规律（缩短或延长其黄体期），使它们在预定的时间内集中发情并正常排卵的技术。

（1）基本原理

母牛的发情周期可分为卵泡期和黄体期。卵泡期约4天，黄体期约17天。黄体期内，在黄体分泌孕酮的作用下，卵泡发育成熟受到抑制，母牛不表现发情。在未受精情况下，黄体维持15~17天即行退化消失，随后进入另一个卵泡期。

由此可见，黄体期的结束是卵泡发育的前提。在一定的时间内同时给一群母牛使用某种外源性生殖激素以控制其黄体期（即"人工黄体期"），然后同时终止黄体期，就会使它们在预定的时间内集中发情并正常排卵，从而达到同期发情的目的。

常用于同期发情的药物：抑制卵泡发育的药物（孕激素）、溶解黄体的药物（前列腺素）和促使卵泡发育成熟并排卵的药物（促性腺激素）。

（2）处理方法

母牛同期发情的方案很多，但较适用的为孕激素法中的阴道栓塞处理法和前列腺素处理法。

①阴道栓塞法。给一群空怀母牛同时施用孕激素以延长其黄体期，抑制卵泡的发育。经过一定时间（短期处理为9~12天，长期处理为16~20天）后同时停药，为它们的卵泡发育创造一个共同的起点，从而实现同期发情。

　　使用时将阴道栓塞放在子宫颈外口处。处理结束时，将其取出即可，或同时注射孕马血清促性腺激素。处理结束后，在第2~4天内大多数母牛的卵巢上会有卵泡发育并排卵。

　　短期处理方法的发情同期率低，但受胎率接近或相当于正常水平；长期处理方法的发情同期率较高，但受胎率较低。

　　短期处理时，可在处理开始时肌内注射3~5mg苯甲酸雌二醇（E_2）（可使功能性黄体提前消退和抑制新黄体形成）及50~250mg的孕酮（P）（阻止即将发生的排卵），这样可一定程度提高发情的同期率。但由于使用了雌二醇，故投药后数日内母牛会出现发情表现，但并非真正发情，不能进行人工授精。若使用的是硅橡胶环，其环内附有一胶囊，内含上述量的雌二醇和孕酮，不用再注射上述药物。

　　孕激素处理后受胎率较低的原因：

　　孕激素降低了子宫、输卵管的运动性，不利于配子运行；高水平的孕激素可导致卵泡的发育和成熟发生障碍、排卵发生异常等，进而降低受精能力；长期受孕激素作用，会导致生殖道内吞噬细胞的增多，造成精子过多的损失。

　　提高孕激素处理后受胎率的措施：

　　缩短孕激素处理的时间；在孕激素处理前，注射苯甲酸雌二醇；输精前，注射适量催产素以提高生殖道的运动性；孕激素处理结束当天，注射适量PMSG以促进卵泡发育；及时输精，包括安静发情者（牛可在处理结束后隔一天输精，必要时次日复配一次）。

　　②前列腺素法。利用$PGF_{2\alpha}$或其类似物溶解母牛的功能性黄体，使血液中孕酮的水平突然降低，进而通过下丘脑的反馈调节，引起卵泡的发育和排卵。

　　方法为第一次处理后（5天以内）未发情者，间隔9~13天再处理一次。

　　前列腺素处理法仅对卵巢上有功能性黄体的母牛起作用，只有当母牛在发情周期第5~18天（处于功能黄体时期）才能产生效果，对于周期第5天以前的黄体无溶解作用。因此，前列腺素处理后，有些牛无反应，需进行二次处理。

为最大程度的同期发情，可在第一次处理后不予配种，经10～12天后，再进行第二次处理，可显著提高同期率。

前列腺素处理后，第3～5天母牛出现发情，比孕激素处理晚1天。因为从投药到黄体消退需要将近1天时间。

给药途径有子宫内注入（用输精器）、肌内注射（用药量大）和阴唇黏膜下注射法（用量为肌注法的一半）。

为提高前列腺素处理效果，可提前于前列腺素第二次处理前两天注射适量PMSG（500～800IU）以事先激活卵泡，或输精前，提前半天注射LRH-A₃10～20μg以促进卵泡发育成熟并引起排卵。

③其他方案。孕激素和前列腺素结合法。先用孕激素处理5～7天或9～10天，结束前1～2天注射前列腺素，其效果优于二者单独处理。

口服孕激素法。每头每天饲喂醋酸甲烯雌醇（MGA）0.5mg，连续14天。期间会有明显发情表现者，但不能进行配种。在第14天注射$PGF_{2\alpha}$并检测发情进行配种。未发情者，在第33天再注射一次$PGF_{2\alpha}$并检测发情进行配种，直到第38天结束。

一次GnRH注射法。在第0天注射GnRH，第7天注射$PGF_{2\alpha}$并检测发情进行配种，到第12天结束。这种方法对处于发情间期的牛效果很好。

两次GnRH注射法。在第0天注射GnRH，第7天注射$PGF_{2\alpha}$并检测发情进行配种，在第9天注射GnRH同时进行配种。

据相关试验表明，同期发情处理结束时配合使用FSH、PMSG或LRH-A₃，可提高处理后的同期发情率与受胎率。

同期发情处理后，虽然大多数牛的卵泡正常发育和排卵，但不少牛无外部发情症状和性行为表现或表现非常微弱。其原因可能是激素未达到平衡状态。到第2次自然发情时便会逐渐恢复正常。

单独$PGF_{2\alpha}$处理时，有时对那些本来卵巢静止的母牛效果很差甚至无效。这种情况多发生在本地黄牛身上，以及枯草季节、农忙时节和产后一段时间的母牛。

（二）分娩控制技术

主要为诱发分娩（引产）。即在胎儿发育成熟后采用外源性生殖激素进行处理，有控制地使母牛在预定的时间内发生分娩。

牛在妊娠第95天之前，绒毛膜与子宫膜之间的组织学联系不紧密。此期可结束不必要或不理想妊娠，而且流产后胎膜不破，子宫内膜不出血。在妊娠第200天之前，黄体分泌孕酮，此期应用PGF$_{2\alpha}$可溶解黄体使母牛流产。妊娠200天后，因胎盘可以产生少量孕酮，对PGF$_{2\alpha}$敏感性下降，应用PGF$_{2\alpha}$后不一定会发生流产。

从妊娠265～270天起，可使用短效糖皮质激素诱导分娩。一次性肌肉注射20～30mg地塞米松，在处理后30～60小时可启动分娩。随着妊娠期的进展，牛对PGF$_{2\alpha}$的敏感性逐渐增加。妊娠275天以后，应用PGF$_{2\alpha}$后2～3天即可分娩，但用PGF$_{2\alpha}$引产易造成牛的胎衣不下。

常用的药物有糖皮质类激素、前列腺素及其类似物和雌激素等。

糖皮质类激素有长效和短效两种，长效可在预计分娩前1个月左右注射，用药后2～3周启动分娩。短效能诱导母牛在2～4天内产犊。

常用的长效糖皮质激素为地塞米松（氟美松）。可促进子宫颈松软开放，利于引产。同时，还具有促进新陈代谢、抗炎、抗毒素等作用，有利于母牛恢复健康。

短效糖皮质激素诱导分娩的副作用较大，易造成犊牛的死亡和母牛的胎衣不下，需配合使用少量雌二醇来改善诱导分娩效果。

PGF$_{2\alpha}$具有收缩子宫平滑肌和溶解黄体的作用，是诱导分娩应用较为方便、安全和有效的激素。在使用PGF$_{2\alpha}$类似物时，应根据实际情况适当增加或减少用量，单独使用PGF$_{2\alpha}$时难产情况较多。

禁止单独或大剂量应用雌激素，否则会引起子宫和产道过分水肿而发生难产。

当牛子宫颈没有松软开张时，禁用催产素，否则容易引起子宫破裂。

总的来说，牛的分娩处理时间一般在预产期前14天，多数可于处理后18～50小时分娩。此技术所带来的问题有无法精确控制分娩时间范围，死胎率和胎衣不下比例高，出生存活率下降、出生重减小、生活力减弱以及泌乳能力下降和生殖器官恢复延迟等。为了较好地达到控制分娩的目的，可将长效和短效药物结合应用，或者配合使用催产素、雌激素和地塞米松等。诱导分娩时，使用激素应与母牛妊娠阶段相适应，过早或过晚使用效果都较差。

三、人工授精技术

采用人工方法把公牛的精液采集起来，经过精液品质检查和稀释等处理后，再用器械分别输入到需要配种的发情母牛的生殖道里，以代替公、母牛自然交配的一种先进的技术。该部分内容详见第四章及附件《牛人工授精技术规程NY/T 1335—2007》。

（一）人工授精技术的优越性

（1）可提高优秀种公牛的利用率。

在自然交配情况下，公牛的利用比例为1：40～1：100头/年。而人工授精技术能将其比例提高到1：6000～1：12000头/年。

（2）可大幅度地减少种公牛饲养头数，节约饲养费用开支。

（3）可加快良种推广工作的步伐，有利于提高畜群质量。

（4）可实现"无障碍配种"，提高繁殖效率。能够克服公、母牛因个体差异过大所造成的交配困难；对患有阴道炎的母牛或子宫颈口不正的母牛，也可以使之正常受胎；能对精液的质量进行监测。

（5）借助于精液保存技术，能扩大精液利用的时间和空间范围。精液可远距离运输，实现无公牛的异地配种。简化检疫手续，降低运输成本，有利于国际或地区间的家畜种质交流。

（6）可防止接触性感染的疾病传播。布氏杆菌病、马媾疫以及某些寄生虫病的传播均可得以杜绝。

（7）人工授精技术是牛繁殖新技术的基础措施。几乎所有的牛繁殖控制技术、胚胎移植等都需要借助人工授精技术或方法。

（二）影响人工授精技术受胎率的因素

1. 精液品质方面

要用优质的精液输精才能保证受胎率，生产中通过加强种公牛饲养管理及合理化利用等措施来提高精液的品质。

2. 母牛的生殖机能状况

发情、排卵情况与母畜健康状况和饲养管理质量密切相关。母牛的健康养殖有助于正常发情、排卵，进而提高受孕率。

3. 技术操作人员的技术水平

输精操作人员的技术熟练程度与操作质量、发情鉴定的准确性与输精时机的选择都影响着母牛配种成功与否。

四、胚胎移植技术

将母牛的早期胚胎，或者通过体外受精及其他方式得到的胚胎，移植到其他同种、生理状况相同或相似的母牛生殖道的适当部位，使之继续发育为新个体的技术。胚胎移植可克服自然条件下牛繁殖周期和繁殖效率的限制，有效提高优秀个体的繁殖力，加快育种与选育进程，提高遗传资源保护效率等。该部分内容详见附件《牛胚胎移植技术操作规程（DB 62/T 1307—2005）》。移植的基本原则如下。

1. 移植前后胚胎所处环境的同一性

胚胎的发育阶段与母体生殖道的孕向发育进程必须保持一致。从供体母牛的输卵管或子宫内采集到的胚胎，必须移植到性周期阶段相同的受体母牛相应的生殖道内，即受体母牛与供体母牛的性周期阶段要同步。二者的排卵时间只允许相差在±12小时以内。实践证明，受体母畜排卵时间提前12小时以内效果较好。

2. 胚胎必须在受体母牛的周期黄体开始退化以前，即在妊娠识别发生前进行移植

这样可保证移植的胚胎（2～7日龄）有机会利用受体母牛的子宫接受性。通常在供体发情配种后3～8天内收集和移植。

3. 必须选择质量合格的胚胎用于移植

胚胎在移植前要进行严格的质量评定，只有质量好的胚胎才有正常的发育能力，并在移植后有可能顺利地与受体母牛发生妊娠识别。

4. 要综合考虑胚胎移植的经济效益或科研价值。

五、性控技术

即控制犊牛出生性别的技术。该技术难度较大，但应用价值较高。

（一）受精前的性别控制

1. 精子分离

即将X、Y两种精子进行分离，制成性控冻精。目前分离精确度较高的为流式细胞仪分离法。

虽然性控冻精所产母犊率很高，但较常规冻精相比，受胎率低，价格高，犊牛平均体质差，推广难度也较大。

2. 控制受精的环境

改变受精环境，使某种精子暂时性地失活/抑制而降低受精概率，或使某种精子提前得到激活而提高受精概率。

发情是一种生理过程，在这个过程中，输卵管分泌物的酸碱值（pH）发生了逐渐由酸性到碱性的变化。而X精子、Y精子的酸碱耐受性不同，X精子能耐受酸性环境，Y精子能耐受碱性环境。

此外，在受精开始以前，精子和卵子都要经历生理上最后的成熟过程，只有获能、发生顶体反应后的精子，才有受精的能力。而获能这一过程，需在母牛生殖道内历时数个时辰才完成。利用某种能专门激活X精子或Y精子的物质，可提前体外激活X精子或Y精子，进而获得尽早与卵子结合的优势。

针对X精子、Y精子不同的酸碱耐受性。有试验表明：排卵前输精多生母，排卵后输精多生公；在生殖道中或精液中添加一些物质，如酸性缓冲液、乙酸、乳酸、精氨酸等，使生殖道的pH降低，可提高产母犊率等。但这些研究的生产应用效果都不尽相同。

较为好的有奶牛性控胶囊和性别控制液等。母犊率可达70%~75%。

针对基于专门激活X精子或Y精子的方法很少。因为这种物质不太好找，需做大量的体外试验来测定和验证。目前试验推广的有进口的性别控制液"HEIFERPLUS"，一种专门激活X精子的药品。据产品介绍，母犊率为65%~85%。

3. 应用免疫学方法

以H-Y抗血清处理精液，使携带Y染色体的精子失活，或给母畜注射H-Y抗原，使之自动产生抗H-Y抗体以抑制Y精子等。主要为了生产母犊。

据试验报道，用Zfy干扰基因载体连续处理荷斯坦种公牛的睾丸，将其冻精（新疆天山畜牧有限公司）进行小规模和大规模人工授精试验，情期受胎率可达72.2%和65.4%，母犊率可达76.9%和71.6%。

（二）用已知性别的胚胎进行移植

即鉴定移植前胚胎的性别。典型代表：

1. 核型分析法

即取少许胚胎滋养层细胞，分析那些正处于分裂状态的细胞性染色体组型。牛可鉴定的最早胚龄为6日龄胚胎。

2. SRY片段的PCR扩增法

即利用PCR（聚合酶链式反应）扩增技术对Y染色体上的性别决定区（SRY）进行复制和鉴别的一种新方法。

3. 免疫学方法（H-Y抗原识别法）

即测定胚胎细胞表面有无H-Y抗原，或在胚胎培养液中加入H-Y抗体，能继续发育者为雌性胚胎，否则为雄性。

这些方法仅是选择胚胎性别，不能控制性别。操作烦琐，易损伤早期胚胎，生产上不能推广，可应用于科研—生产对接的养殖模式，但该技术是近年来牛性别控制中应用最为广泛的技术之一。

（三）控制胚胎的性别

也即性控胚胎技术。该技术同时解决了单胎动物后代性别与数量控制的问题，在良种牛的繁育上作用明显。我国基本每个省都有成熟的大规模奶牛性控IVF（体外受精）胚胎移植产业基地，该技术在国内奶牛的生产上已广泛应用。

据试验报道，性控冻精的体外受精卵裂率比普通的低（$P<0.05$），但囊胚率无差异。也就是说，分离精子的过程对胚胎发育没有影响，分离的精子可以有效用于性控IVF胚胎生产。PCR性别鉴定性控IVF胚胎的结果为雌性胚胎率95%~96%。受体母牛的产母犊率可达90%以上。解冻后可用胚胎率为85%~95%，孵化率60%以上，移植妊娠率为35%~45%。

该技术在肉牛产业的发展上潜力巨大。

第五节 提高母牛繁殖力的措施

一、繁殖力

家畜维持正常繁殖机能、生育后代的能力。有个体繁殖力和畜群繁殖力之分。

母牛的繁殖力指母牛在一段时间内繁殖后代数量多少的能力。及时地评定母牛的繁殖力，可以了解繁殖技术的应用效果和母牛群的增殖水平，并及时发现繁殖障碍和技术应用方面存在的问题，以便采取相应的措施，有效扩大母牛群体规模和提高牛群质量。

二、影响母牛繁殖力的因素

生殖系统是母牛繁殖力的生理基础，尤其是卵巢。影响母牛生殖系统的因素，主要包括遗传因素、自然环境因素和人为因素。

（一）遗传因素

即品种间的差异。不同品种的牛其生殖系统和相关腺体的生长发育不同，且激素对卵巢的调控和卵巢对激素的应答程度都有差异。主要表现在性成熟的早晚，孕期的长短，难产率的高低等方面。一般而言，中小型品种较早熟，大型品种较晚熟；生长发育快的牛较早熟，生长发育慢的牛较晚熟。此外，"双肌牛"的孕期较长、难产率较高等。

（二）自然环境因素

自然环境可间接地影响母牛生殖系统的发育和生殖激素的分泌。这种影响是单方向的，并且具长久性和持续性。最典型的是区域性环境因素，它是形成不同品种的基础，如我国不同地区的本地黄牛。其次是局部环境因素（包括微生物），对相应环境下母牛的繁殖性能产生影响。如山区的黄牛往往在冬季不发情，高海拔的牛繁殖性能低于低海拔的等。最后是季节性环境因素，具有普遍性。如冬春季母牛分娩时间要比夏秋季的长，夏季高温时母牛的受胎率会有所降低等。自然环境因素对母牛繁殖力的影响往往都是不利的，需要人为因素干扰来维持或提高其繁殖性能。

（三）人为因素

人类可通过繁殖技术或加强饲养管理等方法，间接地干扰或调控母牛的生殖系统，进而达到提高母牛繁殖力的目的。其中繁殖技术主要包括育种与繁殖。育种是从基因层面人为的改变母牛繁殖遗传性能，进而提高群体的繁殖力。繁殖是从技术方面人为控制母牛的受配与受孕，进而提高母牛个体或群体的繁殖性能。就目前而言，繁殖技术是唯一能切实有效地提高母牛繁殖力的措施。

饲养管理，也是人为环境因素。其影响是多方向的，实际生产中通过采取科学饲养管理措施，来克服或减少不利于母牛受配和受孕的自然环境因素，以维持母牛的正常生产。

三、主要的繁殖力指标

（一）配种指数（受胎指数）

母牛每次妊娠平均所需配种情期数。当饲养管理水平一致时，可反映出配种技术水平；当技术水平优秀时，可反映出饲养管理水平。

$$配种指数（\%）= \frac{配种情期数}{妊娠母牛数} \times 100\%$$

（二）受胎率

指在本年度内妊娠母牛占参加配种母畜数的百分比。用于比较不同繁殖措施或不同母牛群的受胎情况，可较快地发现母牛群中存在的繁殖问题。包括情期受胎率、第一情期受胎率和总受胎率。正常情期受胎率为55%左右，正常总受胎率为95%以上。

1. 情期受胎率

按月或季度进行统计。指统计时段内受胎母牛数占参加配种母牛的情期数的百分比。1头母牛在1个情期内只要接受过配种，不论多少次，就作为1个配种情期。情期受胎率反映母牛每个情期内的配种效果。

$$情期受胎率（\%）= \frac{受胎母牛数}{配种情期数} \times 100\%$$

2. 第一情期受胎率

第一个情期配种的母牛中，不包括复配母牛，妊娠母牛数占配种母牛数的百分比。主要反映牛群的受胎效果和配种的技术水平。

$$第一情期受胎率（\%）= \frac{受胎母牛数}{第一情期配种母牛数} \times 100\%$$

3. 总受胎率

一般在年终统计当年妊娠母牛数占总配种母牛数（包括复配的母牛数）的百分比。总受胎率越低，表明复配母牛数越多，则存在问题越大。

$$总受胎率（\%）=\frac{受胎母牛数}{配种情期数}\times100\%$$

（三）流产率

牛群某时段内流产发生的次（例）数占妊娠母牛数的百分比。

$$流产率（\%）=\frac{流产发生的次（例）}{妊娠母牛数}\times100\%$$

（四）产犊间隔

指繁殖母牛群平均母牛相邻两次产犊间隔的天数，又称胎间距。理想的产犊间隔为12个月，正常的产犊间隔在15个月以下。

$$产犊间隔=\frac{全群产犊母牛两次产犊间隔天数之和}{统计的产犊间隔总次数}$$

（五）繁殖率

本年度内出生犊牛数占上年度末适繁母牛数的百分比。反映牛群在一个繁殖年度内的增殖效率。

$$繁殖率（\%）=\frac{出生活犊牛数}{妊娠母牛数}\times100\%$$

（六）繁殖成活率

本年度断奶成活犊牛数占上年度末存栏适繁母牛数的百分比。反映母牛哺育能力、犊牛生活力和饲养管理水平。

$$繁殖成活率（\%）=\frac{断奶时存活犊牛数}{配种母牛数}\times100\%$$

四、常见的繁殖障碍

（一）乏情

指卵巢机能处于相对静止的状态或发生障碍，而无周期性活动的现象，分生理性乏情和病理性乏情。乏情期指母牛无发情周期活动的时期。

1. 生理性乏情

包括妊娠期乏情、应激性乏情和衰老性乏情。

妊娠期乏情是怀孕期间由于孕酮的作用抑制了母牛的发情而引起的。

应激性乏情是指如使役过度、环境条件恶劣或远距离调运（尤其是从低纬度地区向高纬度地区迁移）等引起的乏情。

衰老性乏情是因年老引起卵巢机能低下而导致乏情。但衰老性乏情母牛卵巢上的生殖细胞并未死亡，若对其卵巢组织进行体外培养和体外受精，可继续生产可移植用胚胎。

此外牛在泌乳期内会正常发情，不存在泌乳期乏情的情况。

2. 病理性乏情

指母畜由于疾病性因素导致卵巢机能发生障碍而出现的乏情。包括营养不良性乏情和疾病性乏情。

营养不良性乏情表现为下丘脑促性腺激素释放激素脉冲数量少，垂体促性腺激素不足，卵巢活性降低。青年母牛的表现较为严重，但在营养水平恢复后，其发情周期也会得到恢复。

疾病性乏情中最常见的病因是卵巢疾病，如卵巢机能减退、卵巢萎缩及硬化、持久黄体、黄体囊肿等。也属于繁殖障碍，可用相关激素进行治疗。

（二）异常发情

异常发情的表现形式较多，常见于初情期至性成熟前期，以及发情季节的开始阶段。也可因使役过度、营养不足、管理不当或环境温度突变等引起。

1. 安静发情

也叫暗发情、安静排卵。指卵巢上有卵泡发育，且能正常成熟与排卵，但母牛无外部发情表现的异常发情现象。对安静发情的母牛及时进行配种，可正常受胎。

发生原因：一是缺乏孕酮（P）。多见于卵巢功能尚不健全的初情期母畜。缺P会使下丘脑对雌激素（E）的敏感性降低。二是P/E的比例不当。多见于产后第一次发情的母牛和哺乳期的母牛。由于促乳素分泌不足，使黄体的分泌功能下降而导致P水平过低。三是E水平过低。多见于年老体弱母牛和高温季节。

2. 孕后发情

母牛在妊娠后仍出现发情表现，但卵巢无发育的卵泡，也不排卵，称为孕后发情，俗称"打花栏"或"假发情"。母牛在妊娠最初的3个月内，有3%~5%的牛有发情表现，少数在妊娠其他时间出现发情。引起孕期发情的原因很复杂，据推测主要是因为激素分泌失调所致。"假发情"持续时间短，爬跨时断时续，且多数是假发情母牛爬跨其他牛，当被公牛爬跨时，不让爬跨。妊娠后假发情母牛，阴唇多不肿胀或稍有肿胀，阴道黏膜多呈苍白、粉白，无光泽。少量有粉红，个别潮红，略有光泽。用开膣器插入检查时，感觉发涩。阴道内无黏液或有少量黏液，子宫颈口紧缩或开张不明显，多不下垂，偏向一侧或上方，随着妊娠时间的增加，子宫颈口附着有浓稠的凡士林样不易流动的黏液，呈乳白色糊状物。早期妊娠（20天左右）出现假发情母牛，可根据母牛卵巢上的黄体与子宫角的变化加以判断是否妊娠，子宫角的变化可作为妊娠1个月以后鉴别诊断的重要依据，如是发情，子宫角松弛，多水样，有弹性，提上有绵软感，若是妊娠（配种后10～15天）有子宫角变细、弯曲、圆硬及实心的感觉。

3. 短促发情

发情持续时间很短。牛的超短发情期仅6小时。原因为卵泡的发育速度极快，在短期内发育成熟而排卵，或因促卵泡素分泌不足而发生卵泡闭锁。

4. 长发情

发情持续时间很长。由卵泡交替发育或多卵泡发育所引起，根本原因为促卵泡素的分泌不足。

5. 假发情

无排卵发情。原因为内分泌失调，导致雌激素的分泌反常地占优势所致。

6. 慕雄狂

也叫常发情。临床表现为具有持续而强烈的发情行为，可出现公牛的第二性征（叫声低沉且颈峰发达），并爬跨其他母牛。主要原因为卵泡发生囊肿，能不断地分泌雌激素，使母牛持续性发情。可用相关激素进行治疗。母牛正常发情后及时配种，可防止卵泡囊肿的发生。

五、提高母牛繁殖性能的措施

（一）加强育种工作

通过选种选配或利用高繁殖力品种进行杂交改良，可有效提高母牛群体繁殖力。如我国本地黄牛，通过杂交改良，培育出了像延黄牛、辽育白牛等高繁殖力的优良品种。此外有些品种的目标基因与生殖体系间存在互作，如"双肌牛"的目标基因能有效干扰两性配子的结合，必须从基因层面进行改良。

牛为单胎动物，不能从单次产犊数方面进行育种选育。但有些基因的表达能有效促进机体应对自然环境的不利因素，以及生殖激素的正常分泌和生殖系统的反应应答。使整个生殖体系更趋于平稳运行，克服外界不利因素的影响。因而加强育种工作，可从本质上保障牛的繁殖能力。

（二）应用繁殖技术

如人工授精技术、发情排卵技术、胚胎移植技术等，都能有效地提高牛及牛群的繁殖力。就目前而言，最成功的属人工授精技术，它能百分百调节牛群结构比例，使母牛养殖比例极端化和发情配种可控化，进而大幅度提高群体的增殖速率。

同期发情技术及孕马血清促性腺激素、垂体促性腺激素等相关生殖激素的使用，能有效治疗母牛卵巢疾病和生殖道疾病等繁殖疾病，调控母牛的生殖系统，进而保障和提高个体的繁殖性能。发情排卵技术及相关激素的使用能有效调控卵巢的生殖机能，促进卵泡的发育与排卵、胚胎的妊娠识别与着床，以及防流保胎等。此外还能治疗部分繁殖障碍，如乏情、异常发情等。进而保障和提高母牛个体的繁殖性能。

胚胎移植技术是目前一种能有效调节母牛个体产犊数（包括多胎）的技术，虽然在推广上还未十分成熟，但运用前景十分广阔。

此外还有许多辅助生殖技术如胚胎分割技术、体外胚胎生产技术、单胚培养技术等，这些技术间的相互配合与使用能极大提高个体及群体的繁殖效率。

（三）加强饲养管理

自然环境诸多因素都能间接地影响母牛生殖系统的功能，如不采取科学饲养管理措施，改善生产环境，长时间就会引起母牛各种繁殖障碍，不利于母牛的正常生产。有效提高饲养管理水平，克服母牛正常繁殖过程中受到的自然环境不利因素的影响，是保障繁殖技术发挥最大作用的前提基础。

在饲养方面，当自然环境所提供的物质不足以维持正常繁殖需求时，需进行人工补饲。如果摄取营养依然较少，青年母牛则可能会推迟其初情期的到来，成年母牛则可能会出现发情紊乱或不发情的状况（即营养不良性乏情）。

如果自然环境所提供的营养过高或人工补饲过多，母牛体况过肥，导致激素调节功能受阻，亦会降低繁殖性能。提供一个全面均衡的营养条件，是保障母牛繁殖性能正常的生理基础。

在管理方面，当自然环境温度长时间过高，易导致孕酮分泌量增加，使母牛不出现发情或缩短发情持续期且发情不明显的现象。若长期不配种或漏配、屡配不孕，则易发生卵泡囊肿。高温还会明显增加胚胎的死亡率。在冬季，由于日照短，粗饲料中的维生素含量较低，会影响母牛的发情与受胎，进而降低繁殖率。如果环境卫生不到位，微生物过多，易造成母牛的生殖道感染，亦不利于母牛的繁殖。创造一个理想的环境条件，是保障母牛繁殖性能正常的外部基础。

（四）克服和控制繁殖障碍

非先天性繁殖障碍主要源于繁殖技术使用不当和饲养管理不善。如激素使用不合理、子宫发生炎症、胎衣不下等，可分为卵巢疾病、生殖道疾病和产科疾病三种。其中常见且最具利害关系的是卵巢疾病，该类繁殖障碍可根据母牛外部表现和卵巢状况，合理地使用相关激素进行治疗。做好母牛生殖系统保护工作，是可持续性实施繁殖技术的保障。

第五章　犊牛饲养管理

犊牛是指从出生至3~6月龄的哺乳小牛，生产中一般以6月龄作为犊牛和育成牛的分界线。由于刚出生后的犊牛各种生理功能不健全，特别是消化器官尚未健全，出生时前胃（瘤胃、网胃、瓣胃）只有雏形而无功能，消化道黏膜易受病菌侵袭，犊牛适应外界环境的能力、抗病力以及调节体温能力均较差，如果饲养管理跟不上，犊牛容易受各种病菌的侵袭而发生疾病，甚至造成死亡。因此，加强犊牛的培育和饲养管理是提高牛群质量、增加肉牛养殖效益的重要手段。

第一节　犊牛的消化生理特点

犊牛在胎儿期真胃得到了较充分的发育，但具有调节微生物生长环境和吸收微生物发酵产物等主要功能的前胃（瘤胃、网胃、瓣胃）发育不充分。初生犊牛前胃的容积仅占整个胃容积的1/3左右，且功能很不完善，瘤胃黏膜乳头短小且软，瘤胃中微生物区系尚未建立，不具备发酵饲料营养物质的能力。因此，初生犊牛属单胃营养类型，主要靠真胃和小肠消化吸收摄入营养物质。这就决定了犊牛在出生后的一段时期内，必须主要依靠乳汁和精饲料提供生长所需的营养。初生犊牛消化淀粉的能力很弱，若饲喂以淀粉为主要碳水化合物的饲料容易引起犊牛腹泻。

犊牛出生后，前胃发育迅速，其营养类型也随之由单胃类型向复胃反刍型过渡。出生2周时，犊牛前胃的功能仍很不完善，基本依靠哺乳获得营养；15~20日龄后犊牛逐渐能够咀嚼植物性饲料，瘤胃内的微生物区系开始形成，瘤胃黏膜乳头逐渐发育，前胃容积增大，母乳仍是主要的营养来源；20日龄后，瘤胃微生物区系逐渐完善，前胃迅速生长发育，犊牛采食饲草饲料的量逐渐增多；3月龄时犊牛4个胃的比例已接近成年牛的比例，从草料中获得的营养已超过所吃奶中的营养；5月龄时，前胃的生长发育基本成熟，从奶中获得的营养已为次要。

第二节　初生犊牛护理

一、确保犊牛呼吸

犊牛出生后应立即擦除口鼻和体表黏液，防止呼吸受阻，尽快使犊牛呼吸，寒冷季节还要注意给犊牛保温。一般正常分娩，母牛会及时舔去犊牛身上的黏液，这一行为具有刺激犊牛呼吸和加强血液循环的作用；如果母牛虚弱，可人工辅助擦干犊牛身上的黏液。如发现犊牛在出生后不呼吸，可将犊牛的后肢提起，使犊牛的头部低于身体其他部位或者倒提犊牛，并拍打胸部，使口腔中的黏液尽快排出，但倒提的时间不宜过长，以免内脏的重量压迫膈肌妨碍呼吸。一旦呼吸道畅通，即可进行人工呼吸（即交替地挤压和放松胸部）。也可用稻草搔挠犊牛鼻孔或用冷水洒在犊牛的头部以刺激呼吸。

二、断脐与消毒

一旦犊牛呼吸正常，应立即将注意力集中在肚脐部位。多数情况下，犊牛的脐带会自然扯断，残留在犊牛腹部的脐带有几厘米长。若脐带过长或没有扯断，应在距腹部6~8cm处剪断脐带，挤出脐带内的黏液等污物，用5%碘酊对脐带及其周围进行消毒。对脐带浸泡2~3分钟，但不要将药液灌入脐带内，以免因脐孔周围组织充血、肿胀而继发脐炎。断脐不要结扎，以自然脱落为好。

第三节　哺食初乳、哺乳、饮水

初乳是指母牛分娩后3日龄内分泌的乳汁。初乳的营养丰富，尤其是蛋白质、矿物质和维生素A的含量比常乳高。初乳蛋白质中含有大量的免疫球蛋白，对增强犊牛的抗病力具有重要作用。初乳中镁盐较多，有助于犊牛排出胎粪。初乳中还含有溶菌酶，具有杀灭各种病菌的功能。同时初乳进入胃肠，具有代替胃肠壁黏膜的作用，阻止细菌进入血液。初乳还能促进胃肠机能的早期活动，分泌大量的消化酶。初生犊牛吃到初乳后，初乳中的免疫球蛋白以未经消化状态直接透过犊牛的肠壁进入血液中，使犊牛获得免疫功能，但初生犊牛胃肠道对母源抗体的通透性在出生后很快开始减弱，即出生后犊牛的肠黏膜上皮开始收缩，约在24小时后形成肠壁闭锁，在此期间内如不能吃到足够的初乳，将严重影响犊牛健康。犊牛出生0.5～1小时内可自然站立，此时应引导犊牛靠近母牛乳房自行哺乳；对个别体弱的犊牛可采取人工辅助：挤几滴母乳于洁净手指上，让犊牛吸吮其手指，而后引导到母牛乳头助其吮奶。总之要确保犊牛在出生后2小时内吃足初乳（每次2L左右），5～6小时后第2次吃足初乳，生后24小时之内一般要保证其吃到至少4次初乳，若母牛产后生病或死亡，可由同期分娩的其他健康母牛代哺初乳。

3～5天后，可自然哺乳。若犊牛出生后母乳不足，可选用健康、产奶能力好的母牛做保姆牛，根据保姆牛的产奶量，几头犊牛可共用一头保姆牛，一般每日定时哺乳3次；对找不到保姆牛的犊牛，可人工哺喂常乳，哺乳时做到定时、定温、定人，一般5周龄内每日3次，6周龄后每日2次，牛乳经消毒后温度保持在38～40℃时哺喂，饲养人员要相对固定，以减少因饲喂人员的变化对犊牛造成的应激反应。目前，肉牛养殖生产中常常采用几头犊牛由一头保姆牛代哺等技术手段，不但哺乳效果好，还可使停止哺乳的母牛提早发情配种。

犊牛应尽早训练饮水，最初2周水温控制在36～37℃，2周后可改饮常温水，水温不宜低于15℃；1月龄后可在水槽内备足干净卫生的清水，由其自由饮用。

第四节 犊牛补饲

给犊牛及早补饲草料，可促进瘤胃微生物的繁殖和瘤胃的迅速发育，提高消化机能。

一、设置保育栏

一般在产房一侧搭建保育栏，长、宽、高分别为1.5m、1m、1.5m。产房间内的保育栏可根据需要设计成犊牛自由出入型或限制犊牛自由出入型两种，栏内铺垫15cm以上干燥柔软的垫草，温度控制在不低于15℃，冬季最好阳光能直射在犊牛床上，产房及犊牛栏内无贼风，保育栏内设置料槽和水槽。

二、设置补饲栏

犊牛2周后，随母牛从产房转入哺乳母牛舍或单独的犊牛栏饲养。一般在哺乳牛舍内设置犊牛补饲栏，每头犊牛占地面积不少于2m²，栏内应清洁干燥，采光良好，空气新鲜，冬暖夏凉。以便于管理为原则，犊牛栏可设计成犊牛能自由出入型和相对密闭限制犊牛出入型两种，犊牛栏内设置料槽和水槽，以训练犊牛自由采食和补饲。

三、补饲

犊牛从7日龄开始，在犊牛保育栏或补饲栏的饲槽内或草架上添入优质干草，训练犊牛自由采食，以促进瘤、网胃发育。2月龄以内的犊牛，可将干草切短，长度应小于2cm；2月龄以后的犊牛可直接饲喂干草，饲喂混合干草时，有条件的可添加20%～30%的苜蓿。

14日龄左右后开始训练犊牛采食精饲料。犊牛的开食料适口性一定要好，粗纤维含量要低，蛋白质含量要高，有条件的可选购专用的犊牛颗粒料，饲喂精料时以湿拌料为宜。初喂时可将少许牛奶洒在精饲料上，或与调味品一起做成粥状或制成糖化料，涂抹犊牛口鼻，诱其舔食；持续2周左右后，再定量饲喂。开始时日喂精饲料10～20g，到1月龄时每天可采食150～300g，2月龄时可日采食至500～700g，3月龄时可日采食750～1000g。犊牛料的营养成分对犊牛生长发育非常重要，可结合当地条件，确定配方和饲喂量。但犊牛阶段，不可过度饲喂精料，否则会导致架子牛瘤胃不健康、"骨架"发育不充分等问题，造成育肥阶段尤其是前期育肥效果差。

20日龄左右后可补喂青绿多汁饲料。将多汁饲料如青绿牧草、胡萝卜、甜菜等切碎后同精料拌在一起饲喂，以促进消化器官的发育。多汁饲料饲喂前一定确保干净卫生，否则会造成犊牛腹泻。从每天喂20g开始，逐渐增加补喂量，到2月龄时可增加至1~1.5kg/天，3月龄为2~3kg/天，

2月龄后可饲喂青贮饲草，开始100~150g/天，逐渐递增；3月龄时1.5~2kg/天，4~6月龄时4~5kg/天。应保证青贮饲料品质优良，避免用酸败、变质及冰冻青贮饲料喂犊牛，以防腹泻。

常用的犊牛料配方推荐如下：

1. 玉米（玉米不要磨得过细，以每粒玉米粉碎成8~10瓣为宜）25%，燕麦17%，苜蓿草粉10%，小麦麸10%，豆饼18%，亚麻籽饼10%，酵母粉10%，维生素矿物质3%。

2. 玉米45%，苜蓿草粉10%，豆饼25%，小麦麸12%，酵母粉5%，碳酸钙1%，食盐1%，磷酸氢钙1%（对于90日龄前的犊牛每吨料内加入50g复合维生素）。

3. 玉米40%，苜蓿草粉15%，小麦麸15%，豆饼10%，棉粕13%，酵母粉3%，磷酸氢钙2%，食盐1%，微量元素、维生素、氨基酸复合添加剂1%。

第五节 犊牛管理

一、注意事项

一要做到干净卫生。由于犊牛适应外界环境能力、抗病力较差，抓好犊牛日常环境卫生对犊牛健康发育非常重要。犊牛舍日常必须做到整洁卫生勤打扫，牛床舒适勤换垫草；要保证犊牛身体清洁、接触的器具清洁；补饲的饲料卫生、饮水卫生。要注意避免粪污对饲草料、工具等造成污染。

二要做到细心精心。日常做到要细心观察犊牛神态体况、饮食运动是否正常，做到及时发现异常变化，及时诊断治疗。通常要做到"四看"，即看饲槽、看粪便、看食相、看肚腹。

看饲槽：如果牛犊没吃净饲槽内的饲料就抬头慢慢走开，说明喂料量过多；如果饲槽底和壁上只留下少许的料渣和舔迹，说明喂料量适中；如果槽内

被舔得干干净净，说明喂料量不足。

看粪便：牛犊排粪量日渐增多，粪条比吃纯奶时质粗稍稠，说明喂料量正常。随着喂料量的增加，牛犊排粪时间形成新的规律，多在每天早、晚2次喂料前排便。粪块呈多团块融在一起的叠痕，像成年牛的牛粪一样油光发亮且发软。如果牛犊排出的粪便形状如粥样，说明喂料过量。如果牛犊排出的粪便像泔水一样稀，并且臀部黏有湿粪，说明喂料量太大或料水太凉。要及时调整，确保犊牛代谢正常。

看食相：牛犊如固定喂食时间，10天后就可形成条件反射。每天一到喂食时间，牛犊就跑过来寻食，说明喂食正常；如果牛犊吃净食料后，向饲养员徘徊张望、不肯离去，说明喂料不足；喂料时，牛犊不愿到槽前来，饲养员呼唤也不理会，说明上次喂料过多或有其他问题。

看肚腹：喂食时如果牛犊腹陷很明显，也不肯到槽前吃食，说明牛犊可能受凉感冒或患了伤食症；如果牛犊腹陷很明显，食欲反应也强烈，但到饲槽前只是闻闻，一会儿就走开，这说明饲料变换太大不适口或料水温度过高过低；如果牛犊肚腹膨大、不吃食，说明上次吃食过量，可停喂1次或限制采食量。

二、管理要点

（一）犊牛断奶

犊牛出生后，随着日龄的增长，生长发育迅速，所需营养增加，肉用母牛产后2~3月后，产奶量逐渐减少，仅靠母乳已不能满足犊牛的营养需要。同时由于母牛泌乳和犊牛吮吸母牛乳头的刺激，会对母牛的生殖机能产生抑制，造成母牛发情延缓和推迟，所以生产中时常出现部分带犊哺乳的母牛产后3~4个月不发情。因此，及早对犊牛进行补饲，适时对犊牛进行断奶，不仅能促进犊牛消化系统发育，增强消化能力，使犊牛尽快地适应断奶后常规饲料，有效降低发病率；同时还能减少哺乳对母牛的刺激，有利于母牛尽快恢复体况，尽早发情配种，有效提高母牛繁殖效率。实际生产中对犊牛实行早期断奶，是缩短母牛产后发情间隔时间简便而有效的手段。

具体断奶时间应根据当地实际情况和补饲情况而定。肉用犊牛断奶期以5~6月龄为宜；不留作后备牛的犊牛最早可在4月龄时进行断奶；用于培育种公牛的公犊哺乳期可延长到7月龄断奶。许多肉牛散养户犊牛出生后，跟随母牛哺乳5~6个月后，采取自然断奶的传统方式。

断奶多采取逐渐断奶法。即在计划断奶前1个月左右，逐渐减少母牛与犊牛在一起的时间，减少犊牛的哺乳次数；自然哺乳的母牛在断奶前一周停喂精料，只给干草、秸秆等粗饲料，使其泌乳量减少；同时对犊牛加强精料补饲，当精料日采食量达到1000g时即可实施断奶。断奶时，将母牛牵离牛舍，不让其与犊牛再有接触。犊牛留在原舍，以避免犊牛因环境变化产生应激反应，影响犊牛生长发育。同时逐渐增加犊牛精料、优质饲草和多汁类粗饲料的饲喂量，特别是断奶初期要注意饲料的适口性，使犊牛尽快完成断奶过渡期。

（二）防止舔癖

一般犊牛与母牛应分栏饲养，定时放出哺乳。犊牛最好单栏饲养，在犊牛7日龄后，可在犊牛栏内投放优质青干草，让其自由采食。另外，犊牛每次喂奶完毕，应将犊牛口鼻部残奶擦净，然后用颈架固定3~5分钟，以防止牛犊间相互乱舔而形成舔癖。对于已形成舔癖的犊牛，可在鼻梁前套一小木板来纠正，同时避免用奶瓶喂奶，最好使用水桶。

（三）刷拭和运动

犊牛每日必须刷拭1次，每次不少于3分钟，以促进血液循环，保持皮肤清洁，减少寄生虫滋生。同时要适度地运动，7日龄后可随母牛在运动场运动，放牧时应适当放慢行进的速度，保证休息时间，防止犊牛过度劳累。随着日龄的增加，运动时间应适当增加，每天运动的时间由最初的30分钟，增加到3小时。

（四）做好定期消毒

冬季每月至少进行一次消毒，夏季每10天一次，用苛性钠、石灰水或来苏儿对地面、墙壁、栏杆、饲槽等全面彻底消毒。如发生传染病或有死畜现象，必须对其接触的饲草料等做无害化处理，并对所接触的环境及用具做紧急消毒。

（五）称重和编号

留作种用的犊牛，称重应按育种和实际生产的需要进行，一般在初生、6月龄、1周岁、第一次配种前称重。在犊牛称重的同时还应进行编号，编号应以易于识别和结实牢固为标准。生产上应用比较广泛的是耳标法，耳标有金属的和塑料的，先在金属耳标或塑料耳标上打上号码或用不褪色的色笔写上号码，然后固定在牛的耳朵上。

（六）犊牛调教

未经过调教的牛，性情怪僻，人不易接近，成年后甚至会经常发生牛顶撞伤人等现象。对犊牛应从小调教，使之养成温驯的性格，无论对于育种工作，还是成年后的饲养管理与利用都很有利。对牛进行调教，首先要做到人牛亲和，要求饲养人员以温和的态度对待牛，平时注意从正面接近牛只，有意识地经常抚摸牛，刷拭牛，测量体温、脉搏，就能逐步养成犊牛温驯的性格。

（七）犊牛去角

犊牛去角在生后的5～7天内进行，去角的常见方法如下。

1. 固体苛性钠法

先剪去角基部的毛，然后在外周用凡士林涂一圈，以防药液流出，伤及头部或眼睛，然后用苛性钠在剪毛处涂抹，面积1.6cm²左右，至表皮有微量血液渗出为止。应注意的是正在哺乳的犊牛，施行去角手术4～5小时后才能接近母牛，进行哺乳，以防苛性钠腐蚀母牛乳房及皮肤。这种方法是通过苛性钠破坏生角细胞的生长，达到去角的目的，实践中效果较好。

2. 电烙器去角

将专用电烙器加热到一定温度后，牢牢地按压在角基部直到其角周围下部组织为古铜色为止。烫烙时间15～20秒，烙烫后涂以消炎软骨。

（八）犊牛防寒

北方地区冬季严寒风大，要注意犊牛舍内的防寒保温，犊牛冬季防寒应注意以下几点。

1. 保持牛舍温度0℃以上

封闭舍，冬季通过门、窗、通风管通风换气；开放式或半开放式牛舍，冬季将后墙的窗户关闭，在前墙开露部分挂上草帘等或者设置卷帘，天冷时可放下。及时清除粪污，尽量避免舍内产生水汽，同时加强通风，保持牛舍干燥、卫生。在犊牛栏（舍）内铺垫柔软、干净的垫草，一般使用秸秆类即可。

2. 预防贼风

贼风，就是从小缝隙吹进来的温度低、速度快的风。它容易使犊牛局部受冷刺激，容易引发犊牛关节炎、冻伤、感冒甚至肺炎等。入冬前要检查并修补牛舍的缝隙，进气管应设在牛舍墙壁的上方，远离牛床。

3. 冬季给犊牛饮温水

水温25℃以上，有条件的可用部分精料做成温粥料哺喂犊牛，效果更好。

4. 保证食盐供给，增加饲喂量

冬季牛的胃液分泌量会增加，食盐的充足供给可有效增进牛的食欲。同时，冬季应适当提高玉米等能量饲料比例，并提高10%左右的精料饲喂量，满足牛的基础代谢和防寒需要。

5. 饲喂抗寒饲料

抗寒饲料主要有酒糟类和根皮类两种。酒糟类包括白酒糟和啤酒糟，冬季应用，抗寒作用明显。但酒糟对胎儿及公畜繁殖能力有不利影响，故不宜用于妊娠母牛及种公牛。根皮类，如芹菜根、菠菜根、白菜根等蔬菜根，以及胡萝卜、马铃薯、地瓜等，都可以用作抗寒饲料。根皮类的根皮中含有可产生御寒作用的矿物质，使用这类饲料时应保留外皮。

（九）防止腹泻

由于犊牛生理功能不健全，犊牛适应外界环境能力、抗病力以及调节体温能力均较差，特别是消化器官尚未健全，消化道黏膜易受病菌侵袭，因此犊牛期极易发生腹泻。主要发病原因有以下几方面：一是犊牛初乳采食不及时或不足，造成其免疫力下降；二是由于母牛因饲料或患病等原因奶质发生变化，犊牛消化系统难以适应；三是牛舍污染，犊牛饮食不卫生；四是牛舍阴暗潮湿，通风不畅，犊牛抗病力下降；五是由于犊牛断奶或更换饲料引起；六是外界环境变化，造成犊牛出现应激反应。如气温骤变极寒极热，大风、空气潮湿等。

为了防止犊牛腹泻，应做好以下工作：一要吃足初乳，同时犊牛哺乳时要做到定时、定量、定温（30~35℃）。二要注意犊牛保暖，冬季舍温应控制在0℃以上，天冷时铺设干燥、洁净和较厚的垫料。三要经常消毒，保持犊牛舍环境卫生，特别是犊牛日常接触的器具要干净卫生；四要保证犊牛的饲料、饮水安全卫生；五要保证母牛奶质营养均衡卫生；六是及时对发生腹泻的犊牛进行隔离，根据不同病因及时治疗，防止相互感染。

第六章 肉牛育肥

第一节 基本概念

一、肉牛育肥原理

肉牛生产的终端产品是牛肉，而肉牛育肥就是为获取较高的日增重、较良好的牛肉品质以及较大的经济效益而采取的饲养方式。目标是快速增加肉产量，改善肉品质，并尽可能地降低生产成本。通俗点就是多长肉，长好肉、少耗料、快出栏。要实现这一目标，掌握肉牛生长规律，在养殖中充分利用肉牛的生长特点，供给肉牛的营养成分含量高于其自身维持和正常生长发育需要的口粮，才能促进肌肉组织的快速生长和脂肪的沉积，从而获得高于正常发育的日增重，缩短育肥期，按期出栏上市。

（一）体重与遗传规律

体重是反映肉牛生长情况最直观、最常用的指标，主要包括初生重、断奶重、周岁重、成年重、平均日增重等。增重受遗传和饲养两方面的影响，增重属于遗传力较强的性状，尤其是断奶后的增重。断奶后增重的遗传力高达0.5～0.6，是选种和育种的重要指标。

下面的这些遗传规律对肉牛生产有重要的指导意义：

一初生重与遗传、孕牛管理有直接关系，与日增重、断奶重均呈正相关。但初生重过高往往导致难产。

二是肉牛在12月龄前，处于强烈生长时期，应科学调控、充分饲养，以最大限度地发挥增重效益。

三是在性成熟阶段，体重可达到成年体重的70%，这一阶段是肉牛一生中增重最快的阶段，生产效益最高。一般在正常饲养条件下，体重越大，肌肉和脂肪越充分生长屠宰率越高。

各阶段增重水平变化规律见图6-1。

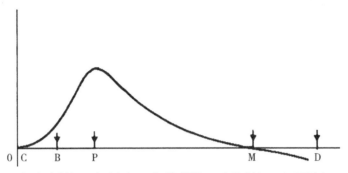

（C表示受精，B表示出生，P表示初情期，M表示成年，D表示死亡）

图6-1　日增重随年龄变化

（二）体组织的生长

肉牛的生长主要是肌肉、骨骼、脂肪等体组织的生长。我们把各类组织生长最快的时间段称为生长中心。肌肉、骨骼、脂肪的生长中心各不相同，其中骨骼的生长中心是7～8月龄，12月龄以后逐渐变慢；肌肉生长中心是12月龄左右，8～16月龄是生长速度最快时期，以后逐渐减慢；脂肪是从12～16月龄快速生长，但脂肪沉积有一定顺序，依次为胃肠系膜间脂肪—脏器外的腹腔及盆腔脂肪—肌间脂肪—皮下脂肪—肌内脂肪。肌间和肌内脂肪的沉积要在16月龄以后才会加速。肉牛几种体组织生长顺序，见图6-2。

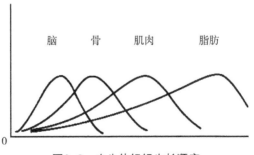

图6-2　肉牛体组织生长顺序

二、影响肉牛生长因素

（一）品种和类型

肉用型牛比肉乳兼用型牛、乳用型牛和役用型牛生长速度快，饲料转化率高，并能获得较高的屠宰率和胴体出肉率。经肥育后，肉用型牛屠宰率为60%～65%，高者达68%～72%；肉乳兼用型牛为55%～60%，其中肉乳兼用的西门塔尔牛为62%左右；未育肥的乳用型牛为35%～43%，育肥后为50%左右。脂肪沉积能力强的肉牛品种通过定向肥育后，脂肪能够较均匀地在肌肉内贮积，使肉形成大理石状，生产出肉味鲜美的高质量牛肉。

（二）年龄

肉牛年龄不同，增重速度和饲料报酬不同。出生后第1年内各器官和组织生长最快，增重也最快，以后速度减缓；第2年的增重为第1年的70%，第3年为第2年的50%，因此，肉牛在1岁最多不超过2岁时屠宰为好。幼龄牛维持消耗少，单位增重耗料少，饲料利用率高。而大龄牛则相反，体重增长主要靠脂肪沉积，从沉积相同重量的能量消耗来看，沉积脂肪是沉积肌肉的7倍，因此幼龄牛肥育较大龄牛更为经济。

年龄不同，胴体品质也不同。幼龄牛肌肉纤维细嫩，水分含量高（初生犊牛70%以上），脂肪含量少，味鲜多汁。随年龄增长，纤维变粗，水分含量减少（两岁阉牛胴体水分为45%），脂肪含量增加。

（三）性别

性别对肉牛增重速度、体形、胴体形状和结构、肉品质都有很大的影响。其中公牛，生长速度最快，饲料利用率高，眼肌面积大，胴体瘦肉含量多，出栏体重高；肌肉较多，脂肪较少，脂肪生成较晚；骨稍重，前躯肌肉发达。

阉牛，生长速度和出栏体重低于公牛，肌肉较少，脂肪较多；脂肪生成较早，胴体脂肪率高，内脏（阉牛占活重7.5%，公牛占活重5.09%）、皮下和肌肉间脂肪率都高（阉牛占活重的4.26%，公牛占活重的2.82%）；骨轻，前躯肌肉较差。

母牛，生长速度最慢。青年母牛肌纤维细嫩，结缔组织少，肉质好，易肥育。但缺点是肥育生长速度慢且易受发情干扰。生产中可采用育肥后期配种使之怀孕以消除发情干扰的做法。淘汰母牛和老龄母牛肥育时肉质差，增重多为脂肪，成本高，但可以充分利用粗饲料各种残渣，相对节约开支，但肥育期不宜过长，体形较为丰满时，及时屠宰最为适宜。

（四）营养水平

营养水平是提高产肉量和肉品质的主要因素，对肉牛生长发育的影响也很大，营养水平低，就不可能发挥肉牛自身的遗传潜力，使生长受阻。在满足营养需要的前提条件下，根据牛体增长先快后慢的规律，可以在12月龄前发育迅速阶段，提供营养水平高的日粮，充分发挥生长潜力，提高饲料利用率。

第二节　育肥方式

一、育肥牛的选择和运输

（一）育肥牛的选择

为了使育肥牛能更好地适应当地气候、饲料等自然条件，在选购育肥牛时首先应本着就近就便的原则，立足于本省、本地区寻找牛源，使育肥牛进场后能尽快适应，减少应激反应等不利影响；如必须到省外购买，千万注意不要到疫区购买，以免带回疫病及寄生虫病，造成不必要的经济损失。在生产实践中，应把选购育肥牛只的体重、年龄、产地、季节、价格及运输成本等因素同本场的饲养计划、生产目的和未来预期经济效益结合起来综合考虑，并根据饲养规模最后确定目标牛源，特别是一定要弄清楚育肥牛的真实产地（由于市场开放，全国牛源互相流动，在当地市场上市的牛不一定是当地牛），要把握好育肥牛源的收购价格和育肥牛质量，将牛源成本降到较合理范围内。特别是以"估重"方式选购的育肥牛只，对购买者来说，不仅要评估好牛只的体重，还要结合牛只的品种、体况、年龄、性别等因素综合评估好牛只的育肥潜力，科学测算以当前的购买价格和饲养成本能否实现预期生产效益。

1. 品种

良种肉牛和肉用杂交改良牛在增重速度、肉的品质和饲料报酬等方面明显高于本地黄牛，开展肉牛育肥生产以肉用杂交牛为佳，可有效利用杂交优势，实现最大的生产效益。目前各地在肉牛育肥生产选择品种时：

首选，纯种肉牛或肉乳兼用牛，如夏洛莱、西门塔尔、利木赞、安格斯、辽育白牛等。

次选，肉用品种牛与本地牛的杂交牛。现阶段西门塔尔牛，夏洛莱牛，利木赞牛是我国黄牛的三大改良父本，其杂交改良后代均为理想的育肥对象。这些杂种牛杂交代次越高的育肥效果越好。

再次，选荷斯坦公牛和淘汰母牛。

最后，可选用本地品种黄牛，辽宁地区有沿江牛、复州牛以及内蒙古牛后代等，这类牛源一般体形较小，增重慢，不过价格低廉，肉质较好，也可以作为育肥牛的来源。

2. 体重和年龄

生产中高档牛肉，应选择年龄不超过24月龄的架子牛以保证屠宰年龄不过大、肉品质良好。

生产普通牛肉，牛的体重和年龄可适当放宽，但牛的年龄越大，饲料利用率越低，增重速度越慢，胴体品质和牛肉品质就越差。

直线育肥一般优先选断奶1个月以上，体重在250～350kg的幼龄牛。

进行架子牛育肥的，可选择12～14月龄，体重在300～350kg大架子牛，育肥5～8个月后可出栏。也可选择年龄1.5～3岁的大架子牛，进行3～5个月的短期育肥。

牛只年龄越小，育肥生产出的牛肉嫩度越好。但从外地远距离购进犊牛时，特别是在偏冷或偏热季节，牛只年龄和体重不宜过小，一般应达到6月龄以上或体重250kg以上，否则因抗应激能力较弱，犊牛购进后易生病或死亡。目前，肉牛育肥年龄不断提前，应按场内饲养容量灵活选择。实践表明，选择体重大的牛进行短期育肥，增重效果和经济效益更好。

3. 性别

在生产实践中，一般选用公牛为育肥牛牛源。因为，公犊肥育不去势，可利用其生长快的优势；而阉牛育肥时增重速度比公牛慢10%左右，但牛肉肌间脂沉积好，易出现大理石花纹，生产高等级的牛肉。

4. 季节

北方地区，4—10月是每年最佳购牛、运牛时期，尽量避开11月至翌年3月，因气候原因，因这期间牛只运输应激反应大，入场后易发生疾病。

5. 体况

选择产肉性能优的牛只普遍具有体大呈长方形、背腰平直而宽广、身体紧凑而匀称、皮肤松软有弹性、四肢正立、胸宽深、腹部圆大、后躯发育好等的体形特征。

理想的育肥牛体形外貌。前望：头形好，嘴宽大，前额宽，头稍短，眼大有神，鼻镜有汗，胸宽、深，胸骨开张良好、突出于前肢，前肢站立端正，精神状态好，无沉郁感。侧望：体躯呈长方形，颈短而厚；背腰平直且宽；尻部平宽，被毛有光泽。后面看：后躯方正、丰满，尾粗壮，皮肤有弹性，被毛短密而有弹性且光亮。

关键部位识别：一是鬐甲应该平坦而宽广，不要有尖锐、高凸及凹陷的鬐甲。二是背和腰要宽阔和平坦，从鬐甲到十字部要成一条直线（因为背下垂是体质衰弱的表现，向上弯曲的鲤鱼背多是饲养管理不良的表现）。三是皮肤和被毛应该皮肤松软，被毛平整。从被毛的情况可以判断牛的健康状况，健康的牛被毛平整而光亮，并且换毛进行得快而均匀，而患病和体弱消瘦的牛则被毛粗而少光泽，且会延长换毛期，换毛的状况很不规整。

选择育肥牛三忌：一忌，胸窄和尖胸。二忌，三棱骨和凸凹背。三忌，"O"形腿和"X"形腿。

6. 健康与性情

育肥牛要求来自非疫区，无任何传染病和普通病症状，有检疫证明和免疫证明。

在选购架子牛时要特别注意牛的健康状况，健康牛的鼻镜是湿润的，带有水珠；如牛只患有疾病，则鼻镜发绀、发热。健康的牛只毛色光亮，眼睛明亮有神，反刍正常（正常每天反刍的次数为9~16次，每次15~45分钟，每日用于反刍的时间为4~9小时），如果反刍停止，目光暗淡，无精打采，说明牛只患有消化器官疾病或其他疾病。

购买牛时经常可以看到一些被毛粗糙，膘情不好的牛在市场上出售，这类牛要仔细观察其反刍、粪便等是否正常，并通过与畜主交谈，了解膘情不好的原因，经分析判断后决定是否购买。对于因饲养管理不当或患有某种寄生虫病并造成膘情不好的牛，只要反刍正常，就可以购买，通过健胃和驱虫可以治愈，育肥后可以获得较好的经济效益。

性情温驯的牛易管理、增重快。一般牛眼越大越老实，这样的牛活动消耗少，饲料报酬高且便于饲养管理。尽量不购买脾气大、性子烈的牛，这样牛用俗语讲大多为"红眼圈、烂眼边、两个犄角没有尖"。

（二）育肥牛的运输

目前育肥牛的运输主要是汽车运输；火车运输虽然成本较低，但运输不灵活，时间长，极少应用。

1. 运输前的准备

（1）检疫。育肥牛购买后要申请当地动物检疫部门进行检疫，检疫合格后，出具检疫证明，有条件的最好隔离观察15天后再装车，以便剔除病弱牛。

（2）牛只准备。装车前尽量让牛充分休息，装运前6~8小时停止饲喂具有轻泻性的饲料（青贮饲料、麸皮、鲜草）和易发酵饲料，少喂精料，喂半饱，并给予一定的反刍时间，以防在途中颠簸，伤害肠胃；饮水中可加电解质多维，可以减少运输过程中体重损失，装运前2~3小时不过量饮水，以免引起牛排尿过多，污染车厢和牛体，外观不好。

（3）车辆准备。尽量选择经常运牛车辆，驾驶人员熟悉运输的细节。对装运车辆要仔细检查，进行全面的消毒，车厢内不能有任何金属凸起物，车厢要铺上厚垫料，干草、细土和细沙均可。运牛的车辆围栏高度不低于1.4m，尽量选择符合国标的高栏货车或专用于运输牛的改装货车，车辆最好有装车篷布，以便冬季防寒和夏季防雨。

（4）装车。使用装牛台将牛逐头牵上车，对于僵持不上车的牛，不要鞭打驱吓，可以找有经验的人员试着折牛尾使其前行。牛上车后可不拴系，也可拴系，但头不应伸出车厢。运牛车要尽量装满，以减轻车辆颠簸和振荡。当牛体重差异较大时，应在中间设隔离护栏，将大、小牛隔开。若不满载时，可用绳索系在车辆上限制牛的活动空间。拴系缰绳不能过长或过短，以牛可自由起卧为宜，40~60cm即可，为避免绳子缠绕脖颈，造成窒息，押运员要备把绳刀，以备急用。

2. 途中牛只管理

（1）车辆行进中，要保持中速匀速行驶，做到稳启动、慢停车、少刹车，尽可能做到不急刹车，以防个别牛只跌倒被踩伤，发现有卧倒的牛，要及时轰赶至站立起来。

（2）运输超过20小时车程的，每行驶12小时后，应停车饲喂，采食部分干草，并保证充足饮水，可在饮水中加入抗应激药物。有条件的让牛适当运动，更换垫草。

3. 减少牛只的应激反应

在运输过程中，外部环境条件的突然变化会严重影响牛正常的生活节奏和生理活动，为适应新的环境条件，牛只呈现极度的被动紧张状态，这种反应称为应激反应。应激反应越大，对牛只影响越大，运输中体重损失越多，到场后恢复至正常生理生活状态的周期越长，因此要努力使牛在运输途中减少应激反应，使牛在育肥开始后尽快恢复正常。

（1）根据运输牛只大小和数量，合理选择车型，保持适当的牛只装车密度，一般汽运时，每头牛根据体重大小应占有的面积是：小于300kg每头0.7～0.8m²，300～400kg每头1.0～1.2m²，400～500kg每头1.2m²，500kg以上每头1.3～1.5m²。

（2）运输时选择适宜的时间和季节，特别是长途运输时，宜选择春、秋两季。冬季调运要用帆布将车厢四周围起以便防寒；夏季运输时热应激较高，不宜调运，若选择调运，尽量选择早晚较凉爽的时间段，如果白天调运，应在运输车厢上安装遮阳网。

（3）选择有牛只运输经验的收购人员、兽医对途中牛只进行押运和管理。

（4）运输前2～3天，每天每头牛口服或肌肉注射维生素A 25～100万IU，或口服补液盐溶液（氯化钠3.5g、氯化钾1.5g、维生素C 5g、葡萄糖20g/L）和电解多维溶液（如金维他）。

（5）运输过程中，可在牛的日粮中添加0.06%～0.10%的维生素C，或饮水中添加0.02%～0.05%的维生素C。如果有病牛、弱牛无法站立，可采用绳子兜立法（即用两根粗绳索，从牛腹底穿过后将绳索固定于车厢旁）强行使之站立，特别严重的，可适量注射安钠咖（10%含量）10～20mL，细心观察，到达目的地及时进行治疗。

（6）到达目的地后要控制采食和饮水。到场3～4小时后再饮水，首次饮水每头牛控制在5～10L，水中可添加100g的人工盐，或加入葡萄糖或电解多维液，必要时可加黄芪多糖。第一次饮水后3～4小时再进行第二次饮水，此时可自由饮水，可每头牛投入0.5kg的麸皮。进场后仅饲喂优质干草或粉碎后秸秆2～5kg，不要饲喂苜蓿、青贮和精料，2～3天后，牛只反刍正常后，方可喂精料，初期喂量为每头牛1～2kg，以后逐天增加，一周后正常采食。

二、不同饲养方式的育肥

肉牛育肥技术分为两种，一种是根据生长和增重的营养需要充分供给，称之为直线育肥技术（也称为持续育肥技术），另一种是由于季节、饲料资源等原因无法做到直线育肥，即某一段时间无法按照正常生长需要供给所需营养而使增重受到一定的限制，在后期选择时机进行集中育肥，称之为架子牛育肥技术。生产实践中，也可将两种育肥方式结合进行，即犊牛断奶后即开始转入育肥阶段，但在育肥前期（不超过10月龄），在保证蛋白质、矿物质等营养供应的前提下，人为控制饲料的能量水平，即人为设置吊架子阶段，在牛进入生长高峰前（9～10月龄时）调整全息营养饲料，并一直育肥至18月龄以上，这样既可以减少生产成本，又不影响育肥效果，还可以不延长育肥期。

（一）直线育肥技术

肉牛直线育肥也叫持续强度育肥，就是对断奶后的犊牛"不吊架子"，采用"高精料、短周期"的育肥体制，直接进行育肥生产，根据肉牛生长增重规律给予充足的营养，使牛只一直保持很高的日增重，直到出栏。与后期集中育肥（架子牛育肥）相比，直线育肥的优点是缩短了生产周期，降低了肉牛生产的整体成本，提高了肉牛生产者的经济效益，特别是从事母牛自繁自育养殖者的经济效益；直线育肥技术还能有效改善牛肉品质，生产出高档次牛肉，提高肉牛产业整体生产水平。宏观上讲，白牛肉生产（包括乳用公犊牛的肉用生产）、小牛肉生产以及高档牛肉（雪花牛肉）等均应用了直线育肥技术。

1. 技术原理

肉牛直线育肥阶段，也是肉牛自身的快速生长阶段，要使肉牛尽快达到要求的出栏体重，则供给牛只的营养物质必须高于维持和正常生长发育的需要，使牛最大限度地生长骨骼，沉积肌肉和脂肪。

肉牛育肥增重时，沉积脂肪所需的能量明显高于沉积蛋白质需要的能量，特别是在直线育肥快速生长期，肉牛沉积蛋白质比沉积脂肪更省能量，饲料利用率更高，也就是说该阶段肉牛体重增加较快，但主要是肌肉和骨骼的生长和沉积，耗料较少。因此犊牛断奶后进行强度持续育肥，前期应提供高蛋白日粮，以利用幼牛的快速生长期，促进蛋白质沉积，提高日增重；500kg以后应逐渐过渡到高能量日粮，以促进脂肪的生长和沉积。

2. 技术内容

肉牛直线育肥期间采用高营养饲养法集中育肥，有条件的，最好使用TMR饲喂，使牛日增重保持在1.5kg以上，根据育肥目标和市场情况，可以选择周岁或体重在600kg以上再出栏，也可以延长育肥期，育肥至18月龄以上，最大限度地发挥牛的育肥潜力。

（1）育肥牛的选择

采用直线高效育肥时，选择大型肉用牛品种，或肉用杂交牛和高代次的肉用改良牛，才能达到理想的育肥效果，一般黄牛品种不适合直线育肥。生产中主要选择发育良好，体质健壮肉用体形特征明显的公犊作为强度育肥牛源。

（2）阶段管理

犊牛期（适合自繁自育）：犊牛出生后，尽早吃足初乳（若母乳不足或产后母牛死亡，可喂其他健康母牛的初乳，按每千克常乳加5～10mL青霉素或等效的其他抗菌素、3个鸡蛋、4mL鱼肝油配成人工初乳代替，另补饲100mL的蓖麻油，代替初乳的倾泻作用）。一周后开始训练采食配合饲料和优质干草，2个月以内犊牛饲喂铡短到2cm以内的干草，2个月以上犊牛可直接饲喂不铡短的干草，1个月开始训练采食青嫩饲草，2个月开始训练采食青贮饲料。每一步训练都要由少及多、循序渐进，并做好犊牛保健，使犊牛迅速达到150kg左右，以缩短哺乳期。

育肥准备期：犊牛4～6月龄断奶后，体重在200kg左右时，转入育肥阶段。

第1个月为适应期，让犊牛自由活动，供给清洁饮水，犊牛断奶后训饲一段时间，训饲时喂少量青草或青干草，拌少许精料，10多天可适应环境和饲料，然后逐步过渡到育肥日粮。过渡期间，进行驱虫、健胃。驱虫可选用左旋咪唑，阿维菌素、伊维菌素等，健胃可选用健胃散等。

强度育肥期：从第2个月开始，转入强度育肥。强度育肥的精料可用玉米、豆饼、棉籽饼等高能量、高蛋白饲料为主配制而成的全价混合饲料；粗饲料以优质青干草、秸秆和青贮饲料为主。日粮要求含粗蛋白11%～16%，日粮干物质采食量占体重的2%～3%。最好采用自由采食的方式进行饲喂，保证牛可随时任意采食。全程注意牛群管理，加强牛舍卫生和消毒，勤观察牛的采食、饮水、反刍和粪便，发现情况尽早处理。

强度育肥前期，可规划时间为2个月，预期体重至少达到250kg，精料投喂量达到体重的0.8%～1.1%，混合精饲料占日粮比例的40%～60%，肉牛的增重以肌肉生长为主，要求混合精饲料中的蛋白质含量高一些，为17%～19%，使粗蛋白占日粮干物质总量的14%～15%，所以混合精料中饼粕类饲料要至少达到30%，玉米达到60%左右即可。冬季寒冷时，最好给犊牛饮用温水。自由饮水有困难时，只能定时饮水，但每天至少3次。

强度育肥中期，可规划时间为3个月，预期体重至少达到350kg，精料投喂量达到体重的1.1%左右，混合精饲料占日粮比例的55%～60%，肉牛的增重仍以蛋白质增加为主，粗蛋白占日粮干物质总量的12%～13%，同时，开始增加能量饲料比例。这一期间，可在饲料中添加瘤胃素，在7～8月龄开始，每日每头添加200mg。

强度育肥后期，可规划时间为4个月或更长，体重达到600kg以上，精料投喂量达到体重的1.2%～1.5%，混合精饲料占日粮比例的60%～70%，混合精饲料中的能量饲料要含量高一些，玉米占精料量的70%，蛋白饲料可进一步减少，粗蛋白占日粮干物质总量的11%左右即可，精料中饼粕类饲料用量减少至20%～25%。

育肥全程各阶段精料和玉米投喂比例见表6-1，但变化不能太突然，特别是在不同时期交替期要有过渡。混合精饲料可以是粉状或颗粒料，粗饲料要铡短饲喂，牛自由采食不限量。也可将精、粗饲料混合制成颗粒饲料，饲养规模较大时，最好全程采用TMR，以提高饲料的利用率和饲养的经济效益。育肥牛日喂2～3次，饲后饮水。

表6-1　精料与玉米投喂比例

育肥体重（kg）	精料投喂比例（占体重%）	玉米投喂比例（占精料%）
200～350	0.8～1.1	55～60
350～600	1.0～1.2	60～70
>600	1.2～1.5	至少70

（二）架子牛育肥技术

架子牛是指犊牛断奶后在低营养水平饲养条件下，饲养到12月龄左右，骨骼已发育到相当程度，体形初步具备成年体征，肌肉脂肪组织没有得到充分发育，增重潜力较大的良种或杂交后代育成牛。

1. 技术原理

牛只在生长发育过程中，由于营养需要供应不足导致生长发育受阻，增重缓慢，甚至停止增重。一旦牛只生长发育受阻的因素被克服，则育肥牛会在短期内快速增重，把受阻期损失的体重弥补回来，有时还能超出正常的增重量，这种现象称为补偿生长。架子牛育肥原理就是利用牛只"补偿生长"的生理特征，采用科学的饲养管理技术，进行3～6个月的短期肥育（指成熟育肥期），以获得最大的牛肉产量、最高的饲料报酬和最佳的经济效益。

架子牛的育肥要根据肉牛肌肉和脂肪的沉积情况进行合理分期，12～16月龄为生长育肥期，此阶段利用肉牛旺盛的骨骼和肌肉生长特点和较高的饲料报酬，尽量多用粗料，少用精料，要饲喂优质粗料，精料喂量为肉牛活重的0.8%～1.2%，其中蛋白质含量占日粮干物质的13%～14%，以促进骨骼和肌肉的生长，使肉牛具备成年肉牛的体形。16月龄以后为成熟育肥期，骨骼发育完好，肌肉也有相当程度的增长，该阶段主要任务是通过肥育改善牛肉品质，主要是脂肪的沉积，特别是要增加肌肉纤维间脂肪的沉积量。在饲养上应增加精料用量，为肉牛活重的1.0%～1.5%，精粗比至少达到6∶4，日增重应达到1.5kg左右，以缩短出栏时间。

2. 技术内容

分阶段饲养，实际生产中通常把架子牛育肥分为3个阶段：适应过渡期、育肥前期、育肥后期。不同的育肥阶段应采取不同的技术措施。

适应过渡期：架子牛入场后，需进行一段育肥前过渡饲养，过渡期15～30天。在过渡期内主要开展以下工作：一是组群。根据牛舍情况，按体重、月龄相近原则对架子牛进行组群；二是调理。入圈舍2小时后给水，加多维、多糖以增强免疫能力；前2天，饮水后让牛自由采食粗饲料，粗饲料不要铡得太短，可不喂精料。3天后开始喂少量精料，按每头牛1～2kg添加，与粗料、青贮料等饲料充分搅拌后投喂，之后每天增加精料量，10天左右达到育肥前期精料给量。三是驱虫：入栏后7～15天进行，如果牛有疾病时可暂缓；体内驱虫可通过打针注射或连续饲喂驱虫药的方法进行，体外寄生虫可通过涂抹药物或喷淋药物的方法进行，春、秋两季进行，每年2次；目前在实际生产中，一般采用伊维菌素进行驱虫，一次用药可同时驱杀体内外多种寄生虫。四是健胃：驱虫3日后进行健胃，饲喂益生菌、生物制剂、健胃散等。五是防疫：打口蹄疫疫苗，入栏10天后，渡过运输应激反应期再注射疫苗，4个月后加强免疫。

育肥前期：约2个月。该阶段将日粮中精粗料比例由3：7逐渐调整到6：4，蛋白质水平为11%～12%，每天精料投喂量达到体重的1.0%～1.3%，粗饲料自由采集，日增重保持1.2kg左右。该时期主要任务是让育肥牛尽快适应精料型日粮，防止发生膨胀病、腹泻和酸中毒等疾病。

育肥后期　2个月以上，根据实际情况，可育肥至700kg以上。该阶段精粗料比例可提高到7：3～8：2，日粮应以高能量低蛋白型混合精料为主，蛋白质水平为10%左右，每天精料投喂量达到体重的1.3%～1.5%，粗饲料自由采食，日增重1.5kg左右。为了让育肥牛大量采集精料，每天精料饲喂次数由2次调整为3次，并保证饮水充足。育肥后期要注意防治酸中毒，适当增加小苏打添加量（可拌入饲料也可单独供给）。

每天早、晚两次定时饲喂，采取先粗后精的次序投放饲草料或饲喂全混合日粮（TMR）。同时要保证充足的饮水，保证水质清洁，冬季饮温水。

（三）育肥牛的常规管理

1. 牛舍消毒

架子牛入舍前应对牛舍及饲用器具进行彻底消毒。如可用2%～5%的火碱溶液或0.05%～0.5%过氧乙酸对牛舍地面、墙壁、门窗进行消毒，用0.1%的高锰酸钾溶液对饲喂器具进行洗刷，然后用清水冲洗，除去消毒药气味。

2. 分群

按牛的年龄、体重、性别和品种进行分群饲养，便于管理。一般情况下，将年龄相差不超过3个月，体重相差不超过25kg，同性别同品种的架子牛分成一群，每群数量在10～15头。通常在傍晚时分群容易成功。分群前把要合并的牛只混群，如有较大的运动场所，可将要组群的牛只赶到同一个运动场内，互相熟悉后再组群或在栏内喷同一种药水，使其都有同一种药味再合群。组群前停食4～6小时，之后喂给可口的精料和草料。在围栏上覆盖线网、竹竿或木板（棍），并与围栏一般高，可有效防止牛格斗和爬跨。分群当天有应有专人值班观察，防止牛只相互打斗。如有病弱牛应单独组群，待康复后放入原群中。

3. 生产记录

育肥牛应全部进行档案登记，全群牛打耳号，并记录饲喂、防疫、体重、入栏时间等数据。根据记录，及时了解个体育肥情况，检验、判断牛只健康、饲喂、环境控制等管理工作是否存在问题。牛群主要的生产记录表见表6-2～表6-5。

表6-2　牛群生产记录

牛号	性别	月龄	来源	育肥开始		育肥结束		育肥全期		销售价格	备注
				体重	日期	体重	日期	总增重	日增重		

表6-3　兽药使用记录

年　　　　（号）牛舍

用药时间	牛号	症状（疫病种类）	所用药品	给药途径	治疗效果	用药人员	休药期	备注

表6-4　饲料、饲草及添加剂使用记录

　　　年　　　（号）牛舍

日期	类型	使用量（吨）	牛只数量	投料人	备注

表6-5　投入品（饲料、饲草、饲料添加剂、兽药及疫苗等）采购记录

日期	品名	生产厂家	产地	规格型号	数量	单价	总价	有(失)效期	储存方式	采购人	保管人	备注

4. 制订育肥计划

根据育肥牛不同阶段的生长特点和饲草料供应情况，确定不同阶段的日增重目标，制订饲喂计划，按计划规范开展育肥生产。

5. 控制环境

控制环境，主要是控制温度、湿度、卫生和空气质量。架子牛育肥时，适宜的牛舍温度在5～21℃，相对湿度在50%～75%，空气流通要较为顺畅。牛舍要保持清洁卫生，定期消毒；北方地区，冬季加强牛舍的保暖防寒，饮水不能结冰；夏季气温高于27℃时，应采取防暑措施，牛舍要保证通风顺畅，防止阳光直射，围栏饲养要配备足够面积的遮阳空间，可搭建遮阳棚或遮阳网，饲喂时间应避开高温时段。

6. 运动和光照

为促进育肥牛健康、体格健壮，适当的运动和充足的光照是非常重要的。舍饲时，有条件的应设置运动场，平均每头牛占用面积10～15m²，育肥中前期每天应至少有2小时的运动量，若育肥周期较短或进入育肥后期，可考虑减少运动以增加日增重。

7. 修蹄

舍饲条件下，大龄牛可以视情况每6个月左右修蹄一次。

8. 刷拭

经常刷拭牛体，有利于牛体表血液循环、预防皮肤病，促进牛只健康生长。一般用棕毛刷或钢丝刷刷拭，顺序由前向后，由上向下。每天最好刷拭牛体1~2次，每次5分钟。规模肉牛场可以在运动场或牛舍内安装自动牛体刷，既满足了牛只个体需要，又降低人工成本和劳动强度（自动牛体刷使用见图6-3）。

图6-3　自动牛体刷

9. 做到五防、五定、五看、五净、一短、及时消毒

一是"五防"，指做好防疫、防火、防鼠、防盗、防毒，确保场区、人员、牛只的安全。

二是"五定"，指定人饲养、定时饲喂、定槽定量、定时刷拭、定期称重：

定人饲养。做到日常专人管理，熟悉每头牛的采食情况和健康情况，避免换人产生的应激反应。

定时饲喂。早、晚两次，间隔8小时，不能忽早忽晚。

定槽定量。头两周要对每个牛固定槽位，以后牛只就会自己找到槽位了。每一段时期的精料量按饲喂计划定量饲喂，不能随意增减。

定时刷拭。一般每天刷拭牛体至少1次，每次5分钟，也可采用自动刷拭按摩设备。

定期称重。称重最好在早晨空腹时进行。

三是"五看"，指对育肥的肉牛看采食、看饮水、看粪尿、看反刍、看精神状态是否正常。发现异常情况，及时采取相应措施。

四是"五净"，指草料净、饲槽净、饮水净、牛体净、圈舍净。要求饲草饲料不含沙石、泥土、铁钉、铁丝、塑料等异物，不发霉腐败，不受有毒物质污染。

五是"一短"，指短绳。即在舍饲条件下，用1~1.5m长的绳子拴系饲养，减少牛因运动造成的能量消耗，以利于提高增重。

六是及时消毒。每个月对牛舍内外进行1次消毒。

（四）肉牛育肥的一些策略和技巧

1. 冬季提高肉牛增重的策略

（1）提高牛舍舍温。敞篷式或半敞篷式牛舍用塑料薄膜封闭敞开部分，形成日光温室大棚，做到地面不结冰。夜间和雪天等特别寒冷时还要加盖草帘、棉帘等物以保温，白天卷起来固定在棚舍顶部。牛舍应关好门窗，将牛舍北面的门窗、墙缝堵严，防止贼风侵袭；向阳面的门窗要挂帘。一般的圈舍应用塑料布或彩条布等封闭。有条件的，牛舍屋顶用苯板封闭保温，并配备通风设备和天窗。

（2）通风换气。10：30—14：30为通风换气最佳时间，通风次数与时间要根据天气和舍内空气质量而定，每天通风1~2次，每次20分钟左右，天气暖和时，可将棚舍塑料薄膜从地面掀起1m左右，加强舍内空气流通。

（3）饮足温水。冬季肉牛多采食干草，若不能充分饮水，食欲就会下降，致使增重下降。饮水的适宜温度为12~14℃。

（4）补足食盐。食盐是胃液的主要成分之一。冬季肉牛胃液分泌量增加，食盐的需求相应增加。食盐的日供给量视牛的体重和增重高低确定，一般每日供给50g。除按日粮1%拌入精料外，也可专设盐槽，让牛自由舔食。

2. 安排牛槽位的技巧

安排牛的槽位应该考虑个体的脾气、生理状况、健康和年龄等因素，槽位应该长期固定，通常只对个别牛作调整。牛有认槽位的能力和习惯，新进牛舍时，将其拴在其槽位3~5天才放开，再上槽饲喂时会自动回到该位置，即使开始认不准，重复几次就能认准了。

3. 拴牛技巧

拴系饲养时，缰绳应该拴在槽沿下的位置，缰绳按可控制牛不能爬槽为宜，切莫用拴驴、马的方法，拴在槽上的栏杆上。缰绳拴于槽沿下，牛要抬头爬槽或欺负两侧的牛均受缰绳制约，而卧下，则缰绳宽松，牛的卧姿大可随意，不受控。

4. 利用糟渣类副产品替代部分精料

糟渣类副产品成本较低，大多适口性较好，在肉牛育肥日粮中添加20%～30%时效果最佳（按干物质计算），可相应减少精料量，达到降低日粮成本，提高经济效益的目的。不过，糟渣类副产品虽然纤维素含量较高，但其物理性状同精料相似，如喂量过大同样会造成牛消化功能紊乱，因此要注意添加矿物质、维生素及必要的缓冲剂。

5. 使用缓冲剂

肉牛在育肥期，特别是在育肥后期，由于采用高精料型日粮，为防止牛瘤胃酸中毒，提高饲料消化率，必须适量使用缓冲剂，以提高饲料消化率，采用3～5份小苏打与1份氧化镁组成，占日粮的0.5%～1%。

三、不同活动方式的育肥

不同活动方式的育肥主要指散放育肥和栓系育肥。其中，散放育肥包括舍内小围栏育肥，舍栏联通育肥，露天式大围栏育肥以及放牧育肥，放牧育肥不在本书阐述。栓系育肥即牛只全天拴系在牛床不能自由活动的育肥方式。

（一）散放育肥

1. 舍内小围栏育肥

指牛在不拴系、无固定床位的牛舍中自由活动。根据实际情况每栏可设定70～80m²，饲养6～8头牛，每头牛占有6～10m²的活动空间。牛舍地面建议用立砖铺设为首选，如用水泥地面，需采取防滑措施，床面铺垫锯末或稻草等廉价农作物秸秆，厚度10cm，形成软床，躺卧舒适，垫料根据污染程度1个月左右更换1次。也可根据当地条件采用干沙土地面（舍内围栏育肥见图6-4）。

2. 舍栏连通育肥

指运动围栏主要是在牛舍的一侧，与牛舍相连。运动场面积约为牛舍的

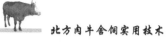

1.5倍，面积充裕的饲养场，可考虑增加运动围栏面积，有效降低牛牴架的概率但面积不应超过每头25m²。运动围栏内可根据牛的头数细分几个小围栏，每个小围栏一般不超过20头。水槽、食槽设在舍内。舍内地坪比舍外地坪高20～30mm，地面坚实，可承载牛只与设备，地面粗糙以保持摩擦力，但又不至磨伤牛蹄（舍栏联通育肥见图6-5）。

图6-4　舍内小围栏育肥

图6-5　舍栏连通育肥

（1）开放式围栏育肥。牛舍三面有墙，向阳面敞开，与围栏相接。舍内可采用水泥或铺砖地面，围栏内可采用下层三合土、上层沙土地面。牛舍面积以每头牛5m²左右为宜。双坡式牛舍跨度较小，休息场所与活动场所连为一体，牛可自由进出。每头牛占地面积，包括舍内和舍外场地为10m²左右。一侧安装有活门，宽度可通过小型拖拉机，以利于运进垫草和清出粪尿。厚墙一侧留有小门，以方便人和牛的进出，保证日常管理工作的进行，门的宽度以通过单个人和牛为宜。

（2）棚舍式围栏育肥。多为双坡式，棚舍四周无围墙，仅有水泥柱子做支撑结构，屋顶结构与常规牛舍相近，只是用料更简单、轻便，采用双列对头式槽位，中间为饲料通道。每头牛占有8~10m²的活动空间。育肥方法主要是定时上槽拴系饲喂、下槽运动场休息、饮水。由于每头牛固定槽位，竞食性发挥差些，使干物质采食量达不到最高，但草料浪费少，牛的育肥增重均匀。需要注意的是，牛新进牛舍时，将其拴在其槽位3~5天再放开，采食时不用人工拴系。

3. 露天式大围栏育肥

每个围栏大小按每头牛10~15m²设计，每栏头数根据场区面积综合考虑，20~100头，若土地面积充足，可增加围栏面积和饲养头数。围栏由横栏和栏柱构成，栏柱高1.2~1.5m，栏柱间隔1.5~2.0m，柱脚用水泥包裹。围栏最好选在有坡度的地方，便于排水，地面最好是沙土或者是三合土。围栏内设饮水槽，每个水槽大小应同时满足10~30头牛的饮水需要为宜。寒冷地区要防止水槽结冰。可增加简易的挡风墙和遮阴设施。

由于牛的竞食，大围栏育肥可获较大的采食量，加上牛的健康状况良好，牛的日增重较高，但由于牛的竞争特性，造成少数牛吃食不足，育肥增重效果不均匀，少数牛拖后出栏，且有一定的草料浪费。冬季若追求育肥效果，应适当增加精料供给量0.1%左右，若不增加精料供给量，日增重会下降15%左右（露天式大围栏育肥见图6-6）。

（二）拴系育肥

全天拴系舍饲育肥，节省劳动力，而且牛的运动量减少到最低，因而饲料效率最高，且土地与牛舍投入均节省。但由于牛在育肥期间缺少活动，导致抗病力较差，易患肢蹄病，随体膘增加而食欲较其他饲养方式下降明显。所以舍饲拴系育肥时间一般不宜超过5个月，可选择在育肥后期实行舍饲育肥。牛舍按每头牛占地面积6～8m²设计。

图6-6 露天式大围栏育肥

舍饲拴系牛长期缺乏阳光直接照射，所以日粮中必须配足维生素D，同时要精心地做好牛舍的清洁卫生、牛的防疫检疫及健康观察。公牛育肥还要注意缰绳的松紧适度，避免牛互相爬跨造成摔、跌、伤残等损失。

四、育肥饲喂技术

（一）全混合日粮饲喂技术

全混合日粮（total mixed ration，简称TMR）是指根据牛不同生长发育阶段营养需要和饲养方案，用特制的搅拌机将铡切成适当长度的粗饲料、精料和各种添加剂，按照配方要求进行充分混合，得到的一种营养相对平衡的日粮。

目前在实际生产中，中等规模以上的饲养场基本采用了全混合日粮饲喂技术，相比普通饲喂技术，其具有营养更加均衡、利于消化吸收、可进行机械化作业、适合规模化生产等优点（TMR饲喂见图6-7）。

图6-7　TMR饲喂

1. 合理分群

育肥牛只在不同月龄、不同体重、不同体况、不同生长（产）阶段、不同生产目的情况下，所需饲料种类、营养重点、日粮营养水平有所不同。先将生长发育及营养需求基本相同的牛只进行合理组群，以做到科学饲养、细化管理。

2. TMR制作

人工加工：将配制好的精饲料与定量的粗饲料（干草应铡短至2~3cm）经过人工方式多次掺拌，至混合均匀。加工过程中，应视粗饲料的水分多少加入适量的水（最佳水分含量为35%~45%）。

机械加工：若是立式TMR搅拌车，可按日粮配方设计，将干草、青贮饲料、农副产品和精饲料等原料，按照"先干后湿，先轻后重，先粗后精"的顺序投入到设备中。卧式TMR搅拌车的原料填装顺序则为精料、干草、青贮、糟渣类。适宜装载量占总容积的65%~75%。加工时通常采用边投料边搅拌的方式，合理掌握搅拌时间，原则是确保搅拌后TMR中有15%~20%的粗饲料长度大于4cm，余下2~3cm为宜，在最后一批原料加完后再混合4~8分钟。

制作过程中要控制含水量，按照原料含水量、饲喂季节和投喂次数适当调整水分，一般TMR水分含量控制在35%～45%，含水量不足时可适当加水调整，过低或过高均会影响肉牛的干物质采食量。检查日粮含水量，可将饲料放到手心里抓紧后再松开，日粮松散不分离、不结块，没有水滴渗出，表明水分适宜。同时，优质的TMR饲料，从感官上，还应该混合均匀、新鲜不发热、无异味、不结块、无杂物等。

3. TMR饲喂

（1）投喂方法：牵引或自走式TMR混合机使用机械设备自动投喂，固定式TMR混合机需人工投喂。

（2）投喂速度：使用全混合日粮车投料，车速要限制在15km/h左右，控制放料速度，保证整个饲槽饲料投放均匀。

（3）投喂次数：一般每天投料2次，可按照日饲喂量50%分早、晚进行投喂，也可按照早60%、晚40%的比例进行投喂。增加饲喂次数不能增加干物质采食量，但可提高饲料利用效率，在两次投料间隔内要尽量翻料2～3次。

（4）投喂数量：每次投料前应保证有3%～5%的剩料量，防止剩料过多或缺料，以达到最佳的干物质采食量。料槽中TMR日粮不应分层，料底外观和组成应与采食前相近，发热发霉的剩料应及时清除。牛采食完饲料后，应及时将食槽清理干净，并给予充足、清洁的饮水。

4. 注意事项

（1）牛舍建设应适合全混合日粮投料车设计参数要求。每头牛应有0.5～0.7m的采食空间。

（2）检查电子计量仪的准确性，准确称量各种饲料原料，按日粮配方进行加工制作

（3）根据牛不同年龄、体重进行合理分群饲养。

（4）防止铁器、石块、包装绳等杂物混入搅拌车。

（二）普通饲喂技术

普通饲喂技术是指把精料和粗料、副料分开单独饲喂，或精料和粗料进行简单的人工混合后饲喂。在饲喂顺序上，应根据精粗料的品质、适口性，安排饲喂顺序，当肉牛建立起饲喂顺序的条件反射后，尽量不随意改动，否则会打乱肉牛采食的正常生理反应，影响采食量。一般的饲喂顺序为先粗后精、先干

后湿、先喂后饮。如干草—辅料—青贮料—块根、块茎类—精料混合料。在肉牛育肥的中前期，采取先粗后精的方式，尽量增加粗料的采食量，以锻炼牛的瘤胃使其发育充分，或者将精料均匀地撒在粗料上，促进牛的食欲，增加总采食量；在肉牛育肥的中后期，可采取先精后粗的方式，优先保证牛生长的必要营养，粗料自由采食。

第三节　肉牛差异化（专门化）育肥

肉牛育肥方式方法很多，在实际生产中往往将各种育肥方法相互交叠应用，即肉牛差异化育肥。实际生产中将差异化育肥分为成年牛育肥生产和中高等级育肥牛生产。

一、成年牛育肥生产

育肥牛为已成年的役牛、奶牛和肉用母牛群中的淘汰牛，一般年龄在2周岁以上，产肉率低，肉质差，经过育肥，使肌肉之间和肌纤维之间脂肪增加，肉的风味改善，并由于迅速增重，肌纤维、肌肉束迅速膨大，肉质明显变嫩，经济价值提高。

（一）育肥期营养需要

由于成年牛已停止生长发育，要增加体内脂肪的沉积，主要应增加能量饲料，其他营养物质，只要满足维持基本生命活动的需要，并使肌肉等组织器官恢复到最佳状态的需要即可。因此，在饲料供给上主要是能量饲料，其他营养物质需要量要少于育成牛。可参照肉用成年母牛育肥营养需要，在相同增重情况下，乳用品种牛需要增加10%左右的营养，公牛能量给量可低于母牛10%~15%，阉牛则低于母牛5%~10%。

（二）育肥方法

育肥前对牛进行健康检查，病牛应治愈后育肥；过老、采食困难的牛不要育肥；公牛可在育肥前10天去势，母牛可在配种后立即育肥。

成年牛育肥期以3个月左右为宜，不宜过长，因其体内沉积脂肪能力有限，满膘时就不会增重，应根据牛膘情灵活掌握育肥期长短；育肥季节以春、秋、冬三个季节为宜，夏季温度太高不适合老龄牛育肥。

膘情较差的牛，先用低营养日粮，1个月左右后调整到高营养日粮，按增膘程度调整日粮。生产实际中，在恢复膘情期间（即育肥第一个月）饲料转化效率比较高，增重很快。后期应以舍饲强制育肥为主，利用高能量日粮催肥，以达到改善肉质的目的。总之对老年牛进行短期育肥必须满足蛋白质、能量、矿物质和维生素的需求，这样才能达到育肥效果。

二、中高等级育肥牛生产

中高等级育肥牛是指按照特定的饲养程序，在规定的时间完成育肥，一般分为中高档红肉育肥生产、小牛肉育肥生产、小白肉育肥生产和大理石纹肉育肥生产。

（一）中高档红肉育肥生产

通过直线育肥或架子牛育肥方法，出栏月龄16～24个月，体重550kg以上、膘情中等以上的育肥牛所生产出来的牛肉称为中高档红肉。

1. 犊牛或架子牛的选择

选择专门化肉牛品种夏洛莱、利木赞或者乳肉兼用型品种西门塔尔等及上述肉用型品种同本地牛杂交改良的三、四代牛，入栏月龄为6～12月龄，健康状况良好，若本场直线育肥，体重200kg以上，若外购架子牛育肥，体重250kg以上。

2. 育肥方法

育肥方法参考直线育肥与架子牛育肥技术。

3. 饲养管理

依据牛生长规律和生产目标，将育肥期分为育肥前期和育肥后期。育肥前期牛只的体重一般在500kg以下；育肥后期牛只的体重一般在500kg以上，具体划分见表6-6。

表6-6　育肥牛生长阶段划分

阶段	起始月龄	始重（kg）	结束月龄	目标体重（kg）	目标日增重（kg）
育肥前期	6	200	15	500	1.0～1.5
育肥后期	15	500	18	550以上	1.2～1.7

（1）育肥前期

有条件的采用全混日粮饲喂技术；日给料2～3次，并保证自由饮水。这个时期育肥牛已完全适应各方面的条件，采食量增加，生长速度快，应增加精饲料的喂给量，粗饲料自由采食，以满足牛高速生长的需要。

（2）育肥后期

这个时期脂肪沉积加强，应调整日粮的能量和蛋白质比例，增加日粮中的能量饲料，减少日粮中的蛋白质饲料。精料饲喂比例逐渐增加，注意牛粪的形状，当发现牛粪成软便或有过料情况降低精料比例。育肥后期应补喂维生素A，防止夜盲症的发生。

（3）适时出栏

育肥5～10个月，膘情中等及以上、体重在550kg以上时出栏。出栏育肥牛膘情评定见表6-7。

表6-7　育肥牛膘情评定标准

等级	评定标准
上	肋骨、脊骨和腰椎横突起均不明显，腰角与臀端很丰满，呈圆形，全身肌肉很发达，肋部丰圆，腿肉充实，并明显向外突出和向后部伸延，背部平宽而厚实，尾根两侧可以看到明显的脂肪突起
中上	肋骨、腰椎横突起不明显；腰角与臀端不是很丰满，全身肌肉较发达，腿部肉充实，但突出程度不明显；肋部较丰满
中	肋骨不甚明显，脊骨可见但不明显，全身肌肉中等，尻部肌肉较多，腰角周围弹性较差
中下	肋骨、脊骨明显可见，尻部如屋脊状，但不塌陷，腿部肌肉发育较差，腰角、臀端突出
下	各部关节完全暴露，尻部塌陷，尻部、后腿部肌肉发育均很差

（二）小牛肉育肥生产

犊牛出生后饲养育肥到8～12月龄，体重达到300～350kg所产的肉，称为"小牛肉"。小牛肉肉质呈淡粉色、鲜嫩多汁、蛋白质含量高、脂肪含量低、营养丰富、风味独特，是一种理想的高档牛肉。

1. 犊牛的选择

生产小牛肉应选择早期生长发育速度快的牛品种，比如肉用牛公犊和淘汰母犊以及奶公犊。在国外，利用奶牛公犊生产小牛肉比较广泛。在我国一般选择初生重在35kg以上健康无病的西门塔尔高代杂种公犊和黑白花奶牛公犊生产小牛肉。

2. 育肥方法

初生犊牛要尽早喂给初乳，犊牛出生后3天内可以采用随母哺乳，也可以采用人工哺乳，但出生3天后必须改由人工哺乳，1月龄内按体重的8%~9%喂给牛奶或相当量的代乳料，1月龄后日喂奶量基本保持不变，维持在7.0~9.0kg。精料从7日龄后开始练习采食，以后逐渐增加到3kg/d。青干草或青草任其自由采食。小牛肉生产方案详见表6-8。

表6-8　小牛肉生产方案（kg）

周龄	体重	日增重	日喂乳量	配合饲料喂量	青干草喂量
0~3	40~59	0.6~0.8	5.0~7.0	自由采食	训练采食
4~7	60~79	0.9~1.0	7.0~8.0	0.1	自由采食
8~16	80~99	0.9~1.1	8.0	0.4	自由采食
11~13	100~124	1.0~1.2	9.0	0.6	自由采食
14~16	125~149	1.1~1.3	9.0	0.9	自由采食
17~21	150~199	1.2~1.4	9.0	1.3	自由采食
22~27	200~250	1.1~1.3	8.0	2.0	自由采食
28~35	251~300	1.1~1.3	—	3.0	自由采食

3. 管理要点

一是每日喂乳2~3次、温度控制在35℃左右，每次喂后彻底清洗盛奶用具。

二是犊牛1月龄后，营养需求应逐渐由以奶为主向以草料为主过渡。开始调教饲喂混合精料时，可用少量湿精料抹入犊牛口中或置于奶桶底。育肥期间，日喂料2~3次，为了提高增重效果并减少消化道疾病，应配制高热量易消化的肥育精料，并加入无抗性质的抑菌制剂。

三是1周龄左右开始饲喂少许干草，引诱犊牛采食粗饲料。

四是自由饮水，10日龄内饮水要求36~37℃的温开水，10日龄后常温水即可，但一般不低于15℃，并注意饮水卫生。

五是每天刷拭牛体2次、清粪2次，应控制犊牛不要接触泥土。

六是牛舍温度控制在15~22℃，相对湿度控制在50%~80%，夏季注意防暑降温、冬季解决好通风换气与维持舍内温度相对恒定的关系。

六是采取全进全出制，犊牛出栏后，牛舍空栏1周以上，并清洗消毒。严格执行犊牛免疫程序。

（三）小白牛肉育肥生产

小白牛肉是指犊牛生后至3~7月龄，极少甚至不用其他饲料，最大限度利用全乳或代乳品进行饲喂，体重达到120~160kg后屠宰生产的肉。小白牛肉肉质细嫩，味道鲜美，带有乳香气味，全白色或略带浅粉色，适用于各种烹调方法。小白牛肉生产成本相对较高，其价格也是一般牛肉的8~10倍。

1. 犊牛的选择

生产小白牛肉，可选择优良的肉用品种、乳用品种、兼用品种或杂交牛的牛犊，要求个体健康、初生重38~45kg、消化功能强、生长发育快。实际生产中，生产小白牛肉多选用不做种用的奶公犊。

2. 育肥方法

生产小白牛肉时，根据生产的产品类型不同所使用的饲料是不同的，可分为优等白肉生产和一般白肉生产。

（1）优等白肉生产

初生犊牛采用随母哺乳或人工哺乳方法饲养，保证尽早和充分吃到初乳，3天后完全人工哺乳，单纯以奶作为日粮，在幼龄期要注意奶的消毒、奶的温度，特别是喂奶速度。4周前每天按体重的10%~12%喂奶，5~10周龄喂奶量为体重的11%，10周龄后喂奶量为体重的8%~9%。可于奶中加入抗生素来抑制和治疗痢疾，但出栏前5天必须停止，以免肉中有抗生素残留。5周龄以后采取拴系饲养，90~120天，体重达到150kg出栏。

（2）一般白肉生产

单纯用牛奶成本太高，可用代乳料饲喂2月龄以上的犊牛，以节省成本，不过用代乳料增重效果不如全乳。用代乳料会使肌肉颜色变深，所以代乳料的组成必须选用含铁低的原料，并注意粉碎的细度。代乳料最好煮成粥状（含水80%~85%）晾到40℃饲喂。出现拉稀或消化不良，可加喂多酶、淀粉酶等治疗，同时适当减少喂量。饲养方案和代乳料方案见表6-9和表6-10。

表6-9　小白牛饲养方案（kg）

周龄	体重	日增重	日喂奶量	日代乳料	日喂次数
0 ~ 4	40 ~ 59	0.6 ~ 0.8	5 ~ 7	—	3 ~ 4
5 ~ 7	60 ~ 77	0.8 ~ 0.9	6	0.4（配方1）	3
8 ~ 10	77 ~ 96	0.9 ~ 1.0	4	1.1（配方1）	3
11 ~ 13	97 ~ 120	1.0 ~ 1.1	0	2.0（配方2）	3
14 ~ 17	121 ~ 150	1.0 ~ 1.1	0	2.5（配方2）	3

表6-10　生产白肉的代乳料配比例（%）

配方号	熟豆粕	熟玉米	乳清粉	糖蜜	酵母蛋白粉	乳化脂肪	食盐	磷酸氢钙	赖氨酸	蛋氨酸	多维	微量元素	鲜奶香精或香兰素
1	35	12.2	10	10	10	20	0.5	2	0.2	0.1	适量	适量	0.01 ~ 0.02
2	37	17.5	15	8	10	10	0.5	2	0	0		适量	

说明：配方1可加土霉素药渣0.25%，两配方的微量元素不含铁。

　　育肥期间日喂3次，自由饮水，水温控制在20℃左右，严格控制喂奶速度、奶的卫生及奶的温度等，以防消化不良，若消化不良可酌情减少喂料量并给药物治疗。5周龄后拴系饲养，尽量减少运动，做好防暑保温工作，经180 ~ 200天的育肥期，体重达到250kg时可出栏。

（四）大理石纹肉育肥生产

　　大理石纹肉是指脂肪沉积到肌肉纤维之间，形成明显的红白相间状似大理石花纹的牛肉，这种牛肉香、鲜、嫩，是中西餐均宜的牛肉。中高档红肉和大理石纹牛肉的区别是：中高档红肉中的粗脂肪含量一般不超过16%，风味、多汁性和嫩度接近大理石纹牛肉；大理石纹牛肉中的粗脂肪含量一般在16%以上，风味浓香、质地细嫩，粗脂肪含量超过28%时习惯上称作"雪花牛肉"。我国牛肉等级标准规定：牛肉大理石花纹的测定部位为第12、13肋骨眼肌横截面，以大理石花纹丰富程度为标准划分，一般来说，大理石花纹越多越丰富，表明牛肉越嫩，品质越好，价格也越高。辽育白牛理石肉、肌肉、脂肪色的等级评定也制订了相应标准，详见彩图所示。

1. 育肥牛的选择

　　外来品种中以安格斯、日本和牛、西门塔尔和海福特等品种较佳；我国地方良种黄牛如鲁西黄牛、延边牛、秦川牛等与上述外来品种的低代改良牛也适合生产大理石纹肉。入栏月龄一般12月龄以下较好，公牛去势有利于脂肪沉积，脂肪颜色偏浅，一般去势越早越好。

2. 育肥牛的饲养

（1）日粮

育肥分三期进行，即育肥前期（7~12月龄）、育肥中期（13~22月龄）和育肥后期（23~28月龄）。每个育肥阶段日粮配比见下表6-11。

表6-11　每个育肥阶段日粮配比表

育肥期	日粮粗蛋白质含量（%）	钙（%）	磷（%）	维生素A含量（国际单位/kg）	精料补充料饲喂量占体重比（%）	粗饲料种类
育肥前期	13~15	0.5~0.7	0.25~0.40	2000~3000	1.0~1.2	优质青绿饲料、青贮饲料和青干草
育肥中期	14~16	0.4~0.6	0.25~0.35	2000~3000	1.3~1.4	颜色较浅的干秸秆
育肥后期	11~13	0.3~0.5	0.25~0.30	—	1.5~1.6	颜色较浅的干秸秆

（2）饲养方式

可采用小围栏饲喂，舍栏连通饲喂和全天拴系定时饲喂等方式。若为了保证牛的健康水平和出栏价格，推荐全期采用小围栏饲喂或舍栏连通饲喂方式；若为了保证日增重和增加脂肪沉积，推荐育肥中前期采用小围栏饲喂或舍栏连通饲喂方式，育肥后期采用全天拴系定时饲喂方式。

（3）饲喂方法

①日喂次数。每日喂3次，须定时、定量投喂饲料，喂量以每次吃尽吃饱为宜。饮15~29℃清洁的温水，每日饮水3~4次。

②饲喂方法。最好的方法是把粗料和青粗料辅料混合成"全混合日粮"饲喂，这种处置可减轻牛挑食、待食，牛采食速度快，采食量大，由于各种饲料混合食入，不会产生精粗饲料比例失调，由于每顿食入日粮性质、种类、比例均一致，瘤胃微生物能保持最佳的发酵区系，使饲料转化率达到最佳水平。

（4）日常管理

①生产记录。认真完善生产记录、出入牛场的牛称重记录、日粮监测和消耗记录、疾病防治记录。

②分群。牛群必须按性别分开，母牛能受胎者，应按育肥期长短安排其受胎。若用激素法使母牛处于类似妊娠状态，则出栏前10天必需终止处理，以免牛肉中残留激素。

③隔离观察。新购进牛，要在隔离牛舍观察10～15天，才能进入育肥牛舍。在隔离牛舍中，若牛体况较弱，应先驱虫和消除应激，恢复膘情后再做免疫；若牛体况较好，应先做免疫，10天后再驱虫和消除应激。发现疑似传染病及时隔离。按牛的应激程度和恢复情况酌情控制辅料和精料投喂，一般前几天以不喂辅料和精料，待牛适应新环境和新饲料以后，逐日增加辅料和精料喂量，以便取得最优效果。

④消毒。育肥牛舍每天饲喂后清理打扫一次，保持良好的清洁状态，牛体每天刷拭1～2次，夏天饲槽每周用碱液刷洗消毒一次。牛出栏后，牛床彻底清扫，用石灰水、碱液或菌毒灭消毒一次。场门、生产区、牛出入口、消毒池，药液经常更换（2%的氢氧化钠溶液）。出入大门人员车辆应进行消毒。严格控制非生产人员进入牛舍，周围有疫情时，禁止外来人员进入。

第七章 种公牛饲养及冷冻精液生产

第一节 种公牛饲养与管理

一、后备公牛选择

选择确定后备公牛是培育种公牛的第一步，也是选择优秀种公牛的基础。后备公牛的初选月龄为10~15月龄，不宜过小或过大，目前比较常用的有以下几种方式，但实践中往往几种方式并用。

（一）系谱选择

系谱选择就是根据双亲和祖代的生产性能、育种指标等相关表现进行选择，主要看其亲本各阶段的初生重、体尺、体重和增重、肉用性能等性状表现。一般地，亲本表现好，其后代表现好的概率更大。采用系谱选择时，要求小公牛系谱资料完整，三代血缘关系清楚，父本表现好。

（二）个体表型选择

个体表型选择就是根据小公牛自身的性状表现进行选择。主要根据以下几种性能表现确定。

1. 肉用性能

主要依据小公牛的初生重、断奶重、日增重等指标。牛的肉用性能受遗传和外界条件两方面影响，其遗传力中等，如初生重遗传力0.35~0.45。在选择时，要综合遗传和外界条件两方面因素，初生重不宜过大，但断奶重和日增重指标要求表现良好。

2. 体形外貌

体形外貌是肉牛产肉性能的外在表现。在选择时要突出无外貌缺陷，体形匀称、四肢粗壮、体长、背腰宽平直、胸宽深、后躯宽平。同时，要求小公牛头短、额宽，颈短粗，被毛颜色及体态特征符合本品种标准。

3. 繁殖性状

睾丸发育良好，无隐睾。观察睾丸可隐约看见附睾，左右分界线明显，皮薄、毛稀，质地松软。选择睾丸大、睾丸发育与身体增长速度呈正相关的公牛留种。

4. 适应性与抗病力

主要是选择对外界条件有较好的适应能力，身体健康，不易患病，无重大传染性疾病，爬跨反应正常的个体。

（三）全基因组选择

全基因组选择是一种利用覆盖全基因组的高密度标记进行选择育种的新方法，可用于后备公牛的早期选择，准确性高，一般可达70%以上，通过这种选择方式挑选优秀种公牛的概率更高，但成本相对较高。

二、种公牛饲养管理

对种公牛进行科学的饲养管理，是保持种公牛体质健康、种用状况良好的一项重要工作。

（一）营养需要

1. 犊牛期的营养需要

种公牛在犊牛期生长发育较快，本阶段营养水平直接关系其生长发育水平，对成年后的体形外貌和种用性能都会产生直接影响。因此，要高度重视犊牛期的培育，在不同发育阶段提供不同营养水平的日粮（表7-1）。

2. 育成期和成年种公牛营养需要

育成期种公牛的生长发育快，特别是肌肉的发育快，而成年种公牛的繁殖任务重。所以要重视育成期的培育和成年后的营养供应（表7-2），特别要注重

营养搭配。在保持正常能量需要的同时，要注意在寒冷季节增加能量补充；要保证日粮中的蛋白质、维生素A、维生素E水平，维持种公牛繁育生产的需要；要保持日粮中钙磷的水平及锌等微量元素的供应。

表7-1 公犊牛生长发育营养需要

体重（kg）	增重净能（MJ）	粗蛋白（g）	钙（g）	磷（g）	维生素A（IU）
75	9.83	380	19	10	4000
100	14.10	480	26	13	6000
150	19.33	870	30	15	11000
200	24.89	930	33	17	13000
250	28.79	990	40	20	15000

表7-2 育成期和成年期种公牛的营养需要

体重（kg）	增重净能（MJ）	粗蛋白（g）	钙（g）	磷（g）	维生素A（IU）
300	32.51	1060	42	22	12000
400	41.13	1200	32	30	16000
500	37.36	1090	36	32	30000
600	37.36	1080	34	34	36000
700	35.40	1070	32	32	42000
800	63.43	1084	36	27	48000
900	69.29	1184	39	29	54000
1000	75.02	1282	42	32	60000
1100	80.54	1376	45	34	66000

（二）日粮

1. 犊牛期的日粮要求

犊牛期（6月龄前），应以哺乳或人工喂乳为主，精、粗饲料为辅。1周内保证犊牛吃足初乳；1周后将母牛反刍出来的未完全消化的草团喂给犊牛，或与成年牛一起采食精、粗饲料，诱发其瘤胃内产生有益菌群，达到及早开食的目的。30天后精料逐步增加到1kg/天，6月龄时精料2.5～3kg/天（占体重的0.5%）。犊牛期日粮干物质占体重的2.2%～2.5%为宜，精∶粗=40∶60，蛋白质≥18%、纤维≥13%、钙0.7%、磷0.35%。

2. 育成阶段日粮要求

公牛在育成阶段（7～18月龄），每天喂优质干羊草6kg左右（占体重的1%～1.2%），精料补充料2.5～3.5kg/天（约占体重的0.5%），夏秋季可补充适当的青绿饲料如苜蓿，冬春季补充适当胡萝卜，以保证营养均衡。育成阶段日粮中的干物质采食量占体重的1.5%～1.8%，精∶粗=40∶60，蛋白质≥18%、纤维≥15%、钙0.45%、磷0.3%。

3. 成年阶段的日粮要求

19月龄到3岁以前，由于种公牛还处在持续的生长发育阶段，因此必须保证足够的营养。日粮中干物质采食量占体重的1.5%～1.7%；饲料干物质含消化能9MJ/kg，精∶粗=30∶70，含粗蛋白质17%、粗纤维15%、钙0.45%、磷0.3%。在饲喂控制上，每日饲喂优质羊草9～10kg，精料补充料4～4.5kg，夏、秋季补充青绿苜蓿1kg，冬、春季补充胡萝卜1.5kg。3岁以后，除正常维持需要外，还需要保证种公牛正常繁殖生产时的营养需要。日粮中干物质采食量占体重的1.5%～1.7%；饲料干物质含消化能9MJ/kg，精∶粗=30∶70，夏、秋季含粗蛋白质17%、冬、春季含粗蛋白质18%、粗纤维15%、钙0.45%、磷0.3%，即夏秋季采用高能低蛋白，冬、春季采用高蛋白低能量。在饲喂控制上，每天饲喂优质羊草10～12kg，精料补充料4.5～5.5kg，夏、秋季补充青绿苜蓿1～1.5kg，冬、春季补充胡萝卜1.5～2kg。

（三）饲喂

1. 犊牛期的饲喂

犊牛应在出生后2小时内吃上初乳。第一次喂量不低于2kg（第一次给初乳量占犊牛体重的4%～5%），保证犊牛在出生24小时内喂初乳量要达到体重的12%～15%。尤其在刚出生3天内喂初乳量要达到15～18kg。出生后的4～7天，可按体重1/8～1/6喂给初乳，每日分3次喂给，每次间隔时间基本相同。同时，入口奶温要控制在37～38℃。如遇母牛产后患病或死亡，应饲喂同期分娩母牛的初乳。如没有同期分娩母牛初乳，则要喂人工初乳。肉牛犊牛出生后自由哺乳，保证其尽早吃到初乳。

犊牛出生7天后，进入常乳期，可实施自然哺乳。如果实施人工哺乳，要做到定时、定量、定质、定温、定人饲喂，一般按以下方法操作。

定时：定时是指每日喂奶的时间固定。

定量：即建议犊牛在6个月哺乳期内哺乳量为1125kg。其日喂给量为从出生至3月龄7.5kg/天；4~6月龄5kg/天。

定质：定质是指保证乳汁的质量，切忌饲喂劣质或患病母牛的乳汁。

犊牛期要做到早开食。出生第一周内，犊牛要随母牛舔食精料或人工喂给精料，第二周使用开食料、犊牛料补饲，第二、三周补饲优质干草，也可饲喂适口性好的全混合日粮。同时，要始终保持犊牛充足清洁的饮水。

2. 育成期的饲喂

进入育成期，对小公牛应选较为固定的时间饲喂，每天饲喂2~3次，保证牛有充分的反刍、休息时间。饲喂量应根据体重、体况、日增重、季节、环境温湿度变化、采精做适当调整。精料补充料、粗饲料、青绿饲料、饮水质量合格，相对稳定，不频繁更换，如更换应有两周的缓冲期，特别是粗饲料要保证优质，定量限制饲喂，不可自由采食，以预防"草腹"。

3. 成年种公牛的饲喂

对成年种公牛的饲喂，要定时、定量、定质、定人。定时是要求每天在早晨、中午和晚上固定的时间饲喂。各次饲喂时间范围为每次饲喂时长为1~1.5小时。定量是指种公牛每次饲喂采食时，饲喂羊草3~4kg，精料补充料1.5~1.8kg。饲喂时，按先精后粗次序，做到少喂勤添。定质是指所喂给种公牛的饲料质量符合饲料质量要求，做到有异味的不喂，发霉变质的不喂，含杂质和异物较多且无法剔除的不喂。定人是要求保证种公牛的饲养人员稳定，减少饲养人员变换给种公牛带来的应激反应。

种公牛饲喂过程中，要根据季节变化和种公牛繁殖生产的强度，适时调整营养水平。在保证羊草饲喂量的前提下，炎热季节特别是休采期，每日的精料补充料饲喂量比常规量减少1kg左右；冬季和初春，每日的精料补充料饲喂量比常规量增加0.5~1kg。每季度称重1次，根据称重结果适当调整营养水平，以维持正常采精体况。如果调整精料补充料配方、更换饲草，要有1周左右的过渡期。过渡期内，逐渐减少原使用的精料和饲草的饲喂量，逐渐增加变更后的精料和饲草的饲喂量。如果过渡期内牛群的应激较强，可适当增加过渡期5~10天。

保证种公牛充足清洁的饮水，冬季不饮冰水，水温不低于8℃。

（四）日常管理

1. 犊牛期管理

犊牛期的管理要注意以下几方面。

（1）去角。安排在初生后的7～10天，采取电烙铁或火碱破坏角的生长点。去角的公牛更方便管理。

（2）固定人员。保持人员的相对固定，可减少换人给犊牛带来的应激反应，使犊牛健康发育。

（3）做好常见病防治。犊牛期患病，极易导致犊牛生长发育延迟或死亡，常见病如犊牛下痢、肺炎等，因此要制订并施行严格的犊牛饲养管理操作规程，做好犊牛卫生管理，对患病犊牛及时治疗。

2. 育成期管理

育成期是小公牛性格培育、开展采精训练的最佳时期，要给予高度重视。12月龄左右，依据小公牛鼻镜大小及时佩戴适宜大小的鼻环，以方便对小公牛的管理。饲养员不得体罚小公牛，要经常给小公牛刷拭，训练人牛亲和力。小公牛达到15～16月龄，要进行采精调教，养成良好的采精习惯，包括带小公牛熟悉采精场地，观摩采精，进行爬跨和采精训练等，一般采精频次安排每周采精2次，每次采精1回。

在采精训练过程中，发现小公牛不爬跨、无性欲的，要及时查找原因，确实不能继续利用的，要及时做淘汰处理。

3. 成年种公牛的管理

成年种公牛的管理，一般要注意以下几点。

（1）做好日常观察。随时注意观察种公牛的精神状态、粪便状态、肢蹄情况、生殖器官状态、采食和饮水状态等情况，发现异常及时报告，需要护理治疗的要及时安排。

（2）保持运动。种公牛应有足量的运动，以保持健康的种用体魄。可采取自由运动、旋转运动等方式。对体态过肥、四肢负重大、性情迟钝的牛只，要进行强制运动，每天运动2～3小时。患肢蹄病公牛的运动量应严格按照兽医要求执行。

（3）经常刷拭。对种公牛刷拭，可保持牛只体表清洁卫生，促进体表血液循环，增进人牛之间的亲和力。每天刷拭1次，每次5～10分钟。初春、晚秋、冬季采取干刷，晚春、夏季和初秋可以淋水刷拭。

（4）肢蹄保健。健康的肢蹄是保证种公牛发挥种用性能的重要保证之一。肢蹄健康出现问题，轻则影响冻精生产，重则导致种公牛淘汰。因此要高度重视种公牛的肢蹄保健。日常管理中，要做好地面异物清理、防滑工作；加强日常种公牛肢蹄状态观察，发现跛行、蹄裂、蹄变形、站立困难等症状，及时进行修蹄、治疗和护理。为做好蹄部保护，每周可使用4%的$CuSO_4 \cdot 5H_2O$进行1～2次浴蹄；每年春、秋两次对蹄部进行全面修整。

4. 其他

做好极端天气下种公牛的管理，特别是要做好夏季防暑、冬季防寒管理，遇强雨雪、雷暴、大风、雾霾等极端天气，要提前做好防护。严格做好日常防疫工作，做好常见病治疗。为养成良好的脾气秉性，防止种公牛形成恶癖，饲养员不得体罚种公牛。

第二节　冷冻精液生产技术

牛的冷冻精液生产包括采精、精液品质检查、精液稀释、分装、降温与平衡、冷冻、冻精检查、包装、贮存与运输等基本环节。

一、精液的采集

采精是关系人工授精成败的首要技术环节。认真做好采精前的准备工作，正确掌握采精技术，科学安排采精频率，是保证采集大量优质精液和保持种公牛健康的重要条件。

（一）采精前的准备

1. 器具的清洗和消毒

生产冷冻精液所使用的各种器具，应力求保证清洁无菌，使用前必须经过严格的清洗消毒。

（1）玻璃器皿　使用后或新购置的玻璃器皿，先在中性洗涤剂温水中浸泡30分钟以上，刷拭后用清水冲洗干净，然后放入电热鼓风干燥箱中加热至160℃

后再恒温30分钟，自然冷却后备用。

（2）假阴道　首次使用或使用后的假阴道，先用清水冲去表面污物，在中性洗涤剂的热水中用长毛刷刷洗，然后用清水冲洗干净。洗净后的假阴道注水口朝下堆放在架子上，其上覆盖清洁纱布，摆放在通风处晾干，用长柄钳子夹75%酒精棉球（脱脂纱布）由里向外擦拭消毒内胎，间隔20分钟重复消毒一次，待酒精挥发后备用。漏斗洗净后放入烘干箱中（70~75℃）消毒或晾干后用75%酒精消毒，待酒精挥发后备用。

（3）金属器具　气阀、涂油棒、细管剪、镊子等金属器械洗净干燥后，用75%酒精擦拭消毒，待酒精挥发后使用。

2. 稀释液的配制

（1）稀释液配方

配方一　卵黄—Tris

第一液：Tris 1.36g，柠檬酸0.76g，果糖0.38g，乳糖1.5g，棉子糖2.7g，蒸馏水80mL，卵黄20mL，链霉素60mg，青霉素6万单位。

第二液：取第一液87mL+甘油13mL。

配方二　卵黄—柠檬酸钠

第一液：蒸馏水100mL，柠檬酸钠2.97g，卵黄10mL。

第二液：取第一液41.75mL，加入果糖2.5g，甘油7mL。

配方三　卵黄—柠檬酸钠

第一液：2.9%柠檬酸钠80mL、卵黄20mL。

第二液：2.9%柠檬酸钠和2.5%果糖溶液70mL、卵黄20mL、甘油10mL。

上述稀释液，每100mL加入青霉素、链霉素各5万~10万IU。

（2）稀释液配制方法

准确称量试剂，加入蒸馏水溶解、过滤、消毒（保持30分钟巴氏消毒），自然冷却后，加入甘油、卵黄青霉素和链霉素，用磁力搅拌器充分搅拌。

精液可按一步或两步稀释。两步稀释先用第一液与精液相混合，冷却至5℃后再加入等体积的第二液。如果一步稀释先等体积混合第一液与第二液制成完全稀释液，再加入精液中至最终稀释量。目前，生产上普遍使用进口商品化的专用浓缩稀释液。如法国IMV（卡苏）公司OPTIXcell稀释液、Optidyl稀释液；

德国Minitube（米尼图）公司AndroMed稀释液。清晰度高，冷冻效果好，按照使用说明添加蒸馏水配成稀释液。

表7-3　配方一稀释液配制方法

基础液	第一液	第二液
Tris（g）2.42	基础液（mL）87.2	基础液（mL）87.2
柠檬酸（g）1.36	蒸馏水（mL）12.8	
果糖（g）1.0		甘油（mL）12.8
卵黄（mL）20	总计（mL）100	总计（mL）100
蒸馏水（mL）87.2		

3. 润滑剂的准备

新配制的润滑剂（凡士林与液体石蜡按1：1的比例调制），溶解后混合均匀，隔水煮沸20～30分钟；使用后的润滑剂置于62～65℃水浴锅中消毒30分钟，自然冷却后备用。

4. 假阴道的准备

（1）假阴道的结构

假阴道是模仿母牛阴道环境条件而仿制的人工阴道。由外壳、内胎、漏斗、集精管、气嘴和固定胶圈等基本部件组成（图7-1）。外壳为一黑色硬橡胶制成的圆筒，长度为28.5cm，内径为5.5cm。中部有注水孔，可由此注水和充气。内胎由橡胶或乳胶制成，分为光面和螺纹面。在外壳一端连接橡胶漏斗，在漏斗上连接有刻度的集精管。

（2）假阴道的安装与调试

①检查。安装前需仔细检查外壳、内胎、集精管等部件是否有裂口、破损、沙眼等，使用前确保假阴道不漏水、不漏气。

②安装。安装假阴道时，先把内胎装入外壳内，露出的两端长短相等，向外翻转套在外壳两端，并用胶圈固定。上好的内胎要求松紧适度，平直无斜扭的褶襞。

③灌水。由注水孔注入50～55℃温水，注水量达到2/3时，停止注水并拧紧注水阀螺丝。用消毒纱布将假阴道口裹好，放置于44～46℃的恒温箱内。

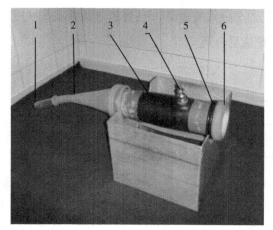

1.集精管　2.漏斗　3.外壳　4.气嘴　5.胶圈　6.内胎

图7-1　卡苏式假阴道

④润滑。采精前将假阴道从恒温箱中取出，套上保护套。内胎的前2/3至外口周围均匀涂擦适量润滑剂。青年公牛用光面内胎的假阴道，成年公牛可用螺纹面内胎的假阴道。

⑤调压。注入水和空气来调节假阴道压力。注水后如果压力不足，可由气孔充入少量空气，调节压力，使假阴道入口处内胎呈"三角形状"（图7-2）。

图7-2　充气后内胎开口形状

⑥测温。用温度计测定假阴道内壁温度，采精时假阴道内壁温度控制在38～40℃。根据季节和不同的牛，温度可做适当调整，最高不超过43℃。

公牛完成正常的射精过程，需要具备三个条件：温度、压力和润滑度。因此，安装好的假阴道，必须具有适宜的温度，恰当的压力和一定的润滑度等基本条件。如果温度过低则不能刺激公牛性欲，温度过高则会烫伤公牛阴茎，也会影响精子活力。如果压力不足，公牛不射精或射精不充分；反之压力过大，不仅妨碍公牛阴茎插入和射精，还可能造成内胎爆裂和精液损失。如果润滑度不够，公牛阴茎不易插入并有摩擦痛感；如果润滑剂过多，则往往会混入精液影响品质。

5. 采精场所的准备

采精应有良好的固定场所与环境，以便公牛建立起稳固的性条件反射。采精场所应宽敞、明亮、清洁、安静，四周建造安全护栏，护栏内设有采精架，以用于保定台牛供公牛爬跨采精。在采精厅的角落设观察圈栏，使公牛可以看到其他公牛采精时的全过程。采精场所的地面应平坦、防滑，最好是粗糙的水泥地面，若能在公牛经常爬跨的地面上放置一些橡皮垫更好。采精场所要有畅通的排水设施，并附有冲洗公牛包皮、冲刷地面、喷洒消毒、照明和紫外线照射杀菌设备。采精场的面积为400～600m²，高度4～5m为宜。

如果有充足的地方，应当在采精场所之外建造几个采精点。在新的采精场所为一些公牛采精，可极大地改善性欲。对于多年饲养的公牛，不应总在同一地点采精，改变一点采精环境对这类公牛的性准备活动是非常重要的。

6. 台牛的准备

采精时用活台牛效果最好，台牛应选择体格健壮、性情温顺、体形适中的牛。采精前将台牛保定在采精架内，其尾系于台牛体左侧，臀部特别是尾根、阴部、肛门部位应确保清洁卫生。

7. 采精公牛的准备

公牛卫生条件好，精液污染机会就少。采精前必须保持公牛的清洁，公牛体表应刷拭干净，刷刨外阴，阴毛过长应适度修剪，长度以3～4cm为宜。采精前非必要不需为每头公牛清洗包皮，因清洗不净还可能传播疾病。如包皮确需冲洗的，冲洗干净30分钟后才可进行采精操作。

8. 公牛的性准备

采精前的性准备与采精量和精液品质有着密切关系，应采取有效方法进行诱导，使公牛保持充分的性兴奋和性欲。

当公牛靠近台牛时，应采取控制措施，不让公牛立即爬跨，使其充分排泄副性腺。当公牛爬跨时，采精员应立即上前用手托住包皮将阴茎导向一边以避免与台牛身体接触，并让公牛在台牛背上呆3～5秒，然后拉下来。在完成一、二、三次诱引爬跨后，允许公牛爬跨并让其将精液射入假阴道内。老牛、患肢蹄病和性欲差的公牛不易进行空爬。促使公牛达到性兴奋所需的时间变化很大，如果台牛不能在5分钟内促使某一头公牛爬跨，应将公牛和台牛移动到另一位置。若移动后公牛仍不爬跨，应调换台牛，不断更换位置和台牛直到公牛爬跨为止。

（二）采精技术

公牛采精常用的方法是假阴道法。假阴道是模仿母牛阴道环境条件的人工阴道，诱导公牛射精而采集精液的方法。采精时应当将性欲高爬跨快的公牛与性欲低爬跨慢的公牛交替进行，如果采精场所足够大，而且有足够的人手，应同时让2～3头公牛进入准备，这样可以给爬跨慢的公牛额外的性刺激。

1. 青年公牛的采精

肉用公牛性欲较低，正式采精前必须经过一段时间的调教训练。初试采精的青年公牛，先拴在已调教好的公牛附近或观察围栏内观摩采精过程，引起公牛性欲再诱导其爬跨，爬上去即拉下来，这样反复多次，待公牛性欲达到高潮时，再诱导其爬跨采精。初次爬跨成功后，要连续地多次重复训练，才能建立起巩固的条件反射。对于不爬跨的公牛，可在台牛后躯涂抹公牛尿液或废弃精液诱导其爬跨。对于胆怯的公牛，可用布蒙上眼睛训练爬跨。

2. 成年公牛的采精

采精时，将公牛引至台牛后面，采精员手持假阴道站在台牛的右后方。当公牛爬跨台牛的瞬间，迅速将假阴道靠在台牛尻部，使假阴道的长轴与公牛阴茎伸出方向一致，用左手托着包皮，双手配合把阴茎自然导入假阴道（图7-3）。当公牛射精完毕从台牛上跳下时，假阴道应紧随公牛阴茎移动，当阴茎缩回后立即将假阴道口斜向上方，打开气阀，以便精液流入集精管内，小心地取下集精管，迅速送到精液处理室。

图7-3　公牛假阴道采精

值得注意的是，①公牛对假阴道的温度比压力更为灵敏。因此，温度要更准确，通常情况下为38～40℃，但根据公牛的具体情况，温度可作适当调整。②公牛的阴茎非常敏感，在向假阴道内导入时，切勿用手直接抓握阴茎。③采精时，手持假阴道让公牛阴茎自然触及内胎，这样可引起公牛射精，不能用假阴道去套阴茎（俗称"带帽"）。④公牛射精时间短，只有数秒。因此，采精动作力求迅速、敏捷、准确，并防止阴茎突然弯折而损伤。⑤安装好的假阴道只能使用一次，不能重复使用。

（三）采精频率

采精频率是指每周对公牛的采精次数。科学安排公牛的采精频率，对维持公牛正常性机能、保持健康体况和最大限度地提高采精数量和质量是十分必要的。

采精的频率必须依牛而异。一般情况下，青年公牛18月龄以后开始采精，每周采精1次，每次1回。成年公牛24月龄以后开始采精，每周采精2～3次，每次可连续采精2回，其间隔时间在30分钟以上。公牛视年龄、身体状况增减次数，采精充分（集精管内泡沫丰富，精液量大且稠密）的公牛不易连续采精2回。

采精频率取决于射精量和密度。有效的采精管理要求导牛员、采精员和实验室检测人员之间的默契配合。实验室检测人员应将每头公牛每次射精后采集到的精液密度和射精量检测结果报告给所有采精员，以便采精员决定每头公牛的射精和采精次数。一般情况下，公牛第一次射精采集的精液密度为每毫升15

亿~22亿个精子，如果后来射精其精子密度超过每毫升10亿个精子，就考虑第二次采精。

二、精液品质检查

精液品质检查是为了鉴别精液品质优劣。评定的各项指标既是确定精液稀释、保存的依据，同时还能反应公牛饲养管理水平和生殖器官机能状态，以及精液在稀释、冷冻、保存和运输过程中的品质变化及处理结果。

（一）外观检查

主要观察精液的色泽、气味及是否有脓性分泌物等。

1. 颜色

公牛精液一般为不透明的乳白色或灰白色，但也有少数公牛的精液呈淡黄色。淡黄色属于正常颜色，对精液质量无影响。如果精液呈鲜红色、褐色、暗绿色、黄色，说明混有鲜血、陈血、脓汁或尿液。颜色异常的精液应废弃，立即停止采精，查明原因。

2. 气味

正常的精液略带腥味，另有微汗脂味。气味异常常伴有颜色的变化，这样的精液也应废弃。

3. 杂质

指精液内混有异物，如被毛、脱落上皮、生殖道的炎性分泌物、润滑剂或尘土、粪渣等。如发现有杂质应及时处理或废弃。

（二）活力评定

精子活力是指在37℃环境下前向运动精子占总精子数的百分率，它是精液品质评定的重要指标之一。一般精液在采集后、稀释后、冷冻后、保存和运输后、输精前都要进行检查。

1. 检查方法

检查精子活力使用相差显微镜，放大400倍。显微镜应设置恒温载物台或配置恒温板，保持37~38℃效果最好。取一滴（10μL）精液于载玻片上，加盖盖玻片，放在镜下观察。每个样品观察三个以上视野，并观察每个视野内不同层面的精子运动状态，取平均值。密度大的精液先用生理盐水或稀释液稀释后再制成压片，这样检查时可以比较清晰地看清单个精子的运动状态。

2. 评定

精子活力用百分率或相应数值表示，例如75%或0.75。按照牛冷冻精液标准（GB 4143—2008）的规定，新鲜精液精子活力不低于0.65。

（三）密度测定

精子密度是指每毫升精液中所含有的精子数量。目前，国内公牛站主要使用法国和德国的精子密度测定仪设备。如法国IMV（卡苏）公司AccuCell密度仪。AccuCell密度仪是IMV（卡苏）公司为满足实验室生产精液的需求而量身打造的一款生产用精液密度仪，直接读取密度，自动计算添加的稀释液的剂量和可生产的精液份数。密度仪自动校对、测定精度高、性能稳定。按照牛冷冻精液国家标准的规定，鲜精密度不小于6亿/mL。

（四）采精量测定

采精量是指公牛一次采精时排出的精液量。传统目测法——用肉眼直接观看集精管刻度确定精液量，然而当精液上面有大量泡沫时很难读准刻度值。近年来，一些单位开始使用电子秤称重来确定精液体积——称重法。将盛有精液的集精管置于电子秤上称重（精确到0.1g），集精管重量（精确到0.1g）应预先称取。称量法的优点是对精液的总量称重确定，比目测集精管刻度确定精液总量更为精确。

计算公式如下：

$$L = \frac{M-P}{1.04}$$

式中：L——精液量，单位为毫升（mL）；

M——装有精液的集精管重量，单位为克（g）；

P——集精管重量，单位为克（g）；

1.04——精液比重，单位为克/毫升（g/mL）。

三、精液稀释、罐装、平衡与标识

（一）稀释倍数的确定

精液进行适当的稀释可以提高精子的存活率，如果稀释倍数超过一定限度，精子存活率就会随倍数的提高而逐渐下降。精液的稀释倍数应根据活力、密度、每个输精剂量实际要求的精液容量和有效精子数确定。

计算公式如下：

$$X = \frac{Y \times M \times V}{Z}$$

式中：X——精液的稀释倍数；

     Y——精液密度；

     M——冻精解冻后的预测活力；

     V——精液容量；

     Z——有效精子数。

牛冷冻精液微型细管的容量为0.25mL（实际容量为0.23mL），直线向前运动的精子数不低于800万个，解冻后活力不低于0.35。

则0.25mL细管形冷冻精液稀释倍数：

$$X = \frac{精液密度（亿个/mL）\times 冻精活力（\geqslant 0.35）\times 0.25mL}{800}$$

例如：某公牛采精量9mL，原精活力0.8，密度12亿个/mL，预测解冻后精子活力0.4，使用细管剂形0.25mL，按照牛冷冻精液标准（GB 4143—2008）的规定。

精液稀释倍数和应加入的稀释液量：

$$X = \frac{12亿个/mL \times 0.4 \times 0.23mL}{800} = 13.8（倍）$$

（二）精液的稀释方法

精液稀释的方法有两种，即一次稀释法和两次稀释法。选择合适的稀释液，按照精液的稀释方法进行稀释。

1. 一次稀释法

按照精液稀释的要求，将含甘油的稀释液按一定比例加入精液中。目前，为了简化生产程序大多采用一次稀释法。

2. 两次稀释法

同温条件下，先用不含甘油的第一液加入精液至稀释总量的1/2，经1.5～2小时缓慢降温至3～5℃，然后用含甘油的第二液在同温下作等量的第二次稀释。

（三）精液稀释的技术要点

精液稀释是在精液中加入一定量按特定配方配制、适宜于精子存活并保持受精能力的稀释液。精液稀释是充分体现和发挥人工授精优越性的重要技术环节。精液稀释应掌握以下技术要点：

①采集的精液应迅速置于32～34℃恒温水浴箱中，以防温度变化。

②精液采集后应尽快稀释，存放时间不宜超过30分钟，并尽量减少与空气的接触。

③稀释时避免阳光直射精液。

④稀释时稀释液和精液等温或略低于精液温度。

⑤稀释时应将稀释液加入到精液中，不要把精液直接倒入稀释液中。

⑥稀释时把稀释液沿杯壁缓缓加入精液中，沿一个方向轻摇混匀。

⑦如做高倍稀释，先做3～5倍的低倍稀释，然后再做高倍稀释，以防稀释打击。

⑧稀释后，静置10秒左右，再做活力检查。

（四）精液的稀释、罐装与平衡

稀释前，凡是接触精液的器皿均应放在34℃恒温箱中，稀释液置于32℃恒温水浴箱中浴热。

1. 一次稀释方法

室温（15～20℃）条件下，把精液倒入34℃预先加温的稀释瓶中，用5mL稀释液加入集精管、摇晃，然后倒入稀释瓶中，剩余稀释液缓慢地加入稀释瓶中，轻摇混匀，评定活力。

计算公式如下：

$$Q = \frac{J \times P \times M}{0.08} \times 0.23 - J$$

式中：Q——应加稀释液量，mL；

J——精液量，mL；

P——精液密度，亿个/mL；

M——冻精解冻后预测的活力；

0.08——每支细管有效精子总数，亿个；

0.23——每支细管可装入精液量，mL。

精液稀释后再按如下方法之一操作：

①先灌装后平衡。放置10分钟后，即可在20℃以下常温操作台上进行精液的灌装。灌装后的细管先放入不透明的塑料盒内，然后把塑料盒置于3~5℃环境下平衡3~4小时。每盒以盛放300支为宜，如果遇一头牛的细管数量较多，可分放在不同塑料盒中。

②先平衡后灌装。在烧杯内加入100~500mL 30℃的温水，把装有精液的稀释瓶浸泡在其中，加多少水由操作人员决定。装入烧杯中的稀释瓶先在3~5℃环境下放置2小时（细管也应放入此环境降温至与精液等温）降温，然后将稀释瓶从烧杯中取出，并在此环境下再放置1~2小时后灌装。

2. 两次稀释方法

把精液倒入34℃预先加温的稀释瓶中，用5mL第一液加入集精管、摇晃，然后倒入稀释瓶中，剩余的第一液缓慢地加入稀释瓶中，轻摇混匀，评定活力。用烧杯盛适量的30℃温水，把稀释瓶置于3~5℃环境下降温平衡。与此同时，把第二液和细管一并放入此环境下降温至与第一液等温。1.5~2小时后撤出烧杯，促使其快速降温至3~5℃时加入第二液，轻摇混匀。加入第二液后再平衡0.5小时以上，评定活力。然后在此环境下进行精液灌装。

第一液量计算公式如下：

$$Y = \frac{Q+J}{2} - J$$

式中：Y——第一液量，mL；

　　　Q——应加稀释液量，mL；

　　　J——精液量，mL。

第二液量计算公式如下：

$$R = Q - Y$$

式中：R——第二液量，mL；

　　　Q——应加稀释液量，mL；

　　　Y——精液量，mL。

例如：10mL鲜精，应加入30mL稀释液。

$$所加第一液量=\frac{应加稀释液量+精液量}{2}-精液量=\frac{30+10}{2}-10=10(mL)$$

第二液量 = 30-10=20（mL）

（五）细管标识

细管冷冻精液标记由16位数四部分组成，要求标记鲜明，注明站名、品种、牛号、生产日期。信息尽量靠近超声波封口端，牛号最右边的一个数字应与超声波封口端空泡的最左端对齐。

标记示例：

211 XM 190518 16724

棉塞端 超声波封口端

其中，211为辽宁省牧经种牛繁育中心有限公司的代号，XM为西门塔尔公牛的品种代号，190518为2019年5月18日的生产日期，牛号16724为该公牛的身份证号码2112016724的后5位数。

四、精液冷冻

（一）上架

上架是把细管精液沿同一方向均匀地码放在托架上，是细管精液冷冻前的必要准备工作。上架应在3～5℃环境条件下进行。上架时，细管棉塞端和封口端要求整齐一致，把棉塞端靠近操作者，超声波封口端远离操作者，放入冷冻箱时也应如此。这是因为冷冻完成后，在收集细管精液时便于细管的封口端在上、棉塞端在下装入提筒、拇指管或纱布袋中，避免取用时因为温差的原因引起细管棉塞的爆脱。上架时每头牛细管精液托架应摆放在一起，如同一个托架上有不同牛的细管精液，要分开码放，两头牛之间要隔开一定距离，以免混淆。

（二）冷冻方法

目前，国内生产的牛冷冻精液剂型主要是微型的0.25mL，细管精液均匀地码放在托架上，放入冷冻容器内，以液氮为冷源，通过液氮蒸气熏蒸、降温冷冻。其冷冻方法：

1.计算机程控方法

计算机程序控制冷冻方法使用的是全自动冷冻设备，根据需要已设定多条降温、冷冻温度曲线，使用时可选择设置好的最佳冷冻温度曲线。

（1）控制程序

全自动冷冻仪冷冻过程降温控制程序（表7-3）。

表7-3　冷冻控制程序

降温速率 （℃/分钟）	目标温度 （℃）	保持时间 （分钟）	开始温度：5℃ 最终状态：-196℃
3	-10		
40	-100		
20	-140	0	

（2）冷冻方法

首先开启液氮罐阀门把冷冻容器内降温至-4℃预冷，然后关闭风扇电源，待风扇完全停止后，把已码好细管精液的托架迅速放入冷冻容器内，盖上冷冻容器盖子，按预先设定好的程序启动冷冻仪，计算机控制自动完成冷冻过程。

2. 人工方法

人工方法是使用简易冷冻箱冷冻。冷冻时精液的初冻温度和降温速率的选择极为重要，牛的精液冷冻初冻的温度选择在-140～-110℃，并在8分钟内达到并维持在这个温度区域后再可继续降温直至存入液氮。实践中通过调节液氮面与托架之间的距离来控制精液的初冻温度。

（1）初冻温度的确定

在冷冻箱中添加液氮，待液氮面平稳后放入托架，调节托架与液氮面之间距离。当托架下沿高于液氮面3～5cm，托架摆放细管位置的温度维持在-135～-130℃时，即是精液适合的初冻温度。

（2）冷冻方法

调节好液氮面后，把已放置细管精液的托架迅速放入冷冻箱内，盖上箱盖，经8～10分钟，当温度降至-140℃以下，即可直接投入液氮中。如果每天均要冷冻大量细管，冷冻箱内的液面高度和温度在每次放入一批细管时都应仔细检查，并及时补充液氮。

五、冻精活力检查

解冻后的精子活力是判断冷冻精液质量好坏的最重要指标。细管冷冻精液于37℃水浴中解冻，待溶解后立即取出，用吸水纸或纱布擦干细管表面水珠。剪去细管两端，取接近中间一滴滴于载玻片上。显微镜放大100～200倍，检查方法与鲜精相同。按照牛冷冻精液国家标准的规定，解冻后精子活力不小于0.35。

六、冻精包装

精液冷冻完成后，检查合格的精液才能包装贮存。冷冻精液包装应在-140℃以下的环境中进行。首先把细管棉塞端朝向拇指管底部装入拇指管，然后再把拇指管底部朝向包装袋里面装入包装袋，迅速浸泡在液氮中。每个拇指管包装数量不得超过25支，每个包装袋包装数量不得超过100支。

七、冻精贮存与运输

冷冻精液的贮存和运输是紧密配合的，只有得到有效的贮存，才能进行有效的运输。

（一）贮存

1. 贮存环境

冻精应贮存于液氮罐的液氮中，液氮罐应摆放在阴凉、干燥、清洁和通风良好的地方，严禁靠近热源和阳光直射。

2. 液氮罐检查

新罐或处于干燥状态的罐，使用前先充入少量液氮，停留一段时间后，检查无异常现象，才能使用。充液氮要缓慢进行，以防温差过大损坏内胆。

3. 日常管理

①冻精贮存应设专人保管，经常检查液氮罐内的液氮，确保冻精在液氮面以下。

②冻精贮存数量不应超过罐体容积的4/5，冻精上面应有不低于5cm高度的液氮。

③根据每个液氮罐贮存冻精多少及耗氮量情况定期充填液氮。当液氮不足

原容量的1/3或距精液面5cm时，及时补充液氮，防止液氮蒸发造成冻精脱氮升温，影响精液质量。

④应注意液氮罐变化，如发现表面结霜、凝结水珠、耗氮量异常，立即将冻精转移到其他液氮罐中。

⑤提取冻精前，纱布袋始终在液氮罐颈口以下，停留时间不超过10秒，严禁提到外面，防止精液温度回升。提取冻精时，动作要稳、准、快，冻精在液氮罐外停留时间不超过3秒。

⑥取放冻精后，及时盖好罐塞，防止液氮蒸发或异物浸入，但不能密闭罐口，防止造成爆炸事故。在取放盖塞时，要垂直轻拿轻放，不要用力过猛。不能旋转罐塞、减少磨损，防止泡沫塞折断或损坏。

⑦液氮罐不准倾斜、堆压、相互撞击或与其他物件碰撞，要轻拿轻放并始终保持直立。移动液氮罐时不能在地上拖动，应提握液氮罐手柄抬起罐体再移动。

⑧使用大型液氮罐时，要有冻精分类存放位置的详细图表，分别注册，登记清楚。不同品种和不同个体的冻精分类保存，避免混淆。

（二）运输

①在液氮罐罐体外明显位置标上"向上""小心轻放"等储运图示标志。

②移动液氮罐时，不得在地上拖动，应提握液氮罐手柄抬起罐体再移动。

③冻精的运输应有专人负责。装车运输时，应在车厢板上加防震胶垫、毡垫或泡沫塑料垫。液氮罐外围包上保护外套，并根据运输条件，用厚纸箱或木箱装好，牢固地固定在车上，防止冲击倾倒。

④装卸时液氮罐应轻拿轻放，不得倾斜、叠放和碰撞，确保冻精始终浸泡在液氮中。

⑤运输途中避免剧烈震动、碰撞、严禁翻倒、防止暴晒，长途运输要及时检查和补充液氮，以免影响精液质量。

第八章 肉牛饲料及营养需要

第一节 饲料分类

一、青绿饲料

青绿饲料是指天然水分含量60%以上的青绿饲料类、树叶类及非淀粉质的块根、块茎、瓜果类。

（一）青绿饲料的营养特点

1. 水分含量高

陆生植物牧草的水分含量为75%～90%，而水生植物为90%～95%。水分含量高使其干物质含量少，能值较低。

2. 蛋白质含量较低

禾本科牧草和蔬菜类饲料的粗蛋白质含量为1.5%～3%，豆科青绿饲料略高，可达到3.2%～4.4%。青绿饲料含赖氨酸较多，可补充谷物饲料中赖氨酸的不足。

3. 维生素含量丰富

青绿饲料是动物维生素营养的良好来源，特别是胡萝卜素含量较高，可达50～80mg/kg。动物在正常采食青绿饲料的情况下，所能获得的胡萝卜素的量超过其需要量的100倍。另外，B族维生素、维生素C、维生素E、维生素K含量也较多。但缺乏维生素D，维生素B_6（吡哆素）含量也很少。

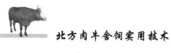

4. 矿物质的较好来源

青绿饲料中各种矿物质含量因种类、土壤和施肥情况而异，钙为0.4%～0.8%，磷为0.2%～0.35%，钙、磷比例适于动物生长，特别是豆科牧草中钙的含量较高，因此饲喂青绿饲料的动物不易缺钙。青绿饲料还含有丰富的铁、锰、锌、铜等微量矿物元素，但一般牧草中钠和氯的含量不能满足动物需要，放牧动物应注意补充食盐。

5. 粗纤维含量较低

幼嫩的青绿饲料含粗纤维较少，木质素低，无氮浸出物较高。粗纤维和木质素的含量随生长期的延长而增加，即植物在开花或抽穗之前，粗纤维含量较低。木质素增加后，饲料消化率明显降低。

另外，青绿饲料幼嫩、柔软多汁，适口性好，还含有各种酶、激素和有机酸，易于消化。

综上所述，从动物营养的角度来说，青绿饲料是一种营养相对平衡的饲料。但因其水分含量高，干物质中消化能较低，从而限制了其潜在的营养优势。尽管如此，优质的青绿饲料仍可与一些中等的能量饲料相比拟。因此在动物饲料方面，青绿饲料与由它调制的干草可以长期单独组成草食动物的饲粮。

（二）常用的青绿饲料

1. 野生牧草及杂草

我国北方地区——西北、东北、内蒙古均有大片草原分布，牧草资源丰富。在广大农区、田间地边、河滩沟沿、林隙山脚，都有杂草生长，采集起来也是很好的青绿饲料。

天然牧草和野生杂草中，数量占优势、饲用价值又高的要属禾本科和豆科植物。此外，菊科和莎草科中有的也可用作青绿饲料。天然牧草和杂草的常见代表草类的营养成分见表8-1。

2. 栽培青饲料

所谓栽培青饲料泛指人工播种栽培的各种植物，包括谷物和豆类作物，也包括叶菜和瓜、荚、根类的秧蔓等可食部分，还包括人工栽培的野生牧草和其他植物，如紫花苜蓿、三叶草、紫草、草木樨、沙打旺等。

表8-1 几种天然牧草和杂草的营养成分（干物质基础：%，MJ/kg，个/kg）

类别	干物质 （DM）	粗蛋白 （CP）	粗脂肪 （EE）	粗纤维 （CF）	钙 （Ca）	磷 （P）	综合净能 （NE）	肉牛能量单位 （RND）
野青草	18.9	3.2	1.0	5.7	0.24	0.03	0.93	0.12
三叶草（风干）	89.0	22.4	2.7	10.9	1.45	0.33	2.03	0.25
狗尾草	25.3	1.7	0.7	7.1	—	0.12	1.14	0.14
沙打旺	14.9	3.5	0.5	2.3	0.20	0.05	0.85	0.10
雀麦草（风干）	88.0	14.4	2.2	26.1	0.29	0.28	1.79	0.22

注：1. 将维持净能和增重净能结合起来称为综合净能；

2. 肉牛能量单位表示能量价值，缩写为RND，是以1kg中等玉米（二级饲料玉米，干物质88.5%，粗蛋白质8.6%，粗纤维2.0%，粗灰分1.4%，消化能16.40MJ/kg干物质，$K_m=0.621$，$K_f=0.4619$，$K_{mf}=0.5573$，$NE_{mf}=9.13MJ/kg$干物质）所含的综合净能值8.08MJ为一个肉牛能量单位。

（1）禾本科青绿饲料

作为青绿饲料的禾本科栽培草类和谷类作物，主要有羊草、青饲玉米、青刈大麦、青刈燕麦、粟、稗、苏丹草、黑麦草、无芒雀麦草等。禾本科青绿饲料的营养价值见表8-2。

表8-2 禾本科青绿饲料的营养价值（干物质基础：%，MJ/kg，个/kg）

类别	干物质 （DM）	粗蛋白 （CP）	粗脂肪 （EE）	粗纤维 （CF）	钙 （Ca）	磷 （P）	综合净能 （NE）	肉牛能量单位 （RND）
羊草（抽穗期）	29.06	2.4	1.2	9.5	0.12	0.06	1.20	0.15
玉米青贮	27.7	1.6	0.6	6.9	0.10	0.06	1.00	0.12
青刈燕麦	19.7	14.7	4.6	27.4	0.56	0.36	—	—
青刈大麦	15.7	2.0	0.5	4.7	—	—	0.86	0.11
苏丹草（抽穗期）	21.6	2.3	0.6	5.6	0.09	0.04	—	—
黑麦草	18.0	3.3	0.6	4.2	0.13	0.05	1.11	0.14
胡枝子	44.5	6.29	2.22	12.48	0.84	0.92	—	—

禾本科青绿饲料无氮浸出物含量高，其中糖类较多，因而略有甜味，适口性好。在营养成分方面，共同的特点是粗蛋白质含量较低，只占鲜草重量的2%～3%，而粗纤维成分却相对较高，约为粗蛋白质的2倍。玉米、苏丹草等高棵粗大植物，不能整株喂给动物，通常是先行轧压和切短后再喂，以免动物不

易采食或只挑选叶片，剩下茎秆造成浪费。粟、稗和麦类（燕麦、大麦、黑麦和小黑麦）青草茎细质软，可整株饲喂，但切碎后投给，有利于动物采食，减少茎秆损失。收割回的青饲料不能长时间大堆贮放，这样会因植物呼吸及代谢产热难以挥发，使青草色泽变黄、质地变劣，严重时会发生腐烂变质、动物拒食或食后致病。因此，栽培青绿饲料应均衡收割饲用，不能一次大量收割、贮存。苏丹草和高粱类幼嫩青草含有少量氢氰酸，动物大量采食可中毒。

（2）豆科青绿饲料

在栽培的豆科青绿饲料中，紫花苜蓿、三叶草、草木樨、秣食豆、豌豆、紫云英、沙打旺等使用最广泛。紫花苜蓿是目前种植面积最大的一种牧草，营养价值高、品质好、产量高、适口性好，蛋白质、维生素等营养物质的含量较为丰富。同其他豆科草一样，开花后的苜蓿秆迅速老化，木质素和纤维素成分大增，青草产量虽然仍有增长但草品质下降。豆科青绿饲料的营养价值见表8-3。

表8-3 豆科青绿饲料的营养价值（干物质基础：%）

类别	干物质（DM）	粗蛋白（CP）	粗脂肪（EE）	粗纤维（CF）	钙（Ca）	磷（P）
苜蓿	26.2	3.8	0.3	9.4	0.34	0.01
苕子	16.8	4.3	0.7	4.2	0.24	0.44
白花草木樨（风丁）	87.0	19.3	5.9	20.7	1.77	0.23
紫云英（初花期）	9.81	2.79	0.50	1.3	0.09	0.05
秣食豆草	19.3	4.8	0.42	3.8	0.38	0.05
大豆（草粉）	93.2	14.9	1.10	25.7	1.79	0.23
野豌豆（干草）	89.0	13.28	1.25	25.2	1.18	0.32

幼嫩豆科青绿饲料适口性好，但茎叶含有皂角素，动物采食过量易引起臌胀病。草木樨拥有特殊气味且含有香豆素；沙打旺含有脂肪族硝基化合物，对动物要驯饲适应。

（3）叶菜、水生类青绿饲料及其他

叶菜类的饲料种类较多，可为人工栽培的一些饲料，也可以是蔬菜以及经济作物的副产品。最常见的叶菜类青绿饲料为萝卜叶、甘蓝叶、叶用甜菜等；常见的根茎类青绿饲料有萝卜、胡萝卜和甜菜等。

水生植物常见的有水葫芦，含水量极高、质地柔软，和其他青绿饲料相比营养成分含量偏低；另外一些蔓藤类植物也可作为青绿饲料，其营养特点与叶菜类相似，如甘薯和瓜类秧蔓、南瓜和马铃薯藤等。

这类青绿饲料的水分含量均较高，嫩叶菜和水生青绿饲料的干物质含量不足10%，所以单位重量青绿饲料所能提供的能量和营养物质有限，但在农区和水面较广的地方，这类青绿饲料也是很重要的饲料来源。常用的秧蔓、叶菜和水生青绿饲料的营养成分含量如表8-4。

表8-4　常用的秧蔓、块茎、叶菜和水生青绿饲料的营养价值（干物质基础：%，MJ/kg，个/kg）

类别	干物质 （DM）	粗蛋白 （CP）	粗脂肪 （EE）	粗纤维 （CF）	钙 （Ca）	磷 （P）	综合净能 （NE）	肉牛能量单位 （RND）
甘薯	24.6	1.1	0.2	0.8	—	0.07	2.07	0.26
马铃薯	22.0	1.6	0.1	0.7	0.02	0.03	1.82	0.23
胡萝卜	12.0	1.1	0.3	1.2	0.15	0.09	1.05	0.13
甜菜	15.0	2.0	0.4	1.7	0.06	0.04	1.01	0.13
芜菁甘蓝	10.0	1.0	0.2	1.3	0.06	0.02	0.91	0.11

薯秧、萝卜和甜菜的根冠，往往带有土壤泥沙，喂前要洗净。水生植物可能受水系污染，饲用前也需清水洗净或煮熟、灭菌和杀虫卵后再喂给动物。

（三）使用青绿饲料的注意事项

1. 合理搭配青绿饲料

每种青绿饲料所含的营养成分是不同的，若单独饲喂易导致营养偏失，因此要将几种牧草合理搭配饲喂肉牛。通常在饲喂肉牛时青绿饲料不作为主料，而作为一种补充饲料，在饲喂时要注意饲喂量。青绿饲料含水分过多，含干物质少，若采食过多易产生饱腹感，对肉牛生长发育和增重不利。

2. 力求新鲜

青绿饲料含水量高，不易久存，易腐烂，如果是叶菜类青绿饲料还容易产生亚硝酸盐，青绿饲料收割后要及时饲喂给肉牛，一定要保持新鲜干净，如不进行青贮和晒制干草，应及时饲用，否则会影响适口性，严重的可引起中毒。

3. 把握收割时期

在收割青绿饲料时要注意根据植物的生长变化，选择最佳的收割时间，以保持其最高的营养价值和产量。禾本科牧草喂肉牛应在初穗期收割，豆科牧草宜在初花期收割，叶菜类牧草在叶簇期收割，以上时期蛋白质、维生素等各种营养含量最高。

4. 防瘤胃膨胀病

如紫花苜蓿、紫云英等豆科牧草中含有大量的可溶性蛋白质及皂素，能在牛瘤胃中形成大量的持久性泡沫，阻碍瘤胃中CO_2、CH_4等气体排出，因而容易患膨胀病。饲喂时要先喂一些禾本科牧草再喂豆科牧草。

5. 块根、块茎类要切碎

根菜类和薯类要切碎，如胡萝卜、甘蓝、甘薯、马铃薯等应切碎饲喂，以防牛吞食堵塞气管。

6. 防止中毒

（1）防止氢氰酸中毒

高粱、玉米、苏丹草等牧草中含有氰苷配糖体，经肉牛采食到口腔，在唾液和适当温度条件下，通过植物体内脂解酶的作用即可产生氢氰酸，在瘤胃中经瘤胃微生物的作用，氢氰酸进入血液引起中毒。因此以上牧草的幼苗不能喂肉牛。

（2）防止亚硝酸盐中毒

青绿饲料如蔬菜、饲用甜菜、萝卜叶、芥菜叶、油菜叶等均含有硝酸盐，硝酸盐本身无毒，但在细菌的作用下，硝酸盐可被还原为具有毒性的亚硝酸盐。青绿饲料堆放时间过长，发霉腐败，或者在锅里加热或煮后焖在锅中、缸中过夜，都会使细菌将硝酸盐还原为亚硝酸盐。因此饲喂以上牧草要做到现喂现割。

（3）防止有机农药中毒

刚喷过农药的牧草、蔬菜、青玉米及田间杂草，不能立即喂肉牛，要经过一定时间（1个月左右）或下过大雨后，使药物残留量符合标准才能饲喂。

二、粗饲料

粗饲料是指天然水分含量在60%以下，干物质中粗纤维含量在18%以上的一类饲料，属饲料分类系统中第一大类。包括干草、秸秆、秕壳及高纤维糟渣类。

（一）粗饲料的营养特点

1. 来源广，成本低

粗饲料主要来自种植业的秸、秧、秕、壳、藤、蔓等农副产品，总量是粮食产量的1～4倍，包括玉米秸、小麦秸、稻草等，野生的禾本科草本植物数量更大。

2. 容积大，适口性较差

粗饲料容积大，食入适量粗饲料，可使动物有饱感。粗饲料质地粗硬，适口性差，但对动物胃肠有一定刺激作用，对于反刍动物来说这种刺激作用有利于其正常反刍。

3. 营养价值低

除适时刈割的青干草外，粗饲料营养价值均较低。粗饲料中粗纤维含量高，可达25%～45%，其主要的化学成分是木质化和非木质化的纤维素、半纤维素，可消化营养成分含量较低，消化能含量一般不超过10.5MJ/kg干物质，有机物消化率在70%以下。

（二）常用的粗饲料

1. 干草

（1）干草的营养特征

干草是青绿饲料在尚未结籽时刈割，经过日晒或人工干燥制成的干燥饲草。它含水分少，干物质多（85%～90%），保存了青绿饲料的大部分营养，便于随时取用。优质干草叶多，适口性好，胡萝卜素、维生素D、维生素E丰富。不同种类的牧草质量不同，禾本科干草粗蛋白质含量为7%～13%，豆科干草为10%～21%，粗纤维含量为20%～30%，所含能量为玉米的30%～50%。各种干草的营养成分见表8-5。

（2）干草刈割时间

调制干草的牧草应适时收割，刈割时间过早，水分多，不易晒干；过晚，营养价值降低。禾本科草类在抽穗期，豆科草类在孕蕾及初花期刈割为好。制作青干草时应尽量缩短干燥时间，保证均匀一致，减少营养物质损失。另外，在干燥过程中尽可能减少机械损失、雨淋等。

表8-5 各种干草的营养成分（干物质基础：%，MJ/kg，个/kg）

类别	干物质（DM）	粗蛋白（CP）	粗脂肪（EE）	粗纤维（CF）	钙（Ca）	磷（P）	综合净能（NE）	肉牛能量单位（RND）
苜蓿（苏联苜蓿2号）	92.4	16.8	1.3	29.5	1.95	0.28	4.51	0.56
苜蓿（北京）	88.7	11.6	1.2	43.3	1.24	0.39	3.13	0.39
黑麦草	87.8	17.0	4.9	20.4	0.39	0.24	5.00	0.62
碱草（内蒙古）	91.7	7.4	3.1	41.3	—	—	2.37	0.29
野干草（北京）	85.2	6.8	1.1	27.5	0.41	0.31	3.43	0.42
野干草（河北）	87.9	9.3	3.9	25.0	0.33	—	3.54	0.44
羊草	91.6	7.4	3.6	29.4	0.37	0.18	3.70	0.46

2. 秸秆和秕壳及高纤维糟渣类

秸秆和秕壳是农作物脱谷收获籽实后所得的副产品，是粗饲料中最大的一类。这类饲料对反刍动物有一定的营养价值，但营养价值比干草低得多。其中粗纤维含量高，一般在30%以上；质地坚硬，粗蛋白质含量低，一般不超过10%；粗灰分含量高，有机物的消化率一般不超过60%。

高纤维糟渣类饲料主要是制粉或制糖的副产品。这类饲料蛋白质和可溶性碳水化合物极低，钙较丰富，粗纤维含量高达30%~40%，其营养特点及饲用价值基本上与秸秆类饲料相同。但牛、羊等反刍动物对此类饲料消化率可高达80%，故高纤维糟渣类饲料是牛、羊等反刍动物较好的粗饲料。秸秆和秕壳及高纤维糟渣类饲料的营养成分见表8-6。

表8-6 秸秆和秕壳及高纤维糟渣类饲料的营养成分（干物质基础：%，MJ/kg，个/kg）

类别	干物质（DM）	粗蛋白（CP）	粗脂肪（EE）	粗纤维（CF）	钙（Ca）	磷（P）	综合净能（NE）	肉牛能量单位（RND）
玉米秸	90.0	5.9	0.9	24.9	—	—	2.53	0.31
小麦秸（新疆）	89.6	5.6	1.6	31.9	0.05	0.06	1.96	0.24
小麦秸（冬小麦）	43.5	4.4	0.6	15.7	—	—	0.91	0.11
稻草	90.3	6.2	1.0	27.0	0.56	0.17	1.79	0.22
花生秸	91.3	11.0	1.5	29.6	2.46	0.04	4.31	0.53
甘薯藤	88.0	8.1	2.7	28.5	1.55	0.11	3.28	0.41

类别	干物质 (DM)	粗蛋白 (CP)	粗脂肪 (EE)	粗纤维 (CF)	钙 (Ca)	磷 (P)	综合净能 (NE)	肉牛能量单位 (RND)
酒糟（吉林，高粱酒糟）	33.7	9.3	4.2	3.4	—	—	3.03	0.38
啤酒糟	23.4	6.8	8.1	3.9	0.09	0.77	5.91	0.73
豆腐渣	11.0	3.3	7.3	2.1	0.05	0.27	8.49	1.05

（三）粗饲料加工调制

粗饲料是草食动物日粮的重要组分。特别是在广大农区，粗饲料中的秸秆类是牛羊马驴的冬、春季节基本饲草。而这类粗饲料经适当加工调制处理，可以改变原来的理化特性，也能提高其适口性和营养价值。这对开发饲料资源、提高此类粗饲料的利用价值，都具有重大经济意义。常用的加工调制技术主要有以下几种：

1. 物理处理

包括切短、粉碎、揉碎、压制颗粒、盐化等。物理方法一般不能改变秸秆的消化利用率，但可以改善其适口性，减少浪费。

（1）切短和粉碎

利用铡草机将秸秆切成2～3cm的短料，稻草茎细且柔软，可稍长些。粉碎可以提高有机物和粗纤维的消化率，秸秆饲料粉碎长度不宜小于0.7cm。

（2）揉碎

揉碎是利用揉碎机械将较粗硬的秸秆揉搓成细丝，可提高秸秆饲料的适口性和饲料的利用率。如将玉米秸揉碎饲喂反刍动物效果很好，若将秸秆饲料与豆科鲜牧草分层平铺后碾压效果更好，牧草汁液被秸秆吸收，可较快制成干草，又可提高秸秆的营养价值。

（3）压制颗粒

将粗饲料粉碎，压制成颗粒或块状，能提高能量利用效率，而且便于运输、保存和机械化饲养。

（4）秸秆盐化

将1%～2%盐溶液喷洒在切碎的秸秆上，再添加适量温水，并搅拌均匀，湿润程度以用手握能成团，松手后能散开为度，然后将其堆放，经过12~24小时，使秸秆软化后饲喂。通过盐化作用，可增加适口性和采食量。

除此之外物理处理还有蒸煮、膨化、高压蒸汽裂解等，但这些方法均因设备投资较高，生产上难以推广利用。

2. 化学处理

粗饲料中纤维素和木质素结合紧密，木质素对消化率的影响最大。碱化或氨化处理的主要目的是用化学方法使木质素和纤维素、半纤维素分离，从而提高瘤胃微生物对纤维素和半纤维素的消化利用率。

（1）碱化处理

适合生产使用的碱化法是用石灰乳处理秸秆。生石灰加水经熟化沉积后形成的石灰水（澄清液）主要成分是氢氧化钙弱碱液。具体做法是：用1%生石灰或3%熟石灰的石灰乳浸泡切短的秸秆。每100kg石灰乳可浸泡8~10kg秸秆，经12小时或24小时后捞出即可直接喂牛。

（2）氨化处理

经过氨化处理的粗饲料叫氨化饲料。氨化处理的原理是：当氨与秸秆中的有机物相遇发生氨解反应，破坏木质素与纤维素、半纤维素链间的酯键结合，并形成铵盐。铵盐是一种非蛋白氮化合物，同时，氨水中解离出的氢氧根离子对秸秆又有碱化作用。秸秆氨化处理可使粗蛋白质由4%~5%提高到8%~10%，纤维素含量降低10%，有机物消化率提高20%以上。

目前多采用无水液氨、氨水、尿素、碳酸氢铵为氨源。其中尿素最为方便且氨味淡，操作安全。氨化方法也有堆贮法、室贮法、窖贮法、塑料袋法等。如使用尿素作为氨源的窖贮法具体做法为先将秸秆称重，在20~27℃下氨化时，每100kg干秸秆加尿素5.5kg。将尿素溶于60L水中，搅拌均匀。将溶解的尿素溶液喷洒在秸秆上，边喷洒，边搅拌，一层一层地喷洒和踩压，直到窖顶，再压实，用塑料膜覆盖，压紧后密封，四周压土。氨化4~8周后即可开窖，喂前将秸秆晾晒3~7天。稻草、小麦秸等经氨化后疏松柔软，气味糊香，颜色棕黄，提高了适口性和采食量，增加了营养价值和饲用价值。肉用青年母牛日饲喂量可达5~8kg。

3. 微生物处理

微生物处理是在粗饲料中加入微生物高效活性菌种，如乳酸菌、纤维素分解菌和酵母菌等，放入密封的容器中贮藏，在适宜条件下，分解秸秆中难以被动物消化的木质素和纤维素，增加菌体蛋白质、维生素等有益物质，并软化秸秆，改善味道，增加适口性。

微生物发酵秸秆的具体做法：将准备发酵的秸秆等粗饲料切成5～8cm的小段或粉碎，然后每100kg粗饲料加入用水化开的1～2g菌种，搅拌均匀，边搅拌边加水（水温50℃），水量以手握紧饲料指缝见水珠而不滴落为宜。搅拌好的饲料，堆积或装缸，上面盖一层干草粉，当温度升至35～45℃时，翻动一次。散热后再堆积或装缸，压实封闭1～3天即可饲用。

三、青贮饲料

青贮饲料就是将青绿饲料经切短、压实、密封在青贮容器中，使乳酸菌利用青贮原料中的糖分等养料，迅速繁殖，通过发酵作用产生乳酸，抑制有害菌增殖，从而保存青绿饲料的营养价值。它是贮存和调制青绿饲料的好方法。

（一）青贮饲料的主要特点

1. 营养价值高

青贮饲料可以较好地保存青绿饲料的营养特性，又是青绿饲料在冬、春季节延续利用的一种形式。青贮饲料在制备过程中营养物质的损失比晒制干草要少。在营养上保持了青绿饲料原存的青绿多汁，同时维生素C和胡萝卜素也得以大部分保留，加之有酸香气味促进动物采食，同时还能清除亚硝酸盐、氢氰酸及其他有害物质。

2. 应用广泛，不受环境影响

青贮饲料得到世界范围内的广泛应用，在畜牧生产中有重大的经济意义。另外，由于青贮饲料是在密闭的环境中保存，避免了空气氧化和温湿气候因素的影响，也可以防止雨淋和火灾的危险。

3. 需要一定的场地设施设备

制备青贮饲料要求一定的场地设施，如窖、壕、塔、塑料膜和袋等，也要求有运输和切碎的机械设备。

（二）青贮饲料的制作方法

1. 青贮的原理

常规青贮是利用原料中和大气中的乳酸菌在切碎的青绿饲料及其流出汁液中进行密闭条件下的厌氧发酵，产生大量乳酸，使青绿饲料的pH降到4.0以下，杀灭或抑制其他有害杂菌（如各种好氧的腐败菌和霉菌等）的活动，从而达到完好保存青贮饲料和供长期饲用的目的。加酸青贮（化学青贮）则是把无机酸（H_2SO_4）、有机酸（甲酸、丙酸）或混合酸以及其他抑菌剂直接喷洒入青贮原料中，也使青贮饲料的pH降为4.0左右，达到保存青贮饲料的目的。

2. 青贮饲料制备过程

（1）天气的选择

为操作方便，保证质量，青贮工作应选择在晴天进行。

（2）原料的运输

原料要保证供应，保持干净，为此，运载工具、加工场地均应事先清扫，清除粪渣、煤屑、碎石、竹木片以及其他污物，以免污染原料，损伤机器。

（3）切碎

对牛、羊等反刍动物，一般把禾本科牧草和豆科牧草及叶菜类等原料，切成2～3cm，玉米和向日葵等粗茎植物，切成0.5～2cm，原料的含水量越低，切的越短。

（4）水分调节

常规青贮法要求水分在65%～75%，如果制作半干青贮料可将水分缩小至45～55%。为了保证青贮质量，原料还应含有一定的糖分。对含糖低的原料（如豆科作物）可与含糖量高的原料（如玉米茎叶、甘薯藤等）混贮，或者添加糖浆、淀粉等以补其糖分之不足。

（5）原料的装填、压实

水分适宜的原料，可装入窖中。在装窖前，先在窖底铺一层干净的、厚约10cm的稻草，然后填入原料，摊匀，每摊一层（厚15～20cm）压实一次，可用人力或借助机械踩压，尤须注意要压实边角，如为大型青贮壕，可在卸料后用履带或轮式拖拉机边摊平边压实。一层压实后，再装入下一层，直至装满为止。

如果要添加尿素、食盐等，应在装填原料的同时分层加入，注意掌握用量，一般尿素、食盐不超过原料重量的0.5%，而且由下至上逐层均匀施放。

原料的装填和压实工作，必须在当天完成或在1~2天内完成，以便及时封窖，保持质量。

（6）密封

装填原料要高出窖口40~50cm，长方形窖成鱼脊背式，圆形窖成馒头状，压实后覆盖塑料薄膜，薄膜的厚度一般在0.7mm以上。覆盖塑料薄膜的方法：当原料装到距窖面50cm左右时，在窖壁的一侧铺好塑料薄膜并拉平，然后继续装料，直到原料高出窖面相应的高度，再把塑料薄膜从窖壁的一端顺拉到另一端，最后在薄膜覆盖上从四周开始自下而上压一层弃旧轮胎或用其他无棱角的重物（如土等）均匀压紧。盖土时要由地面向上部盖土，使土层厚薄一致，并适当拍打踩实。覆土厚度30~50cm，表面拍打坚实光滑，窖顶隆起成馒头形状，有一定的坡度，以便雨水流出。

在青贮窖内侧墙壁用手或其他工具清理出深20cm左右的沟槽，把塑料薄膜的边沿折压其中，用泥土封严压实，同时清理内侧墙壁与塑料薄膜之间残存的青贮原料，使塑料薄膜紧贴青贮窖墙的内壁，用脚或工具把边沿踩实或夯实，青贮窖两头也采用此方法。此法优点在于青贮发酵下沉时，塑料薄膜紧贴青贮同时下沉，始终保持薄膜与青贮之间的密闭状态。窖四周要把多余泥土清理好，挖好排水沟，防止雨水流入窖内。

（7）管理

密封后，要注意管理，及时检查，每日至少1次，青贮下陷开裂部分要及时填补好，排汁孔也要及时填塞，青贮窖防止动物践踏，窖顶应设遮盖物，以避风雨。

3. 青贮的条件控制及青贮技术

青贮的条件控制对制备良好青贮饲料非常重要。具体的青贮技术也都是围绕着控制青贮的条件进行，大致可分为以下几个方面。

（1）青贮原料的含糖量及缓冲能力

常规青贮时，青贮原料的含糖量必须足够产生大量乳酸，在克服原料和发酵过程产生的缓冲能力后使青贮饲料的pH达4.0左右。一般认为，贮前的原料含可溶性碳水化合物3%以上，即可保证青贮成功。豆科牧草和薯类藤蔓等含糖低，尤其是土壤氮肥多又未经萎蔫的这类原料，蛋白质和非蛋白氮含量高，缓冲能力大，常法青贮很难。为了青贮顺利，常常外加糖蜜和其他富含可溶性碳水化合物的辅料共同青贮。

（2）青贮原料的适宜含水量

根据水分含量的不同，将青贮分为高水分青贮、凋萎青贮（萎蔫青贮）和半干青贮。全株玉米青贮属于凋萎青贮，适宜水分含量为60%～70%。以玉米为例，一般指玉米在乳熟后期至蜡熟前期（籽粒乳线1/2～2/3期间）收获，期间含水量应控制在65%～70%为宜。如果含水量过高，应在切碎前进行短时间晾晒，除去多余的水分。控制含水量条件常常采取割后萎蔫失水的办法，这样虽然会使植物呼吸损失稍大，但对制得好青贮饲料来说还是值得的。研究表明，含水越低的植物，其细胞的渗透压也越大，喜湿的菌、霉菌及其他各种微生物不易滋长，乳酸菌则占有相对优势，这对青贮成功是有好处的。

与此同理，低水分青贮，也称半干青贮，其基本点就是将青贮原料水分先行降至50%左右，再按常规青贮方法制备。半干青贮对含糖不高的豆科草类也能顺利青贮成功，制备好的半干青贮饲料，pH略高，在4.0～5.0之间，枝叶完整，颜色气味均好，动物喜食，采食量也随之增加，单位重量青贮饲料所提供的营养物质也提高了。

（3）厌氧环境

杜绝空气是保证青贮成功最基本的环节之一。实践中常通过将青贮原料切短（2～3cm）、快装、压实、封口严密（有条件时要抽出空气）来达到的。切碎和快装与切草机工作性能有关。青贮设施容量大，则要求大功率、性能好的切草机。机械压实，重点在青贮设施内壁的周边，因为这里容易有较大缝隙。高、深的青贮设施，下层可因青贮原料的自重下沉而压实。所以越到顶层越要仔细压实，以便尽可能多地排除空气。装填完毕要立即封顶，封顶是先用大张塑料薄膜将原料完全覆盖，再在薄膜覆盖上重物镇压，保持薄膜与青贮原料紧密贴合，既可起到补充密封杜绝空气作用，又可继续沉压，排除设施中的残留空气。只要做到上述各项要求，设施中残存的氧气很快就会耗尽，植物细胞有氧呼吸造成的营养损失可大为减少，也不致因好氧微生物发酵使青贮原料升温过高而降低青贮饲料的品质。

4. 改善青贮条件和青贮饲料品质的添加物质

为保证青贮制作成功，提高青贮质量，生产中常使用青贮添加剂。大致可分为以下几类。

（1）抑制杂菌发酵的物质（有机酸类）

有机酸中的丙酸和甲酸是较常用的，二者都有很强的抗菌和抑菌作用。按每吨青贮原料0.5~1.0kg用量均匀喷入，可抑制梭菌发酵，降低蛋白分解，也能抑制霉菌生长。

（2）促进乳酸菌发酵的物质（底物和活菌剂）

各种富含可溶性碳水化合物的物质都属此类。在成本允许条件下可选用糖蜜。糖蜜的含糖量达50%，每吨原料加入20kg即可大大促进乳酸发酵，效果显著。高含糖量的原料如玉米、高粱和一些谷物加工副产物糠、麸等，也可当作此类添加物混入豆科牧草等难贮原料中共同青贮。

加乳酸活菌制剂是人工扩大青贮原料中乳酸菌群体的方法。显而易见，这定会取得加强乳酸发酵的结果。值得注意的是菌种应选择盛产乳酸而少产乙酸和乙醇的同质型的乳酸杆菌和球菌。

（3）改善青贮饲料营养价值的添加物

尿素和氨水，在制备反刍动物用青贮料时，对蛋白质含量低的禾本科草类适用，用量为2~5kg/t，能起到补充非蛋白氮的作用。尿素也可以在脲酶作用下分解放出氨来，所以又都兼有抑菌的效果。在一定程度上也影响乳酸菌发酵，但只要含糖量足够且充分萎蔫（含水不高）的青贮原料，还是可以贮好的。

矿物质添加物，针对原料中含量的不足，适当补加钙源和磷源物质如石粉（碳酸钙）和磷酸钙等，是行之有效的。以有机酸钙盐的形式加入抑菌剂当然也同时补充了青贮饲料中的钙。

（4）纤维素酶类

使用纤维素酶类，既可以在青贮同时酶解植物细胞壁的纤维素，提高饲草的营养价值，又可以将纤维素水解产物用于乳酸菌发酵。

（三）青贮饲料的品质鉴定

青贮饲料的品质好坏取决于所用原料和青贮的条件与方法。青贮饲料的营

北方肉牛舍饲实用技术

养价值也与此密切相关。

1. 青贮饲料品质的评定

青贮饲料品质评定方法，包括感官评定和实验室评定。感官评定靠嗅气味、看颜色、看茎叶结构和质地来评定品质好坏，快速而实用，但不能排除评定者的主观因素。评定等级大致可划为优、良、一般、劣四种。青贮饲料的品质评定见表8-7。

表8-7 青贮饲料的品质评定

等级	优	良	一般	劣
气味	酸香味	醋酸味强，有微弱臭味	酸且臭，刺鼻	腐烂味、霉烂味
颜色	绿色或黄绿色	深绿色或草黄色	淡黄褐色或黑绿色	暗黑褐或烂草色
结构质地	茎叶明显，结构良好	茎叶可分，结构尚好	叶片软，变形，结构不分明	叶片、嫩枝霉烂腐败、粘连结块
pH	3.4～3.8	3.9～4.1	4.2～4.7	＞4.8

实验室评定最普通的指标是青贮饲料的pH。最简单的办法是用pH试纸直接蘸青贮饲料的浸液，或将浸液滴在白瓷板上用指示剂显色，再按所显颜色大致判定其pH。

2. 青贮饲料的营养价值

从常规营养成分含量看，青贮饲料尤其是低水分青贮饲料，含水量大大低于同名青绿饲料。因而以单位鲜重所提供的营养物质数量来讲，青贮饲料并不比青绿饲料逊色。常用青贮饲料的营养成分见表8-8。

表8-8 常用青贮饲料的营养成分（干物质基础：%，MJ/kg，个/kg）

类别	干物质（DM）	粗蛋白（CP）	粗脂肪（EE）	粗纤维（CF）	钙（Ca）	磷（P）	综合净能（NE）	肉牛能量单位（RND）
青贮玉米	27.7	1.6	0.6	6.9	0.10	0.03	1.00	0.12
青贮苜蓿	33.7	5.3	1.4	12.8	0.50	0.10	1.32	0.16
青贮甘薯藤	18.3	1.7	1.1	4.5	—	—	0.64	0.08
青贮甜菜叶	37.5	4.6	2.4	7.4	0.39	0.10	2.14	0.26
青贮胡萝卜	19.7	3.1	1.3	5.7	0.35	0.03	0.95	0.12

如按干物质中的各种成分含量与青绿饲料相比较，青贮饲料的明显变化是碳水化合物组分，其中可溶性糖被植物细胞呼吸和微生物发酵耗用，所剩无几。淀粉等多糖损失较少。纤维素和木质素在一般青贮时不遭分解，因而相对增加。

粗蛋白方面，按干物质中总含氮量比较，二者相差无几。只是青贮饲料中蛋白态氮下降，而非蛋白氮（主要是氨基酸氮）增加。菌体蛋白的增量很小。可见对反刍动物来说，青贮饲料可提供充分的非蛋白氮，但可溶性糖则较贫乏，因此实践中要与谷实类能量饲料搭配饲喂。

在矿物质和维生素方面，青贮饲料有损失，损失量与青贮过程的汁液流出密切相关。高水分青贮时可损失钙、磷、镁等矿质元素达20%以上，而半干青贮则基本无损失。维生素中的胡萝卜素得以大部分保留，微生物发酵还可能产生少量B族维生素。

（四）青贮饲料的取用

1. 取用

青贮饲料在调制后30天左右，即可开窖取用。也可等青绿饲料短缺时取用。良好的青贮料，含有较多的乳酸，少量醋酸，颜色青绿或黄绿色，有光泽、湿润、紧密、茎叶花保持原状，容易分离，有芳香酒香味，有的略有酸味。若颜色黑、黏滑、结块，具特殊腐臭味或霉味，说明青贮失败，不能饲喂。从圆形窖中取用青贮饲料时，应从表面自上而下逐层取料，不可打洞掏取。沟形青贮壕应从青贮料的横断面垂直方向，由上向下逐段切取，不要挖窝掏取。取料以当日喂完为准，保持青贮的新鲜，切勿取一次喂数日。每次取完料后盖严塑料布，密封，注意防止二次发酵。如因天气太热或因其他原因保存不当，表层的青贮变质或发霉，应及时取出抛弃，不应用来饲喂动物，否则易引发疾病。

青贮窖打开后，如果中途停喂，时间间隔较长，必须按原来封窖方法将青贮窖盖好封严、不透气、不漏水。如此才可继续保存饲料而不变质。开窖后尽快喂完。

2. 喂法

青贮料适口性好，但多汁轻泻，应与干草、秸秆和精料搭配使用。动物开始饲喂青贮料时有的不爱吃，要先用少量青贮饲料混入干草中训练饲喂，喂量由少到多，逐渐增加，经过7～10天不间断饲喂，多数动物就会喜食。饲喂青贮饲料要注意不能间断，以免窖内饲料腐烂变质和动物频繁变换饲料引起消化不良或生产不稳定。如已经冰冻，应在暖和的屋内化冰霜后再喂，决不可喂结冰的青贮饲料。青贮饲料具有轻泻作用，因此母牛妊娠后期不宜多喂，产前15天停喂，以防流产。对奶牛最好挤奶后使用，以免影响奶的气味。饲喂过程中，如发现动物有拉稀现象，应减量或停喂，待恢复正常后再继续喂用。

3. 饲喂量

青贮饲料喂量大致如下：产奶成年母牛25kg/头·天，断奶犊牛5～10kg/头·天，种公牛15kg/头·天，育肥牛每100kg体重4～5kg/头·天。

四、能量饲料

能量饲料是指干物质中粗纤维含量在18%以下，粗蛋白质含量又不足20%的饲料。包括谷实及其加工副产品和富含淀粉和糖类的根、茎、瓜类，液态的糖蜜、乳清和油脂等也属此类。我国规定，禁止使用动物性饲料饲喂反刍动物，因此动物油脂不予以介绍。

（一）能量饲料的营养特点

1. 无氮浸出物含量高，可占干物质含量的70%～80%，可利用能值高。

2. 蛋白质含量低且品质差，必需氨基酸含量不平衡，缺乏赖氨酸、蛋氨酸和色氨酸。

3. 粗纤维含量低，有机物消化率高，适口性好。

4. 粗脂肪含量低，以不饱和脂肪酸为主。

5. 矿物质含量和维生素含量不平衡。钙少而磷多，主要是植酸磷，利用率低。维生素B_1、烟酸、维生素E较丰富，而维生素B_2、维生素D和维生素A较缺乏。

（二）常用的能量饲料

1. 谷实类饲料

谷实类饲料是指禾本科作物的籽实。谷实类饲料能量含量高，富含无氮浸出物，占干物质的70%以上，而且其中主要是淀粉，占无氮浸出物的82%～92%；粗纤维含量少，多在5%以内，仅带颖壳的大麦、燕麦、水稻和粟可达10%左右；粗蛋白含量为8%～11%，赖氨酸、蛋氨酸、色氨酸等含量较少，谷实蛋白质的品质较差；灰分中，钙少磷多，但磷多以植酸盐的形式存在，对单胃动物的有效性差；谷实中维生素E、维生素B_1较丰富，但维生素B_2、维生素C、维生素D贫乏。谷实类饲料是动物最主要的能量饲料原料。表8-9是各种常用谷实饲料的营养成分。

表8-9　常用谷实饲料的营养成分（干物质基础）

饲料名称	玉米	高粱	大麦	稻
干物质（%）	86.0	86.0	87.0	86.5
综合净能（MJ/kg）	8.06	7.08	7.19	6.98
粗蛋白（%）	10.03	10.5	12.6	9.1
粗脂肪（%）	4.7	4.0	2.0	1.9
粗纤维（%）	2.2	1.6	5.5	9.5
无氮浸出物（%）	81.3	81.8	77.1	74.2
粗灰分（%）	1.5	2.1	2.8	5.3
钙（%）	0.02	0.15	0.10	0.03
磷（%）	0.31	0.42	0.28	0.42
植酸磷（%）	0.17	0.22	0.18	0.19
赖氨酸（%）	0.28	0.21	0.48	0.34
蛋氨酸（%）	0.17	0.20	0.21	0.22
色氨酸（%）	0.08	0.09	0.14	0.12
苏氨酸（%）	0.35	0.30	0.47	0.29
铁（mg/kg）	59	101	100	47
铜（mg/kg）	2.1	8.8	6.4	4.1
锰（mg/kg）	7.6	19.9	20.1	23.3
锌（mg/kg）	22.2	23.4	27.1	9.3
硒（mg/kg）	0.03	0.06	0.07	0.05

（1）玉米

玉米含能量高，总能的平均值约为每千克干物质18.5MJ且利用率高，故有"能量之王"的美誉。玉米含粗纤维少、适口性好、产量高、价格便宜。反刍动物饲料中使用时应注意与其他蓬松性原料并用，否则可能导致膨胀。黄玉米中含有较多的胡萝卜素、叶黄素和玉米黄素，有助于加深蛋黄或奶油或肉鸡皮肤及脚趾的颜色。粉碎后的玉米粉易酸败变质，不宜久存。特别是当黄曲霉毒菌污染后，所产生的黄曲霉毒素是一种强致癌物质，对人畜危害极大。

玉米不能整粒喂，否则18%~33%不能被牛消化，造成能量损失。玉米饲喂要压扁或粉碎，粉碎直径2~3mm。玉米粉碎过细，不仅影响育肥牛的采食量、日增重，也影响能量饲料本身的利用效率及肉牛饲养总成本。玉米在混合精料比例最大不能超过70%。

（2）高粱

主要产自我国东北地区。除有效能值稍低于玉米外，营养特性与玉米相似。但高粱含有较多的单宁，是植物性饲料原料中一种重要的抗营养因子。高粱有苦涩味，适口性不及玉米，在配合饲料中比例不宜过大，通常应控制在15%以下。高粱比例过大容易引起便秘。

（3）大麦

大麦是牛的优良精饲料，供肉牛育肥时与玉米营养价值相当。饲喂时稍加粉碎即可，粉碎过细，易引起瘤胃臌胀，整粒饲喂不利于消化，造成浪费。

大麦的蛋白质含量（9%~13%）高于玉米，氨基酸中除亮氨酸及蛋氨酸外均比玉米多，但利用率比玉米差。大麦赖氨酸含量（0.40%）接近玉米的2倍。大麦籽实包有一层质地坚硬的颖壳，故粗纤维含量（6%）高，有效能值较低，淀粉及糖类比玉米少。大麦脂肪含量约为玉米的一半，饱和脂肪酸含量比玉米高，亚油酸含量只有0.78%。大麦所含的矿物质主要是钾和磷，其次为镁、钙及少量的铁、铜、锰、锌等。大麦富含B族维生素，但利用率较低，只有10%；脂溶性维生素含量低。

（4）其他谷类饲料

燕麦、粟和荞麦在西北、内蒙古和东北都有少量种植。这三种饲料都有纤维质颖壳，营养价值与大麦相近或略低。脱壳后作饲料则为优质能量饲料。荞麦含一种光敏物质，动物大量采食后又接受日光照射可引致皮肤过敏，出现红斑。

2. 谷类加工副产品

谷实经加工后形成的一些副产品即为糠麸类，糠麸主要由种皮、外胚乳、糊粉层、胚芽等组成。糠麸成分不仅受原粮种类影响，而且还受原粮加工方法和精度影响。与原粮相比，糠麸中粗蛋白质、粗纤维、B族维生素、矿物质等含量较高，但无氮浸出物含量低，故属于一类有效能较低的饲料。另外，糠麸结构疏松、体积大、容重小、吸水膨胀性强，其中多数对动物有一定的轻泻作用。谷实加工副产物的营养成分见表8–10。

表8–10　谷实加工副产物的营养成分（干物质基础）

饲料名称	细稻糠	小麦麸	次粉	玉米糠	高粱糠
干物质（%）	87.0	87.0	88.0	88.2	91.1
综合净能（MJ/kg）	7.22	5.66	5.86	4.59	7.40
粗蛋白（%）	14.7	18.0	16.1	11.0	10.5
粗脂肪（%）	19.0	4.5	2.7	4.5	10.0
粗纤维（%）	6.6	10.2	4.0	10.3	4.4
无氮浸出物（%）	51.1	61.7	74.2	70.2	69.7
粗灰分（%）	8.6	5.6	3.0	4.0	5.4
钙（%）	0.08	0.13	0.06	0.09	0.08
磷（%）	1.64	1.06	0.36	0.54	0.91
植酸磷（%）	1.53	0.78	—	—	—
赖氨酸（%）	0.85	0.67	0.48	0.33	0.43
蛋氨酸（%）	0.29	0.15	0.17	0.16	0.31
色氨酸（%）	0.16	0.23	0.17	—	—
苏氨酸（%）	0.55	0.49	0.45	0.37	0.39
铁（mg/kg）	349	195	159	—	453
铜（mg/kg）	8.2	15.9	13.2	23.7	10.7
锰（mg/kg）	202.2	119.9	107.0	45.4	48.5
锌（mg/kg）	57.8	110.9	83.0	34.0	79.8
硒（mg/kg）	0.10	0.08	0.08	—	—

（1）稻糠

稻谷脱壳后精磨制米的副产物，也称细米。稻糠可分为砻糠、米糠和统糠。砻糠是稻谷的外壳或其粉碎品。稻壳中仅含3%的粗蛋白质，但粗纤维含量在40%以上，且粗纤维中半数以上为木质素，砻糠对牛的饲用价值很低。米糠由糙米精制时产生的果皮、种皮、胚、糊粉层和部分胚乳所组成。米糠的营养价值取决于大米的加工程度，精制程度越高，米糠中混入的胚乳越多，饲用价值越大。米糠所含脂肪多，易氧化酸败，不利保存，所以常对其脱脂生产米糠饼或糠粕。米糠适于饲喂各种动物，但在日粮中配比过高会引起腹泻及体脂软。米糠在日粮中占的比例，乳牛可占日粮20%，肉牛可占30%。统糠为砻糠和米糠的混合物。

（2）小麦麸

习惯上称为麸皮，是生产面粉的副产物，由果皮、种皮、胚、糊粉层和少量胚乳组成。磨制精粉时，麦麸中胚乳部分比例增大，品质也好。小麦的粗纤维含量较高，蓬松而容重低，具有缓泄、通便的功能。小麦麸含有较多的B族维生素，如维生素B_1、维生素B_2、烟酸、胆碱，也含有维生素E。小麦麸的粗蛋白和粗纤维含量都很高，有效能值相对较低。

小麦麸对牛是一种好的饲料，可占混合料的15%～20%或更多些。给产后母畜饲喂适量的麸皮粥可起到调节消化道机能的作用。奶牛精料中使用10%可增加泌乳量，但用量太高反而失去效果。因麦麸含能低，在肉牛育肥期宜与谷实类搭配使用，肉牛精料中可用到20%。

（3）其他加工副产物

有玉米糠、高粱糠、粟糠、大麦麸、次粉等。前三种副产物在我国北方地区有少量产品。次粉则是面粉厂磨制精粉分离出的以糊粉层、少量胚乳和部分细麸为主，供饲料和工业用的等外面粉。

3. 淀粉质块根块茎类饲料

此类饲料的营养特点是：水分含量高达75%～90%；干物质中无氮浸出物达60%～80%；粗纤维占3%～10%；粗蛋白质仅为5%～10%；矿物质为0.8%～1.8%。适口性好，消化率高。缺乏B族维生素，除胡萝卜、红心甘薯及南瓜外，都缺乏胡萝卜素。

（1）块根类

有甜菜、胡萝卜、芜菁、萝卜、甘薯等。根茎、瓜类饲料的营养成分见表8-11。

①甜菜。主要在东北和内蒙古地区栽培。分糖用和饲用两种，前者单产不及后者，但干物质和糖的含量可高出后者约1倍。从经济效益看，饲用甜菜并无明显的优越性。糖用甜菜干物质含量20%～25%，其主要成分是蔗糖，占12%左右，另外有较多的果胶物质，对各种动物适口性都很好。

表8-11 根、茎、瓜类饲料的营养成分（干物质基础：%，MJ/kg，个/kg）

类别	干物质（DM）	粗蛋白（CP）	粗脂肪（EE）	粗纤维（CF）	钙（Ca）	磷（P）	综合净能（NE）	肉牛能量单位（RND）
甘薯	25.0	1.0	0.3	0.9	0.13	0.03	2.14	0.26
马铃薯	22.0	1.6	0.1	0.7	0.02	0.03	1.82	0.23
甜菜	15.0	2.0	0.4	1.7	0.06	0.04	1.01	0.13
胡萝卜	12.0	1.1	0.3	1.2	0.15	0.09	1.05	0.13
芜菁	10.0	1.0	0.2	1.3	0.06	0.02	0.91	0.11

②胡萝卜和芜菁。每千克鲜胡萝卜含胡萝卜素80mg，是动物补充维生素A的主要来源。胡萝卜多汁且甜，各种动物都喜食，对种公畜和繁殖母畜有很好的调养作用。萝卜和芜菁都是十字花科的直根作物，芜菁俗称灰萝卜，特点是含水高达90%以上且有辛辣味，对产奶牛不能在挤奶前饲喂，以免其辛辣气味影响奶的品质。

③甘薯。又称红薯、地瓜、红苕、番薯，在我国栽培面积很广。甘薯的干物质含量高，可达25%～30%。在干物质中淀粉占85%以上，因而有效能值高于其他块根类。甘薯无论生喂还是熟喂，都应将其切碎或切成小块，以免引起牛、羊、猪等动物食道梗塞。甘薯在牛饲粮中可替代50%的其他能量饲料。黑斑甘薯有毒，不能作为动物的饲料。

（2）块茎类

有马铃薯、菊芋、球茎甘蓝（苤蓝）等。

①马铃薯。东北俗称土豆。马铃薯含干物质约25%。主要成分是淀粉，占干物质80%以上。鲜马铃薯中维生素C含量丰富，但其他维生素贫乏。钙和磷以及其他矿物元素也有限。马铃薯中含有一种配糖体，被称为龙葵素的有毒物质，它在马铃薯各部位含量差异较大。马铃薯耐贮藏，当贮藏温度较高时也会发芽而产生有毒的龙葵素，马铃薯表皮见到光而变成绿色以后，龙葵素含量剧增，大量采食可导致动物消化道炎症和中毒，甚至死亡。因此，已发芽的马铃薯必须将芽除掉，并且加以蒸煮才能饲喂。

②菊芋。又称洋姜和姜不辣，是菊科植物，其地下不规则块茎富含聚果糖——菊糖。菊芋块茎耐冻，在我国最北部的黑龙江省亦可在地下自然越冬。菊芋多在非农业用的田间隙地零星栽植，耐瘠薄能力强，不需特别管理。在营

201

养上不及马铃薯和甘薯。

（3）瓜类

主要代表是南瓜。南瓜干物质中无氮浸出物约占2/3。按干物质比较，南瓜的有效能值与薯类相似。肉质黄色的南瓜含胡萝卜素丰富。饲用品种南瓜单产高，但干物质稍低。

4. 油脂

本类能量饲料包括植物油和油脚（榨油的副产物）、制糖工业的副产物——糖蜜和乳品加工厂的副产物——乳清等。

（1）植物油脂

最常见的是大豆油、菜籽油、花生油、棉籽油、玉米胚油、葵花籽油和胡麻油。植物油脂含有较多的不饱和脂肪酸（占油脂的30%～70%），有效能值稍高，代谢能可达37MJ/kg。在配合饲料生产中，喷加植物油不必先行加温熔化因而较易实现。在轧制颗粒配合饲料时，加少量油（2%～3%），也能减少孔模损耗，延长压模使用寿命。

压榨和浸提得到的粗油中往往含有各种磷脂、色素、固醇、胆碱和游离脂肪酸等，经水洗和精炼后，副产物俗称"油脚"。大豆油脚中残留油脂约占15%，含水50%左右，其余为磷脂等其他成分。油脚色深且黏稠，不易保管和运输，夏季气温高时极易酸败变质。在市场价格和运输等费用允许情况下，大型饲料厂可用泵将稀释热熔的油脚适量喷加到配合饲料中。

（2）糖蜜

是甘蔗和甜菜制糖的副产物。糖蜜中仍残留大量蔗糖，含有相当多的有机物和无机盐，还含有20%～30%的水分。干物质中粗蛋白质的含量，甘蔗糖蜜很低，4%～5%，甜菜糖蜜则较高，约10%。糖蜜中粗灰分含量较高，可占干物质的8%～10%。

糖蜜味甜，对各种动物适口性均好。但糖蜜有缓泻作用，日粮中糖蜜量大时，粪便变稀。肉牛饲料中添加量为4%，犊牛8%。糖蜜可作为颗粒饲料的黏合剂，提高颗粒饲料的质量。若在糖蜜中添加适量尿素，制成氨化糖蜜，喂牛效果更好。

（3）乳清

是乳品加工厂生产乳制品（奶酪、酯蛋白、奶油）的液体副产物。乳清粉中乳糖含量很高，一般在67%～71%，乳蛋白质含量不低于11%，钙、磷含量较多且比例合适。乳清粉中富含水溶性维生素，缺乏脂溶性维生素。乳清粉在犊牛代乳料中可用到20%，用量过高会造成下痢及生产障碍并增加饲养成本。

五、蛋白质饲料

蛋白质饲料是指干物质中粗纤维含量在18%以下、粗蛋白含量在20%及以上的饲料，包括植物性蛋白质饲料、动物性蛋白质饲料和糟渣类饲料等。反刍动物禁止添加动物性蛋白质饲料，在此不加阐述。反刍动物常用的蛋白质饲料主要包括豆类籽实、油料籽实、饼粕类、微生物来源的饲料和食品及酿造工业副产物等，合成氨基酸和非蛋白氮类产品也划归本类。

（一）蛋白质饲料的营养特点

1. 蛋白含量高，而且品质大多都特别好，富含各种必需氨基酸，特别是植物性饲料缺乏的赖氨酸、蛋氨酸和色氨酸都比较多。

2. 这类饲料含无氮浸出物特别少（乳制品除外），粗纤维几乎等于0，有些脂肪含量高，加之蛋白含量又高，所以它们的能值高，其能值仅次于油脂。

3. 灰分含量高，钙磷丰富且比例良好，利于饲养动物的吸收利用。

蛋白质饲料蛋白含量高，营养丰富，利于饲养动物的吸收利用，此外，这类饲料还有一种特殊的营养作用，即含有一种未知的生长因子，它能促进动物提高营养物质的利用率，不同程度地刺激生长和繁殖，是其他营养物质所不能代替的。

（二）常用的蛋白质饲料

1. 豆类等籽实

豆类籽实粗蛋白质含量高，占干物质的20%～40%，钙磷比例不均衡，钙多磷少，胡萝卜素缺乏。无氮浸出物含量为30%～50%，纤维素易消化。豆类籽实的营养成分见表8-12。

表8-12　豆类籽实的营养成分（干物质基础：%）

类别	干物质（DM）	粗蛋白（CP）	粗脂肪（EE）	粗纤维（CF）	钙（Ca）	磷（P）
大豆	87.0	35.5	17.3	4.3	0.27	0.48
黑豆	92.3	34.70	15.1	9.2	0.27	0.69

豆类籽实主要用于人的食品。富含油脂的大豆和花生等多用于提取食用油，一般很少直接用作饲料。未经加工的豆类籽实大多含有影响消化和营养的酶抑制物。最典型的是胰蛋白酶抑制物，同时也兼有糜蛋白酶和凝血酶的抑制物。因此，生喂豆类籽实不利于动物对营养物质的消化吸收。蒸煮或适度加热，可钝化或破坏酶抑制物的活性，而不再危害动物的消化。

（1）全棉籽

适口性好，蛋白质（29%）、能量（消化能28.9MJ/kg）、脂肪（17%）以及纤维素（ADF29%）都很高。棉籽壳可以保护其中的营养物质免被瘤胃微生物降解，增加了过瘤胃营养物质的数量。生长育肥牛可以按照日粮干物质总量的3%～5%饲喂全棉籽。

（2）膨化大豆

大豆经膨化处理后，破坏了抗营养因子——胰蛋白酶抑制因子、尿素酶、血球凝集素等不利于动物消化的成分，养分浓度高，适口性好。

2. 饼粕类

富含脂肪的豆类籽实和油料籽实提油后的副产物统称为饼粕类饲料。压榨提油后的块状副产物称作饼，浸提出油后的碎片状副产物称作粕。常见的有大豆饼粕、菜籽饼粕、棉仁饼粕、花生饼粕、向日葵饼粕、胡麻饼粕等，此外，还有数量较少的芝麻饼粕、麻籽饼粕、红花饼粕和蓖麻饼等。

饼粕类饲料的粗蛋白质含量在30%～45%，普遍较提油前要高。粕类比同种饼类的粗蛋白质含量要高一些，而在有效能值方面则与之相反，这是因残油量少所致。油料籽实机榨提油后，在饼中仍含有较多残油，高者可达10%。有时用脂溶剂再次浸提，称为复浸。浸提或复浸后的粕中残油很低，大约只有1%。常用油粕饲料的营养成分见表8-13。常用油饼饲料的营养成分见表8-14。

表8-13　常用油粕饲料的营养成分（干物质基础）

饲料名称	大豆粕	菜籽粕	棉籽粕	花生仁粕	亚麻仁粕	向日葵仁粕
干物质（%）	87.0	88.0	88.0	88.0	88.0	88.0
粗蛋白（%）	49.4	43.9	48.3	54.3	39.5	38.2
粗脂肪（%）	2.2	1.6	0.8	1.6	2.1	1.1
粗纤维（%）	5.9	13.4	11.5	7.0	9.3	16.8

续表

饲料名称	大豆粕	菜籽粕	棉籽粕	花生仁粕	亚麻仁粕	向日葵仁粕
无氮浸出物（%）	35.6	32.8	32.0	31.0	41.6	37.9
粗灰分（%）	6.9	8.3	7.4	6.1	7.5	6.0
钙（%）	0.37	0.74	0.27	0.31	0.48	0.30
磷（%）	0.70	1.22	1.10	0.64	1.08	1.17
植酸磷（%）	0.34	0.74	0.72	0.26	0.60	0.99
赖氨酸（%）	2.82	1.48	1.81	1.59	1.32	1.28
蛋氨酸（%）	0.74	0.72	0.51	0.47	0.63	0.78
色氨酸（%）	0.78	0.49	0.50	0.51	0.80	0.42
苏氨酸（%）	2.16	1.69	1.49	1.26	1.25	1.30
铁（mg/kg）	208.0	742.0	229.0	418.0	249.0	352.0
铜（mg/kg）	27.0	8.1	15.9	28.5	29.0	39.8
锰（mg/kg）	31.5	93.4	21.3	44.2	49.2	39.8
锌（mg/kg）	52.2	76.7	63.1	63.3	44.0	90.9
硒（mg/kg）	0.07	0.18	0.17	0.07	0.20	0.09

表8-14　常用油饼饲料的营养成分（干物质基础）

饲料名称	大豆饼	菜籽饼	棉籽饼	花生仁饼	亚麻籽饼	芝麻饼
干物质（%）	87.0	88.0	88.0	88.0	88.0	93.0
粗蛋白（%）	47.0	39.0	46.0	50.8	36.6	42.2
粗脂肪（%）	6.6	10.6	8.0	8.2	8.9	11.1
粗纤维（%）	5.4	13.2	11.0	6.7	8.9	7.7
无氮浸出物（%）	34.5	28.5	28.1	28.5	38.6	27.8
粗灰分（%）	6.5	8.7	6.9	5.8	7.0	11.2
钙（%）	0.34	0.70	0.24	0.28	0.44	2.41
磷（%）	0.56	1.09	0.94	0.60	1.00	1.28
植酸磷（%）	0.29	0.72	0.63	0.25	0.57	—
赖氨酸（%）	2.74	1.45	1.77	1.50	0.83	0.88
蛋氨酸（%）	0.68	0.66	0.52	0.44	0.52	0.88
色氨酸（%）	0.72	0.45	0.49	0.48	0.55	—
苏氨酸（%）	1.62	1.53	1.44	1.19	1.14	1.39

饲料名称	大豆饼	菜籽饼	棉籽饼	花生仁饼	亚麻籽饼	芝麻饼
铁（mg/kg）	214.9	780.7	302.3	394.3	231.8	—
铜（mg/kg）	22.8	8.2	13.2	26.9	30.7	54.2
锰（mg/kg）	36.8	88.8	20.2	41.7	45.8	34.4
锌（mg/kg）	49.9	67.3	51.0	59.7	40.9	2.6
硒（mg/kg）	0.05	0.33	0.13	0.07	0.20	—

（1）大豆饼（粕）

大豆饼（粕）是最常用的主要植物性蛋白质饲料。大豆饼（粕）含蛋白质较高，必需氨基酸的组成比例也比较好。生豆粕中含有大豆中的胰蛋白酶抑制剂，在使用前应经113℃、3分钟的处理。大豆饼（粕）适口性好，在日粮中，大豆饼（粕）可占精料的20%～30%。

（2）棉籽饼（粕）

由于棉籽脱壳程度及制油方法不同，营养价值差异很大。棉籽饼（粕）蛋白质的品质不太理想，赖氨酸含量较低，蛋氨酸也不足，精氨酸含量过高。棉籽饼（粕）中含有对牛有害的游离棉酚，牛如果摄取过量或食用时间过长，可导致中毒。在犊牛、种公牛日粮中一定要限制用量，同时注意补充维生素和微量元素。棉籽饼（粕）在瘤胃内降解速度较慢，是肉牛良好的蛋白饲料来源。

（3）菜籽饼（粕）

菜籽饼（粕）适口性差。菜籽饼（粕）中含有硫葡萄糖苷、芥酸等毒素，在母牛日粮中应控制在10%以内，肉牛日粮应控制在15%以内或日喂量1～1.5kg。菜籽饼（粕）在瘤胃中降解速度低于豆粕，过瘤胃蛋白质较多，犊牛和怀孕母牛最好不喂。需经去毒处理后才可保证饲喂安全。

3. 工业副产物

这类蛋白质饲料品种很杂，包括有淀粉工业副产物——玉米胶蛋白，以豌豆、蚕豆和绿豆为原料生产粉丝的粉渣，酿酒的副产物——各种酒糟，食品工业的副产物——豆腐渣、酱油渣、醋渣和饴糖渣等。

（1）玉米蛋白粉

玉米湿法加工工艺生产玉米淀粉的主要副产品。玉米蛋白粉中的蛋白质主要是玉米醇溶蛋白、谷蛋白、球蛋白和白蛋白，过瘤胃蛋白质含量高，可用作母牛、肉牛的部分蛋白质饲料原料。在使用玉米蛋白粉的过程中，应注意霉菌含量，尤其是黄曲霉毒素含量。

（2）玉米酒精糟或玉米酒精蛋白饲料（DDGS）

玉米酒精糟因加工工艺与原料品质差别，其成分差异较大。酒精糟气味芳香，是牛良好的饲料。在牛料中添加，可以调节饲料的适口性。既可作能量饲料，也可作蛋白质饲料，在牛精料中用量应在30%以内，但要注意黄曲霉毒素含量。

4. 微生物蛋白质饲料

本类饲料是由各种微生物体制成的，包括酵母、细菌、真菌和一些单胞藻类，通常也叫作单细胞蛋白饲料（SCP）。微生物蛋白质饲料粗蛋白质含量可高达50%以上。在氨基酸组成上，不缺乏赖氨酸，但缺少蛋氨酸。B族维生素含量较丰富。微生物蛋白质饲料的营养成分见表8-15。

表8-15　微生物蛋白质饲料的营养成分（干物质基础：%，MJ/kg）

类别	干物质（DM）	消化能（DEZ）	粗蛋白（CP）	赖氨酸（Lys）	蛋氨酸（Met）	钙（Ca）	磷（P）
饲用酵母	90.6	14.27	45.5	2.84	—	0.40	1.30
啤酒酵母	91.7	16.15	57.1	3.69	0.91	0.17	1.11
石油酵母	90.0	16.65	65.9	—	—	—	—
白地霉	91.9	13.35	44.9	2.26	1.98	2.39	3.18
小球藻	95.5	—	44.8	3.89	0.40	—	—

饲用酵母含有45%～50%的蛋白质，可消化率高，作为蛋白饲料添加到配合饲料中，具有和鱼粉相同的功效。饲用酵母蛋白质含有20多种氨基酸，其中8种必需氨基酸全部含有。含有胆碱，胆碱能在体内调节脂肪代谢，对促进禽畜生长极为有利。酵母中还含有各种酶和激素，能促进动物的新陈代谢，提高幼畜幼禽的抗病能力。配合饲料中加入饲用酵母，能加快畜禽增长速度，减少饲料消耗，提高饲料报酬。

5. 氨基酸

工业合成的氨基酸产品有赖氨酸、蛋氨酸、蛋氨酸羟基类似物（MHA）、色氨酸、苏氨酸。氨基酸饲料在平衡日粮氨基酸营养、降低动物性饲料用量方面，有明显效果。

6. 非蛋白氮类饲料

非蛋白氮（NPN）泛指供饲料用的氨、铵盐、尿素、双缩脲及其他合成的简单含氮化合物。这类化合物不含能量，只能借助反刍动物瘤胃中共生的微生物活动，作为微生物的氮源而间接地起到补充动物蛋白质营养的作用。

非蛋白氮可被瘤胃微生物合成菌体蛋白，被反刍动物利用，常用的非蛋白氮主要是尿素。尿素理论上含氮为46.6%，一般产品仅含氮45%左右。按单位重量中含氮量相比，尿素相当于粗蛋白质的2.8倍，使用不当会引起中毒。用量为15~20g/100kg体重，与富含淀粉的精料混匀饲喂，喂后2小时饮水。9月龄以上的牛日粮中才能使用尿素。其他非蛋白氮产品如磷酸脲、双缩脲、异丁基二脲等，其特点是比尿素难溶解，分解为氨的速度比尿素要慢，比较安全，利用率高。利用尿素等非蛋白氮饲料作为蛋白质补充料必须与谷物饲料混合饲喂，且在日粮中的含量不超过1%，避免与含脲酶高的饲料如豆饼（粕）等混喂，可以按75%玉米面+24%尿素+1%食盐和缓解剂比例加工成糊化淀粉尿素，使瘤胃释放氨的速度减慢，提高微生物利用氨合成菌体蛋白质效率。

六、矿物质饲料

矿物质饲料就是补充动物矿物质营养的饲料，它包括天然生成的矿物质和工业合成的单一化合物以及混有载体或稀释剂的矿物质添加剂预混料。矿物质元素在各种动植物饲料中都有一定含量，虽多少有差别，但由于动物采食饲料的多样性，往往可以相互补充而满足动物对矿物质的需要，但在舍饲条件下或高产动物对矿物质的需要量增多，这时就必须在动物的日粮中另行添加所需的矿物质。

（一）钙源饲料

通常天然植物性饲料含钙量，与各种动物的需要量相比均感不足。常用的天然钙源饲料有石灰石粉、贝壳粉、蛋壳粉、白垩，另外还有工业碳酸钙、磷酸钙及其他副产钙源饲料。

1. 石灰石粉

石灰石粉，简称石粉，为石灰岩、大理石矿综合开采的产品，其基本化学成分是碳酸钙，钙含量因成矿条件不同介于34%～38%之间，另外还含有少量的镁（0.2%～0.4%）、钾（0.1%～0.3%）、钠（0.1%～0.3%）。微量元素中锰含量较高（200～1000mg/kg）、锌次之（20～40mg/kg），铜和钴含量在20mg/kg以下。其有害元素含量是铅20～40mg/kg、汞1mg/kg、砷5～9mg/kg、氟5mg/kg。按此折合成配合饲料中的含量都不超过饲料卫生标准要求，因此饲用上是安全的。石粉也广泛用作矿物质添加剂预混料的稀释剂和载体。

2. 贝壳粉

贝壳粉主要成分也是碳酸钙。贝壳本是海水或淡水软体动物的外壳。扇贝和牡蛎等加工食品所余的壳，残有少量有机物，用其加工生产的贝壳粉含少量的蛋白质和磷，通常对其都略而不计。贝壳粉与石粉含钙量相似，在34%～38%之间，二者在饲料配方中可以互换。

3. 蛋壳粉

蛋壳粉，由蛋品加工厂或大型孵化场收集的蛋壳，经灭菌、干燥、粉碎而成。无论蛋品加工后的蛋壳或孵化出雏后的蛋壳，都残有壳膜和一些蛋白（约占4%），钙含量为30%～35%。

4. 碳酸钙

碳酸钙，也叫轻质碳酸钙，俗名双飞粉，可作饲料工业的钙源饲料和添加剂预混料的稀释剂。其成分较纯，钙含量也高，可达39%以上。

5. 白垩

远古年代沉积的死贝壳，经生物降解作用，有机质消失，采掘出的这类产品称为白垩，是天然的碳酸钙，同样可用作钙源饲料。

（二）磷源和磷、钙源饲料

只提供磷源的矿物质饲料为数不多，仅限于磷酸、磷酸钠盐等。磷酸为液态且有腐蚀性，青贮时可喷加，但配合饲料生产中使用不方便。磷酸二氢钠（NaH_2PO_4）和磷酸氢二钠（Na_2HPO_4）各含磷25%和21%，同时也提供19%和32%的钠。

磷酸钙盐能同时提供钙和磷，是化工生产的产品。最常用的是磷酸氢钙

（$Ca_2HPO_4 \cdot 2H_2O$），可溶性较其他同类产品好，动物对其中的钙和磷的吸收利用率也高。磷酸氢钙含钙20%～23%、含磷16%～18%。磷酸三钙〔$Ca_3(PO_4)_2$〕、过磷酸钙〔$Ca(H_2PO_4)_2 \cdot H_2O$〕和脱氟磷灰石也是磷、钙的补充饲料，所能提供的钙、磷数量见表8-16。

表8-16 常用钙、磷源饲料中各种成分含量

钙、磷源饲料	石粉	贝粉	磷酸氢钙	磷酸钙	脱氟磷灰石粉
Ca（%）	37	37	23	38	28
P（%）	—	0.3	18	20	14
F（mg/kg）	5		800	—	—
P的相对生物效价			100	80	70

应注意的是饲用的磷、钙源饲料与肥料用的磷肥有别。磷肥如过磷酸石灰、磷灰石粉等往往含有更大量的氟和其他重金属等有害杂质，饲用上是不安全的，因而不能在饲料中使用。

（三）食盐

食盐能同时提供植物性饲料较为缺乏的钠和氯两种元素。食盐有海盐和矿盐之分，但氯化钠含量均应在95%以上。商品食盐含钠38%、氯58%，另有少量的镁、碘等元素。专门生产的饲用盐有加碘和加硒的产品，使用时要了解生产厂家提供的说明书列载的碘和硒的含量和保质期。

（四）补充微量元素类饲料

本类多为化工生产的各种微量元素的无机盐类和氧化物。近年来微量元素的有机酸盐和螯合物以其生物效价高和抗营养干扰能力强而受到重视。常用的补充微量元素类有铁、铜、锌、钴、碘、硒等。钼、镍、铬、钒、钛等元素虽已证实是动物营养所需，但因天然饲料中含量不明和对其需要量研究尚少，目前尚未普遍应用。

（五）天然矿物、稀释剂和载体

可供饲用的天然矿物，除石灰石、白垩和磷灰石以及矿盐外，极少有某种元素特别富集而又无有害元素且适于直接饲用的产品。如沸石、麦饭石、海泡石、膨润土、凹凸棒石等，虽有直接加入饲料中喂动物的各种报道，但效果不

一。更重要的用途在于其所具有的物理性质，如吸附性、离子交换性、流动分散性、黏结性等，被饲料工业用来作预混料的稀释剂和载体，或颗粒料加工的黏结剂以及吸氨除臭等方面。

七、维生素饲料

维生素是动物机体代谢所必需的、需要量极少的一类低分子有机化合物。体内一般不能合成，必须由饲料中提供或提供其先体。

（一）维生素饲料的营养特点

1. 需要量少，通常以μg、mg计，可直接被动物完整地吸收。

2. 维生素的作用是特定的，不能被其他养分所替代，每种维生素又各有其特殊的作用，相互间也不能替代。

3. 参与代谢调节，不构成体组织，也不供给能量，在体内起催化作用，促进其他营养素的合成与降解，其中有些维生素是辅酶的组成部分。

4. 维持动物生命活动和正常生长发育与生产所必须。缺乏时产生缺乏症，危害大，但过量时会产生中毒症状。

5. 存在于天然食物或饲料中，为生物活性物质，易受光照、热、酸、碱、氧化剂等破坏而失效。

（二）分类

由于各种维生素化学性质不同，生理营养功能各异，所以还不能对十几种维生素进行科学分类。根据维生素的溶解性，将维生素分成两类：脂溶性维生素和水溶性维生素。前者包括维生素A、D、E、K，后者包括全部B族维生素和维生素C。脂溶性维生素只有碳、氢、氧三种元素，而水溶性维生素有的还含有氮、硫和钴。各种维生素的代号及中文名称见表8–17。

表8–17　各种维生素的代号及中文名称

脂溶性维生素	A	A_2	$A_原$	D_2	D_3	E	K_1	K_2	K_3	
	视黄醇	脱氢视黄醇	胡萝卜素	麦角钙化醇	胆钙化醇	生育酚	叶绿醌	异戊二烯甲基萘醌	甲萘醌	
水溶性维生素	B_1	B_2	B_3	B_5	B_6	B_7	B_{10}	B_{12}	C	B_4
	硫胺素	核黄素	泛酸	烟酸	吡哆醇	生物素	叶酸	钴胺素	抗坏血酸	胆碱

1. 脂溶性维生素

包括维生素A、维生素D、维生素E、维生素K。每种维生素又有不同结构形式的衍生物，但都有同样的功能，在生物效价方面却可能不同。

（1）维生素A

维生素A只存在于动物体内，植物饲料不含维生素A，含有类胡萝卜素，在肠壁细胞和肝脏内可转变为维生素A。

商品维生素A主要有维生素A醋酸酯和维生素A棕榈酸酯。分子式和分子量分别为$C_{22}H_{32}O_2$、328.5和$C_{36}H_{60}O_2$、524.9。二者都呈黄色，前者为粉状结晶，熔点较高（57～60℃），而后者室温下呈油脂状团块，熔点很低（28～29℃）。

维生素A在无氧时对热稳定，热至120～130℃基本不变，有氧时易氧化，尤其是在湿热和有微量元素及酸败脂肪存在时，易氧化失效，在无氧黑暗处稳定。

（2）维生素D

天然的维生素D主要为D_2（麦角钙化醇）和D_3（胆钙化醇）。前者主要存在于植物性饲料中，D_3由存在于动物皮肤、血液、神经和脂肪组织中的7-脱氢胆固醇经紫外线照射转变成的。其余几种异构物质，对动物来说没有多大营养意义。维生素D_3比维生素D_2对畜禽的营养意义更大，D_2仅为维生素D_3的1/30～1/20。由于畜禽的集约化饲养方式，动物见不到阳光，只能从饲料中获得维生素D。

维生素D因侧链结构不同而有多种衍生物。最常见的为麦角钙化醇（D_2）和胆钙化醇（D_3）。维生素D_2和D_3，都是白黄色结晶粉末，二者的熔点各为113～118℃和82～88℃。遇光、氧和酸可迅速破坏，商用维生素D通常用抗氧化剂（BHT）保护并经明胶淀粉包被处理。

（3）维生素E

天然植物饲料中的谷物胚芽和油料籽实以及叶菜类、动物的内脏器官和奶中都含较丰富的维生素E。天然饲料组成的日粮不能全部满足动物对维生素E的需要。

具有维生素E活性的酚类化合物有8种，其中以α-生育酚效价最高，通常所说的维生素E是指α-生育酚。维生素E为黄色油状物，不溶于水而溶于有机脂溶性溶剂，不易被酸、碱及热所破坏，但却极易被氧化，它可在脂肪等组织中贮存。酯化合成的 α–生育酚醋酸酯可大大提高稳定性。故饲用维生素E多为加入吸附剂的dl–α–生育酚醋酸酯粉，并经包被微粒化的50%浓度的粉状产品。

（4）维生素K

中文名称为叶绿醌。天然饲料中的绿色植物中含有叶绿醌（K_1），金黄色稠油状物。维生素K_2通常来自动物消化道内微生物代谢产物。维生素K_3不含侧链，可人工合成，饲用商品多属此类。各维生素K的相对生物效价为K_1：K_2：K_3=2：1：4。但对抗维生素K因子引起的凝血失调方面，维生素K_1最为有效。

2. 水溶性维生素

包括B族维生素和维生素C。

（1）维生素B_1

中文名叫硫胺素。存在于谷物的外皮和胚中，蔬菜和水果中也含有，动物的肝、肾和牛奶中都含有，酵母中含量甚丰。硫胺素的应用产品常是其盐酸盐和硝酸盐，二者均为白色结晶粉末。

维生素B_1较耐热和耐酸，对碱敏感。在干燥空气中对氧稳定。碱性湿热条件下，维生素B_1易破坏。硝酸硫胺素较盐酸硫胺素更为稳定。盐酸硫胺素和硝酸硫胺素包装完好可保存二年。

（2）维生素B_2

中文名叫核黄素，存在于所有活细胞中。其饲料来源有肝、肾、奶、蛋、鱼、绿色植物。水溶性好的核黄素衍生物——核黄素–5–磷酸钠也是常用的饲料添加产品。核黄素为黄色或橙黄色晶体粉末，稍溶于水，对热和空气中氧稳定，但对碱、光及紫外线极为敏感，很快分解失效。核黄素应严格避光于干燥处保存。

（3）维生素B_3

中文名叫泛酸，广泛存在于绿色植物和动物的肝、肾和脑中，酵母中含量甚丰，为吸湿性很强的油状液体，饲用上多用其白色结晶粉末的钙盐和钠盐。泛醇为泛酸的衍生物，也有泛酸的生物活性，同样也是黏稠油状液体。无论泛酸或其钙盐和钠盐，只有右旋（d–）的产物才具有生物活性，而消旋形式（dl–）产物只有1/2的活性。泛酸的盐类易溶于水，在pH为5～7时较稳定。泛酸对湿热不稳定，因而制颗粒料时有较大损失。室温干燥条件下，泛酸钙对光和氧均不太敏感。

（4）维生素B_4

中文名叫胆碱，动物代谢过程可以产生。自然存在于绿色植物、谷实、豆类、酵母中。鱼粉、肉骨粉和内脏粉中含量丰富。饲料中添加通常为氯化胆碱。胆碱和氯化胆碱水溶液为黏稠液体，其吸附在载体上的为50%粉剂，如不加包被隔离二者均易吸潮，故应密封干燥保存。氯化胆碱对维生素A、D、E及B族其他维生素有破坏作用，不宜直接加入维生素预混料中。

（5）维生素B_5

中文名叫烟酸或尼克酸，另一代号为维生素PP。同功物为烟酰胺。前者存在于植物饲料中，多为结合形式且生物效价较低，后者存在于动物产品中。二者均为白色针状结晶，性质稳定，耐酸、碱、光、热和氧。

（6）维生素B_6

中文名叫吡哆素。有三种同功物即吡哆醇、吡哆醛、吡哆胺，都有维生素B_6活性。存在于谷物和绿色植物中，动物肉、肝、肾、鱼、蛋黄、奶和酵母中含量丰富。商品出售的盐酸吡哆醇为白色结晶粉末，易溶于水，对热和氧稳定，较耐酸，而在碱性溶液中遇光则分解。

（7）维生素B_7

中文名叫生物素，另一常用代号为维生素H。存在于蔬菜、水果、奶和谷物中，动物的肝、肾、肉和酵母中含量较丰。自然存在的是右旋的d-生物素。纯品为白色针状结晶，溶于水，对光和氧稳定。紫外线能逐渐破坏生物素活性。在弱酸、弱碱水溶液中较稳定，但强酸碱、氧化剂和加热都易使生物素破坏。天然饲料中的生物素大约有半数不能被动物利用。

（8）维生素B_{10}

中文名叫叶酸。存在于植物绿叶和蔬菜中，动物的肝、肾、肉、奶中都含有。化合物结构上是喋啶环、对氨基苯甲酸与一个或多个谷氨酸结合而成。合成品只有一个谷氨酸分子。黄或橙黄色结晶粉末。易溶于稀酸、稀碱中，稍溶于水。叶酸对空气和热稳定，光特别是紫外线对其有破坏作用。酸、碱、氧化剂和还原剂对叶酸均有破坏作用。

（9）维生素B$_{12}$

中文名叫钴胺素，又名氰钴胺。植物性饲料中不含有此种维生素，动物性来源的肝、肾、蛋黄中含量较丰，在有钴存在时，微生物可合成维生素B$_{12}$。纯品为红棕色结晶粉末，对热和空气较稳定。碱、强酸和紫外线易使维生素B$_{12}$破坏。维生素B$_{12}$应密封避光保存于冷凉干燥处。

（10）维生素C

中文名称抗坏血酸。它存在于蔬菜、水果及各种绿色植物中。饲料中的抗坏血酸易因高温暴露于空气中而氧化损失。动物体内可合成相当数量的维生素C，除毛皮兽外，通常不致缺乏。但在营养不平衡，体内寄生虫或处于应激情况下，动物对维生素C需求大增，需由饲料补充。化学合成或发酵生产的维生素C是L–抗坏血酸。

（三）复合多种维生素

为了生产使用方便，可预先按各类动物对维生素的需要，拟制出实用型配方，按配方将各种维生素与抗氧化剂和疏散剂加到一起，再加惰性物稀释剂和载体，充分混合均匀，即成为复合多种维生素，也称为维生素预混料。

八、添加剂

添加剂是指那些在常用饲料之外，为某种特殊目的而加入配合饲料中的少量或微量物质。其目的在于满足养殖生产的特殊需要，如促生长、增食欲、防饲料变质、保存饲料中某些物质的活性、破坏饲料中的毒害成分、改善饲料及畜产品品质、改善养殖环境等。广义来说，饲料添加剂包括非营养性和营养性添加剂（补充、平衡配合饲料的营养成分、提高营养价值）。营养性饲料添加剂已按其相应性质列入蛋白质饲料（氨基酸及非蛋白质含氮化合物）、矿物质饲料（微量矿物元素添加剂）、维生素饲料（单一或复合维生素制剂）各节，因而这里不再涉及。所以本节所述饲料添加剂，实际上是指全部非营养性添加物质。

（一）生长促进剂

1. 酶制剂

酶制剂的主要功能是帮助降解饲料中的一些营养物质或抗营养物质，直接或间接地提高饲料养分的消化率和利用率。目前，饲用酶制剂已近20种，主要有：

（1）木聚糖酶和β-葡聚糖酶

木聚糖酶主要添加于小麦为主的饲料中；β-葡聚糖酶主要添加于大麦为主的饲料中。

（2）α-淀粉酶和蛋白酶

这两种酶制剂常添加到幼龄动物的饲料中。哺乳仔猪饲料中添加α淀粉酶可提高淀粉的利用率，添加蛋白酶可提高植物性蛋白质的消化率。

（3）纤维素酶

主要用于以大麦、小麦为主的饲料中。

（4）果胶酶

常添加于大豆饼、粕为主的饲料中。

（5）混合酶

混合酶是将淀粉酶、蛋白酶和脂肪酶按效价配合而成的混合酶制剂，随着单种酶制剂的发展，混合酶制剂使用越来越少。

（6）植酸酶

其主要作用是分解饲料中的植酸盐类，促使单胃动物充分利用磷、钙、锌、镁等矿物质，减少对环境造成的污染。

2. 益生素

益生素是指通过改善小肠微生物平衡的饲料添加剂。其主要作用是通过消化道微生物的竞争排斥作用，帮助动物建立有利于宿主的肠道微生物群系，预防腹泻和促进生长。

目前，配合饲料中使用的活性微生物制剂主要有乳酸菌（尤指嗜酸性乳酸菌）、链球菌、芽孢属杆菌、酵母菌等。一般来说，选择益生素及饲用微生物时，应具有良好的附着于肠道上皮细胞、生长繁殖速度快，抑制肠道有害微生物繁殖，能产生抗菌性物质，并适合相应的生产方法，以保证具有较强的活力。

3. 酸制剂

酸制剂在动物饲料中的使用越来越多，使用酸制剂不仅可提高饲料的适口性，还可获得良好的饲养效果及对饲料的充分利用。目前，市场出售用作饲料添加剂的酸制剂有三类：

（1）纯酸化学品

如延胡索酸和柠檬酸。日粮添加一定量的延胡索酸，有提高仔猪、幼禽和牛的增重及降低腹泻发病率的作用。

（2）以磷酸为基础的产品

（3）以乳酸为基础的产品

与前两种产品比较，其没有刺激性气味，因而能提高断奶日粮的适口性。乳酸还能促进消化道中有益菌的生长，并能抑制病原菌。

（二）饲料保存剂

为了保证饲料的质量，防止饲料品质下降或提高饲料调制的效果，有必要在饲料中添加各种饲料保存剂，如抗氧化剂、防霉防腐剂等。

1. 抗氧化剂

在配合饲料或某些原料中添加抗氧化剂可防止饲料中的脂肪和某些维生素被氧化变质，从而达到阻止或延迟饲料氧化、提高饲料稳定性和延长贮存期的目的。常用的抗氧化剂有乙氧基喹啉（山道喹）、丁基化羟基甲苯（BHT）等。添加量为0.01%～0.05%。

2. 防霉防腐剂

在饲料保存过程中可防止发霉变质，还可防止青贮饲料霉变。常用的防霉防腐剂有丙酸及其钠（钙）盐和苯甲酸钠、山梨酸、山梨酸钾等。

（三）饲料品质改善剂

包括香料、调味剂及着色剂三种。可增强动物食欲，提高饲料的消化吸收及利用率。

1. 饲用香味剂

用以改善和提高饲料的适口性，使动物喜食，常见的香味剂有天然的和合成的两种。主要有香草醛、肉桂醛、香醛、丁香醛、果酯和其他香料。香料可以掩盖某些不良气味，增进动物食欲。

2. 饲用调味剂

添加饲用调味剂的目的是为增加饲料的口味，包括适口性和口感，以促进畜禽食欲、增加食量、提高畜禽的饲养效益。

3. 饲用着色剂

饲用着色剂多用于蛋鸡和肉鸡饲料中，以增加蛋黄和肉鸡皮肤的颜色。禽的饲料色素主要来源于玉米、苜蓿和草粉，其中所含有的类胡萝卜素主要为黄、橙色的叶黄素和玉米黄质，二者统称为胡萝卜素醇或叶黄素。

（四）其他添加剂

1. 黏合剂

又称制粒添加剂，用于颗粒饲料和饵料的制作，目的是减少粉尘损失，提高颗粒料的牢固程度，减少制粒过程中压模受损，是加工工艺上常见的添加剂。

常见的黏合剂有磺酸木质素、丙二醇、膨润土、淀粉、果胶、三聚磷酸钠、阿拉伯胶、羧甲基纤维素钠等。

2. 抗结块剂（流散剂）

饲料原料由于受潮吸水，易发生结块，不易搅拌均匀，在饲料中加入适量的流散剂能保持饲料原料流散畅通均匀地进入搅拌机，从而保证配合饲料的质量。

常见的流散剂有硅藻土、高岭土、二氧化硅、沸石、硬脂酸钙、硬脂酸钠等。

3. 中草药添加剂

中草药是天然的动植物或矿物质，本身含有丰富的维生素、矿物质和蛋白质，在饲料中可以补充营养，同时还有促进生长、增强动物体质、提高抗病能力的作用。中草药饲料添加剂资源丰富，来源广泛，可进行开发利用。

第二节　饲料营养价值评定

饲料营养价值是指饲料本身所含营养成分以及这些营养成分被动物利用后所产生的营养效果。饲料中所含有的营养成分是动物维持生命活动和生产的物质基础，一种饲料或饲粮含的营养成分越多，而这些养分又能大部分被动物利用的话，这种饲料的营养价值就高。反之，若饲料或饲粮所含营养成分低或虽营养成分含量高，但能被动物利用得少，则其营养价值就低。

在实际肉牛生产管理中，我们可以通过物理方法、化学分析方法、生物学分析方法等几种方法进行饲料营养价值评定。

一、物理方法评定

对于肉牛养殖场（户），物理评定方法是最为常用、实用的饲料及原料检测方法，本章进行重点介绍。

（一）样品的采集与制备

样品是待检饲料原料或产品的一部分。从待测饲料原料或产品中按规定采集一定数量、具有代表性样品的过程称为采样。将样品经过干燥、磨碎和混合处理，以便进行理化分析的过程称为样品的制备。饲料样品的采集和制备是饲料分析中两个极为重要的步骤，直接影响饲料原料或产品检测化验的准确度，必须加以重视。

1. 样品的采集

样品采集是饲料分析中的第一步，也是最重要的一个环节。要求所采集的样品必须具有代表性，即代表全部被检物质的平均水平。采样的根本目的是通过对样品理化指标的分析，客观反映受检饲料或产品的品质。

（1）散装或打包的原料、混合饲料的采样方法：

①取样量。每个样品的取样量至少1.5～2.5kg。

②取样部位。随机抽取几个点进行取样。

③所有测定指标都需要取平行样进行重复测定。

（2）袋装的原料、混合饲料的采样方法：

①取样量。用槽形的饲料取样器取样0.5kg。

②取样部位。饲料数量为1～10包时，从每包中取样；饲料数量为11包以上时，抽取10包。

③至少分析3个样品，取其平均值。

（3）成品出料口采样方法　用取样铲在出料口采样，每10袋取样1份。样品的包装应用内衬有塑料袋，外加布袋或牛皮纸袋，包装材料不得用与包装内容物发生化学反应的物质。样品装袋后，将印有采样人印章的标签放在样品袋内，扎紧以防松散。最后用塑料袋封好，置冷暗处保存。

2. 样品的制备

饲料样品的制备在于确保样品的均匀性，即进行分析时所取的任何部分都能代表全部被检测物质的成分。根据被检物质的性质和检测项目要求，可以用摇动、搅拌、切碎、研磨或捣碎等方法进行。互不相溶的液体，分离后分别取样。

（1）粉碎

块状或粒状的原始样品，不能直接用于分析测试，需要经过破碎、粉碎工作。

（2）过筛

样品在粉碎过程中，并非所有的试样颗粒都是同步粉碎的，其试样颗粒大小在很大范围内变动。为了加快粉碎速度，在对试样粉碎前和粉碎过程中用一定孔径筛孔的分样筛过筛一遍，将筛上物再进行粉碎，这样可以有效地加快粉碎速度。应该注意的是，任何时候都不能随意弃去筛上物。

（3）混匀

在试样中常含有一些比重、硬度不同的组分，在粉碎和过筛的过程中，会使一些硬度大、比重小的组分产生滞后现象，造成物料的分级。因此，试样全部过筛后须混匀。

（4）缩分

原始样品经加工处理后一般重量较大，不能直接作为分析试样，需经缩分后，取其中的一部分作为分析试样。缩分方法常用的有四分法、正方形法、分样器法。

①四分法。样品混匀后，用木板将样品摊成圆盘形，通过圆心划两根垂直的直线，将样品分成四等份，任意取出对角的两个1/4合并成一个试样。如采集的样品太多，可再进行混匀、继续用四分法缩分。

②正方形法。将混匀后的样品摊成长方形的薄层，然后用直尺将样品分成若干个正方形，取其中的一个或几个小块作为正样或副样，只要方格的完整性没有破坏，就可从中取出一个或几个试样，这种方法常用于缩分的最后阶段。

③分样器法。采用槽式分样器进行缩分可省去混匀手续。槽式分样器的内部并排焊接着一些隔板，这些隔板形成几个一左一右交替开口的隔槽，试样倒入后，分别由槽底两侧的开口流出，从而形成两等份试样。分样器的槽口越窄，缩分的准确性越高，但要保证试样不堵塞隔槽。

（二）感官性状的评定

感官鉴定是指通过视觉、味觉、嗅觉、触觉等方式，对饲料原料的物理形态、颜色、气味、质地等是否正常，是否发酵、霉变、虫蛀，是否含有异物做出判断。此法对样品不加以任何处理，直接通过感觉器官进行鉴定。

1. 饲料感官鉴定的方法

（1）视觉鉴定

观察饲料的形状、色泽、颗粒大小以及有无霉变、虫子、硬块、异物等。

（2）味觉鉴定

通过舌舔来感觉饲料的涩、甜、苦、哈、香等滋味；通过齿嚼感觉饲料的硬度，判断饲料有无异味和干燥程度等。但应注意不要误尝对人体有毒有害物质。

（3）嗅觉鉴定

通过鼻子嗅饲料的气味，判断饲料霉变、腐败、焦味，脂肪酸败、氧化等情况。

（4）触觉鉴定

将手插入饲料中或取样品在手上，用指头捻、手抓，感触饲料的粒度大小、软硬度、温度、结块、黏稠性、滑腻感、有无夹杂物及水分含量等情况。

感官性状的结果应与参考样品或预定的标准进行比较。感官鉴定是一种技术性和经验性都很强的饲料质量检验的方法，在饲料生产企业中，感官鉴定是最普通、最初步、简单易行的鉴定方法。感官检验对于明显变质的劣质原料是一种直观而简易的判断方法。

2. 常用饲料原料的感官检验项目

（1）颜色

颜色的任何变化都可能指示着谷物成熟度、贮藏条件的变化；也可能是存在毒素、沙石或使用杀虫、杀真菌剂造成的，在这些情况下饲料原料的外观都可能失去本身的色泽而变得灰蒙蒙的。

（2）气味

气味对于判断饲料及原料新鲜程度，以及有些情况下掺假等很有价值。一般正常的原料都具有本身固有清新气味，无异味；过期的饲料有一种令人难以忍受的陈腐、发霉味。禁止采购具有霉味、发酵味、氨臭味、焦煳味、腐败臭味、其他异味等饲料及原料。

也可以通过气味对饲料原料是否掺假进行判断：如发霉饼类、擦去绿霉后玉米仍有刺激性气味；胡麻饼混入芥菜籽饼会有辣味；饲料混入氧化镁、硫酸镁会有苦味等。

（3）质地和同质性

主要检验原料外形是否饱满、均匀、整齐，硬度是否适宜，是否存在污染物，如其他谷物、颖壳、破碎的谷物、野草种子、受虫害的谷物、霉变、腐烂、结块、沙石等情况。

（4）水分

水分是影响饲料原料品质最大的因素之一。检测饲料原料是否干燥，是否有受潮现象，可以通过触觉进行判断。检测者可将手伸入一袋粮食中，如果粮食是干燥的，在袋子的里层和外层不会感到任何温度差异；如果粮食水分含量高，那么在冬季会感到袋子中心处的粮食比外层的粮食热，在夏季会感到袋子中心处的粮食比外层的粮食凉。有条件的规模肉牛养殖场可通过便携式水分测定仪进行测定。

3. 识别常用饲料的感官特征

（1）识别玉米

①颜色。较好的玉米呈黄色且均匀一致，无杂色颗粒。

②气味、质地和同质性。随机抓一把玉米在手中，嗅其有无异味，粗略估计（目测）饱满程度、杂质、霉变、虫蛀粒的比例，初步判断其质量。随后，取样称重，测容重（或千粒重），分选霉变粒、虫蛀粒、不饱满粒、热损伤粒、杂质等异常成分，计算结果。玉米的外表面和胚芽部分可观察到黑色或灰色斑点为霉变，若需观察其霉变程度，可用指甲掐开其外表皮或掰开胚芽作深入观察。区别玉米胚芽的热损伤变色和氧化变色，如为氧化变色，味觉及嗅觉可感氧化（哈喇）味。

③水分。用指甲掐玉米胚芽部分，若很容易掐入，感觉较软，则水分较高，若掐不动，感觉较硬，水分较低，也可用牙咬判断或用手搅动（抛动）玉米，如声音清脆，则水分较低，反之水分较高。玉米水分感观检测法见表8-18。

（2）识别豆粕

①颜色、质地和同质性。先观察豆粕颜色，较好的豆粕呈黄色或浅黄色，

表8-18　玉米水分感官检测法

玉米水分	脐部	牙齿咬	手指掐	大把握	外观
14%～15%	明显凹下，有皱纹	震牙，有清脆场	费劲	有刺手感	—
16%～17%	明显凹下	有震牙，有响声	稍费劲	—	—
18%～20%	稍凹下	易碎，稍的声	不费劲	—	有光泽
21%～22%	不凹下，平	极易碎	掐后自动合拢	—	较强光泽
23%～24%	稍凸起	—	—	—	强光泽
25%～30%	凸起明显	—	掐脐部出水	—	光泽特强
30%以上	玉米粒成圆柱形	—	压胚乳出水	—	—

色泽一致。较生的豆粕颜色较浅，有些偏白，豆粕过熟时，则颜色较深，近似黄褐色（生豆粕和熟豆粕的脲酶均不合格）。再观察豆粕形状及有无霉变、发酵、结块和虫蛀并估计其所占比例。好的豆粕呈不规则碎片状，豆皮较少，无结块、发酵、霉变及虫蛀。有霉变的豆粕一般都有结块，并伴有发酵，掰开结块，可看到霉点和面包状粉末。其次判断豆粕是否经过二次浸提，二次浸提的豆粕颜色较深，焦糊味也较浓。最后取一把豆粕在手中，仔细观察有无杂质及杂质数量，有无掺假（豆粕主要防掺豆壳、秸秆、麸皮、锯木粉、砂子等物）。

②气味。闻豆粕的气味，是否有正常的豆香味，是否有生味、焦糊味、发酵味、霉味及其他异味。若味道很淡，则表明豆粕较陈。

③尝味道。咀嚼豆粕，尝一尝是否有异味，如生味、苦味或霉味等。

④水分。用手感觉豆粕水分。用手捏或用牙咬豆粕，感觉较绵的，水分较高；感觉扎手的，水分较低。两手用力搓豆粕，若手上粘有较多油腻物，则表明油脂含量较高（油脂高会影响水分判定）。

（3）识别菜籽粕

①颜色、质地和同质性。先观察菜籽粕的颜色及形状，判断其生产工艺类型。浸提的菜籽粕呈黄色或浅褐色粉末或碎片状，而压榨的菜籽饼颜色较深，有焦糊物，多碎片或块状，杂质也较多，掰开块状物可见分层现象。压榨的菜籽饼因有毒，一般不被选用（但有可能掺入浸提的菜籽粕中）。再观察菜籽粕有无霉变、掺杂、结块现象，并估计其所占比例（菜籽粕中还有可能掺入沙子、桉树叶、菜籽壳等物）。

②气味。闻菜籽粕味道，是否有菜油香味或其他异味，压榨的菜籽粕较浸提的菜籽粕味道香。

③水分。抓一把菜籽粕在手上，掂一掂其份量，若较重，可能有掺砂现象，松开手将菜籽粕倾倒，使自然落下，观察手中菜籽粕残留量，若残留较多，则水分及油脂含量都较高。同时，观察其有无霉变、氧化现象。再用手摸菜籽粕感觉其温度，一般情况下，温度较高，水分也较高，若感觉烫手，大量堆码很可能会引起自燃。

（4）识别棉籽粕

①颜色、质地和同质性。观察棉籽粕的颜色、形状等。好的棉籽粕多为黄色粉末，黑色碎片状棉籽壳少、棉绒少，无霉变及结块现象。抓一把棉籽粕在手中，仔细观察有无掺杂，估计棉籽壳所占比例及棉绒含量高低，若棉籽壳及棉绒含量较高，则棉籽粕品质较差，粗蛋白较低，粗纤维较高。

②水分。用力抓一把棉籽粕，再松开，若棉籽粕被握成团块状，则水分较高，若成松散状，则水分较低。将棉籽粕倾倒，观察手中残留量，若残留较多，则水分较高，反之较少。用手摸棉籽粕感觉其温度，一般情况下，温度较高，水分较高，若感觉烫手，大量堆码很可能会自燃。

③气味。闻棉籽粕的气味，看是否有异味、异嗅等。

（5）识别次粉

①颜色、质地和同质性。看次粉颜色、新鲜程度及含粉率。好的次粉呈白色或浅灰白色粉状。颜色越白，含粉率越高（好次粉含粉率应在90%以上）。

②气味。闻次粉气味，是否有麦香味或其他异嗅、异味、霉味、发酵味等。

③水分。抓一把次粉在手中握紧，若含粉率较低，松开时次粉呈团状，说明水分较高，反之较低（含粉率很高时则不能以此判定水分高低，要以化验为准）。

④尝味道。取一些次粉在口中咀嚼感觉有无异味或掺杂。若次粉中掺有石粉等异物时，会感觉口内有渣，含而不化。

（6）识别麸皮

①颜色、形状。麸皮一般呈土黄色，细碎屑状，新鲜一致。

②气味。闻麸皮气味，是否有麦香味或其他异味、异嗅、发酵味、霉味等。

③质地、同质性、水分。抓一把麸皮在手中，仔细观察是否有掺杂和虫蛀；掂一掂麸皮份量，将手握紧，再松开，感觉麸皮水分，水分高较粘手，再用手捻一捻，看其松软程度，松软的麸皮较好。

（7）识别米糠

①颜色、形状。米糠呈浅灰黄色粉状，新鲜一致，伴有少量碎米和谷壳尖。再看其是否发霉、发酵和生有肉虫。

②气味。闻米糠气味，是否有清香味或其他异嗅、异味、霉味、发酵味等。

③水分、同质性。抓一把米糠在手中，用力握紧后再松开，若手指和手掌上有滑腻的感觉，则含油较高，反之较低；若手感没有滑腻感觉，但有湿润感，则水分较高；察看碎米颜色，若米粒有渗透形的绿色时，则不新鲜；用手指在手掌上反复揉捻，若感觉粗糙则说明糠壳较重；抓一把若坠手，则说明可能有掺杂。

④尝味道。取少许米糠在口中含化，看有无异味或掺杂，正常情况下，应有微甜味、化渣。假如含化时不化渣，咀嚼有细小硬物，则可能掺有膨润土、沸石粉、泥灰、砂石等物质。

（8）识别大豆

①颜色及外观。大豆应颗粒均匀，饱满，呈一致的浅黄色，无杂色、虫蛀、霉变或变质。

②水分。用手掐或用牙咬大豆，据其软硬程度判断大豆水分高低，大豆越硬，水分越低。

（9）识别酒糟蛋白饲料（DDGS）

①颜色、形状。DDGS呈黄褐色碎屑状，含有较多玉米皮状物。

②气味。DDGS略带微酸甜味，无其他异嗅、异味。

③尝味道。DDGS尝起先有微酸味，后有玉米香味回味。

④水分。用手捻DDGS，若感觉粘手，则水分较高，反之较低。

（三）物理性状的评定

根据饲料原料所固有的物理性状进行鉴定和判断。物理性状的评价通常通过筛分法、容重法、比重鉴别法和镜检法。

1. 筛分法

利用各种大小的筛子（如10目、20目、30目等）将原料过筛，观察饲料原料的粒度、掺杂物的种类及比例等，用这种方法能分辨出用肉眼看不出来的异物。

2. 容重法

容重可以反映玉米和其他谷物籽粒的饱满和成熟程度，是评价谷物原料质量的关键指标之一。容重代表了单位容积原料的质量，各种饲料原料都有其固有的容重，通过测量容重并与标准容重相比，可鉴别饲料原料是否含有杂质和掺杂物。各种常用饲料的容重见表8-19。常见风干饲料原料容重见表8-20。

表8-19　各种常用饲料原料的容重参考表

原料	容重（g/L）	原料	容重（g/L）
玉米	626.2	米糠	350.7 ~ 337.7
大麦	353.2 ~ 401.4	棉籽饼粕	594.1 ~ 642.3
小麦	610.2 ~ 626.2	大豆饼粕	594.1 ~ 610.2
小麦麸	208.7		

表8-20　常见风干饲料原料容重

样品名称	比重	样品名称	比重
谷食类、糠麸类、饼粕类等	小于1.5	鱼骨	1.3 ~ 2.0
咸海产、虾渣、蟹壳	1.4 ~ 2.0	兽骨	1.9 ~ 2.2
牡蛎渣、贝壳等	1.9 ~ 2.6	硅藻土	1.8 ~ 2.5
骨粉、大理石	2.6 ~ 2.9		

3. 比重鉴别法

应用比重不同的液体，将饲料放入液体内，根据其沉浮情况来鉴别有无异物混入、异物的种类和大概比例。常用液体的比重：甲苯（0.88）、蒸馏水（1.00）、氯仿（1.47）、四氯化碳（1.59）、三溴甲烷（2.90）等。

比重鉴别法是比较简单、实用的方法之一，既可以鉴别出鱼粉和其他原料中是否混杂有土沙、稻壳、锯末等异物，又可以鉴别出混合饲料中单种原料的混合比例。

4. 显微镜检查法

饲料显微镜检查对于鉴别杂质、污染物和评价进厂原料的质量是一种有用的方法，饲料原料中掺杂的异物，如果皮、果壳、石子和廉价替代物，都能很容易地被检查出来。

它也可作为鉴别成品中缺少某种原料的一种有用方法。显微镜检查是基于观察已知原料的有关特征，通过使用低倍镜来进行诸如形状、颜色、粒度、软度、硬度和质地等物理特征检查和物料鉴别。

二、化学分析方法

化学分析方法多用于饲料企业对饲料原料或成品检测，肉牛养殖场（户）应用较少，只作简要介绍。

（一）定性分析

在饲料中加入适当的化学物质，根据所发生的颜色反应，或是否有气体、沉淀产生来判断其主要成分是什么，是否混有异物。特别是淀粉和木质素能根据颜色反应清楚地检查出来。

1. 淀粉

（1）原理

碘—碘化钾遇淀粉变蓝。

（2）用途

鉴定鱼粉等动物性饲料中是否混有淀粉质物质。

（3）方法

取试样 1～2g 于小烧杯中，加入 10mL 水加热 2～3 分钟浸取淀粉，冷却后滴入 1～2 滴碘—碘化钾溶液（取碘化钾 6g 溶于 100mL 水中，再加入碘 2g）观察颜色变化，如果溶液颜色立即变蓝或蓝黑，则表明试样中有淀粉质物质存在。

2. 木质素

（1）原理

间苯三酚与木质素在强酸条件下，可产生红色的化合物。

（2）用途

检测饲料中是否混有锯末、花生皮粉末、稻壳粉末等。

（3）方法

取试样少许用间苯三酚液（将间苯三酚2g溶于100mL 90%乙醇中）浸湿，放置约5分钟后，滴加浓盐酸1～2滴，观察颜色，如果试样呈深红色，则表明试样中含有木质素。

3. 碳酸盐

（1）原理

碳酸盐与盐酸反应生成CO_2。

（2）用途

鉴别饲料中是否混有石粉、贝壳粉等。

（3）方法

把少量试样放入稀盐酸（$HCl：H_2O=1：1$）中，如果有气泡产生（CO_2），则说明有碳酸盐的存在，或将样置于在玻璃上，滴入少量盐酸，有气泡产生，则说明有碳酸盐的存在。

4. 食盐

（1）原理

氯离子与银离子反应生成氯化银白色沉淀。

（2）用途

鉴别饲料中是否混有食盐。

（3）方法

试样中加入5～6倍的水，用力震荡摇匀，过滤后，向滤液中加入稀硝酸和硝酸银溶液各1～2滴，若有食盐，则将产生白色沉淀。此外，通过观察这种白色沉淀的多少，还可以推断食盐的含量。

（二）定量分析

用定量分析法来检测饲料原料的化学成分，根据其成分含量与标准作比较来评价其质量，看是否有异物存在，并给饲料配合提供可靠数据。

通常需检测的成分是水分、粗蛋白质、粗纤维、粗脂肪、粗灰分、无氮浸出物、钙、磷等常规成分。除常规成分外，对一些原料还需根据其特殊性质进行相应的检测。如对大豆及其制品，还必须测定尿素酶的活性以判断其所含抗营养物质（抗胰蛋白酶）的破坏程度；在使用菜籽饼、棉籽饼、胡麻饼粕、花生饼粕、木薯粉等作饲料原料时，则必须检测其中相应的毒害物质，如异硫氰酸酯、游离棉酚、氰化物、黄曲霉毒素B_1、亚硝酸盐等含量。上述化学成分检测方法可参照有关国家标准进行，本章只作简单介绍。

1. 饲料中水分和其他挥发性物质含量的测定原理（GB/T 6435—2014）

根据样品性质的不同，在$103 \pm 2℃$、1个大气压的特定条件下，对试样进行干燥所损失的质量在试样中所占的比例。

2. 饲料中粗蛋白质含量的测定原理（GB/T 6432—2018）

凯氏法测定试样中的含氮量，即在催化剂作用下，用浓硫酸破坏有机物，使含氮物转化成硫酸铵。加入强碱进行蒸馏使氨逸出，用硼酸吸收后，再用酸滴定，测出氮含量，将结果乘以换算系数6.25，计算出粗蛋白质含量。

3. 饲料粗脂肪含量的测定原理（GB/T 6433—2006）

将试样放在特制的仪器中，用脂溶性溶剂（乙醚、石油醚、三氯甲烷等）反复抽提，可把脂肪抽提出来，浸出的物质除脂肪外，还有一部分类脂物质，如游离脂肪酸、磷脂、蜡、色素以及脂溶性维生素等，所以称为粗脂肪。

4. 饲料中粗纤维含量的测定原理（GB/T 6434—2006）

用固定量的酸和碱，在特定条件下消煮样品，再用醚、丙酮除去醚溶物，经高温灼烧扣除矿物质的量，所余量称为粗纤维。它不是一个确切的化学实体，只是在公认强制规定的条件下，测出的概略养分。其中以纤维素为主，还有少量半纤维素和木质素。

5. 饲料中粗灰分含量的测定原理（GB/T 6438—2018）

根据无机物不能燃烧的特性，将一定质量的试样在$550℃$的高温电炉中灼烧，试样经灼烧完全后，余下的残留物质如氧化物和盐，称为灰分。因灰分中除含有钾、钠、钙、镁等氧化物和可溶性盐外，还含有泥沙和原来存在于动植物组织中经灼烧成的二氧化硅，故称为粗灰分，用质量分数表示。

6. 饲料中钙含量的测定原理（GB/T 6436—2002）

（1）高锰酸钾法

将试样中有机物破坏，钙变成溶于水的离子，并与盐酸反应生成氯化钙，加入草酸铵溶液使钙成为草酸钙白色沉淀，用硫酸溶解草酸钙，再用高锰酸钾标准溶液滴定游离的草酸根离子，根据高锰酸钾标准溶液的用量，计算出试样中钙含量。

（2）乙二胺四乙酸二钠络合滴定法

将样品中的有机物破坏，钙变成溶于水的离子，用三乙醇胺、乙二胺、盐酸羟胺和淀粉溶液消除干扰离子的影响，在碱性溶液中以钙黄绿素为指示剂，用乙二胺四乙酸二钠标准液络合滴定钙，可快速测定钙的含量。

7. 饲料中总磷含量的测定原理（GB/T 6437—2018）

将试样中的有机物破坏，使磷游离出来，在酸性溶液中，用钒钼酸铵处理，生成黄色的（NH_4）$_3PO_4NH_4VO_3 \cdot 16MoO_3$络合物，在波长400nm下进行比色测定。

8. 饲料中水溶性氯化物含量的测定原理（GB/T 6439—2007）

试样中的氯离子溶解于水溶液中，如果试样含有有机物质，需将溶液澄清，然后用硝酸稍加酸化，并加入硝酸银标准溶液使氯化物形成氯化银沉淀，过量的硝酸银溶液用硫氰酸铵或硫氰酸钾标准溶液滴定。

三、生物学分析方法

生物学分析方法就是对被动物摄食后的饲料，在消化、吸收和利用过程中的变化及其效率，可采用消化试验、代谢试验（或称平衡试验）、比较屠宰试验和饲养试验等方法进行测定。

在肉牛养殖中，通常采用饲养试验，即通过计算一段时间内肉牛的平均日增重、料重比、饲料报酬等评价饲料及原料营养价值。

（一）饲养试验的概念

饲养试验是在生产（或模拟生产）条件下，探讨与动物饲养有关的因子对动物健康、生长发育和生产性能等的影响或因子本身作用的一种研究手段。因子有多种，如某一饲料、添加剂和饲养技术等。

（二）饲养试验设计的方法

1. 分组试验

分组试验是饲养试验最常用的一种类型，就是将供试动物分组饲养，设试验组和对照组，以比较不同饲养因素对动物生产性能影响的差异。要求运用生物统计中完全随机设计的原则进行分组。其方案见表8-21。

表8-21　分组试验

组别	预试期	正试期
对照组	基础日粮	基础日粮
试验组1	基础日粮	基础日粮+试验因子A
试验组2	基础日粮	基础日粮+试验因子B

分组试验的特点是，对照组与试验组都在同一时间和条件下进行饲养。因此可以认为，环境因素对每一个体的影响是相同的，从而可以不予考虑。当然，个体之间的差异是存在的，但如果供试个体达到足够数量，这种差异也可忽略不计。所取得的结果有较高的可信度。

2. 分期试验

分期试验是把同一组（头、只、群）供试动物在不同时期采用不同的试验处理，观察各处理间的差异。其方案见表8-22。

表8-22　分期试验

初试期	正试期	后试期
基础日粮	基础日粮+试验因子	基础日粮

分期试验的特点是，试验动物需要较少，可在一定程度上消除个体间的差异。但是，即使试验过程的环境条件完全相同（实际上是不可能的），同一个体的生产水平因不同阶段也存在差异。如奶牛的产奶量随时间推移呈一条曲线。这为资料的统计处理带来了不便，结果的准确性也受到一定影响。此法一般用在试验动物较少、采用分组试验有困难且仅适用于成年动物的饲养试验。

3. 交叉试验

交叉试验是按对称原则将供试个体分为两组，并在不同试验阶段互为对照的试验方法。其设计方案见表8-23。

表8-23　交叉试验

组别	第一期	第二期	第三期
1组	基础日粮	基础日粮+试验因子A	基础日粮＋试验因子B
2组	基础日粮	基础日粮+试验因子B	基础日粮＋试验因子A

第一期是预试期。第二期与第三期开始前应有3～6天过渡期，两个组的日粮在不同试验中相互交换。进行数据处理时，可把两个试验组的平均值与两个对照组的平均值进行比较。在供试个体较少时，这种试验方法可在一定程度上消除个体差异和分期造成的环境因素对个体的不同影响，因而可获得较为准确的试验结果。

（三）饲养试验设计的原则与要求

试验设计的好坏直接关系到试验结果的准确性与可靠性。在进行饲养试验时，如果试验设计不合理，就可能会得出错误的结论或得不出结论，造成人力、物力和时间的浪费。为此，设计饲养试验时，必须遵循设置重复、随机排列和局部控制三条基本原则。

1. 设置重复

重复是指在同一处理设置的试验单元数。其作用是估计误差，降低误差和增强试验的代表性。

2. 随机排列

一方面就是用随机方法来确定每个试验单元接受哪种处理。就是说，在分组时，不掺杂任何人为的主观因素；另一方面，在试验条件的安排、试验指标的测定上也采用随机的方法。

3. 局部控制

在饲养试验中，无论怎样努力，也无法使所有试验条件完全一致，因此，试验时经常采用局部控制的办法。所谓局部控制，就是在试验时，采取各种技术措施，使局部条件保持一致的办法。

饲养试验目的要明确，试验应有实际意义，计划要周密。通常有以下直接目的：解决生产中亟待解决的问题；充分利用资源，优化日粮结构，进一步提高经济效益。依据上述目的，制订试验计划与方案，作为试验操作的指南，以避免盲目性与随意性，使试验有条不紊地进行。

第三节　肉牛的营养需要

肉牛营养需要是指肉牛在最适宜环境条件下，正常、健康生长或达到理想生产成绩对各种营养物质种类和数量的最低要求。

一、肉牛营养需要的划分

牛采食的饲料营养成分被消化吸收后用于机体维持需要、生长和繁殖需要，不被消化的部分被排出体外。肉牛的营养需要可以分为维持需要、生长（未成年）需要、繁殖需要、育肥需要和泌乳需要几部分。

（一）维持需要

维持需要是指在维持一定体重的情况下，保持生理功能正常所需的养分。营养供应上为维持最低限度的能量和修补代谢中损失的组织细胞，保持基本的体温所需的养分。通常情况下，牛所采食的营养有1/3～1/2用在维持上，维持需要的营养越少越经济。影响维持需要的因素有运动、气候、应激、卫生环境、个体大小、牛的习性和禀性、个体要求、生产管理水平和是否哺乳等。

（二）生长需要

以满足牛体躯骨骼、肌肉、内脏器官及其他部位体积增加所需的养分，为生长需要。在经济上具有重要意义的是肌肉、脂肪和乳房发育所需的养分，这些营养需求随牛的年龄、品种、性别及健康状况而异。

（三）繁殖需要

肉牛的繁殖需要包括母牛的繁殖需要和种公牛的繁殖需要。

母牛的繁殖需要是指母牛能正常生育所需的营养，包括使母牛不过于消瘦以致奶量不足，致使被哺育的犊牛体重小而衰弱的营养需求和母牛在最后1/3妊娠期增膘，以利于产后再孕的营养需求。母牛的繁殖需要不足会影响犊牛的发育效果，最终影响育肥户的经济效益。能量不足时母牛产后体膘恢复慢，不易发情，受孕率较低。蛋白质不足使母牛繁殖力降低，延迟发情，犊牛初生重减轻。碘不足造成犊牛出生后衰弱或死胎。维生素A不足使犊牛畸形、衰弱，甚至死亡。因此，妊娠牛在后期的营养很重要。

对于种公牛来说，营养均衡日粮才能满足培养高繁殖率种牛的需要。种公牛在繁殖中的作用主要是生成精子，并使母牛卵子受精。所以，只要保持种公牛体格健壮、性欲旺盛、配种能力强、精子活力高即可。能量水平不足可导致种公牛性器官功能降低和性欲减退，过高的能量水平会使其体况偏肥，性功能减退。蛋白供应量不足会影响精子形成并减少射精量，过高不利于精液品质的提高。

（四）育肥需要

育肥是为了增加牛的肌肉间、皮下和腹腔间脂肪蓄积，因其能改善肉的风味、柔嫩度、产量、质量等级以及销售等级，具有直接的经济意义。膘情丰满的个体在售价上占有优势，无论是屠宰、销售，膘情都是重要的考核指标。

（五）泌乳需要

泌乳营养是促使妊娠母牛产犊后给犊牛提供足够乳汁的养分。过瘦的母牛常常产后缺奶，这在肉牛繁殖过程中经常出现，主要是由于不注意妊娠后期母牛营养所致。

二、肉牛营养需要

肉牛的生长和育肥需要能量、蛋白质、矿物质、维生素、微量元素等各种营养物质。任何一种营养物质供应不足或各种营养物质之间的比例不适当，均可能造成肉牛的生长育肥受阻。因此，需要了解肉牛的营养需要，合理地配合肉牛的日粮。

（一）干物质采食量

干物质采食量，就是肉牛在单位时间内采集饲料干物质的总量。肉牛在身体健康、饲料营养均衡的条件下，摄入的干物质越多，增重越多。

1. 影响干物质采食量的因素

肉用牛的干物质采食量是其体重的1.4%～3.0%，但在很大程度上受牛体、饲料、环境以及饲养管理等因素的影响。

（1）牛体自身影响

牛体自身影响干物质采食量的因素有品种、性别、体重、月龄、生理状态（生长、妊娠、泌乳等）以及健康状态等。一般认为，体脂肪沉积量越大，干物质采食量越低。泌乳期的牛营养需要量越多，干物质采食量也趋于增多。还发现有时妊娠末期牛的干物质采食量会因胎儿发育而减少。

（2）饲料因素

来自饲料的因素，有饲喂饲料的能量浓度、蛋白质含量、无机物含量、精粗饲料的比例、粗饲料的品质等，特别是以放牧饲养为主的育成牛和能繁母牛，需要特别注意所采食饲草的品质。

（3）环境因素

环境因素包括温度、湿度、风速、日照等，都影响干物质采食量。

2. 生长育肥牛干物质采食量

生长育肥牛干物质采食量为肉牛体重的1.4%～2.7%，精料补充料采食量占体重的0.8%～1.5%，日粮精粗比随育肥阶段不同而变化，总体呈前低后高趋势。根据国内生长育肥牛的饲养试验总结资料，干物质采食量的参考计算公式：

$$DMI=0.062 \times LBW^{0.75}+（1.5296+0.0037 \times LBW）\times ADG$$

式中：DMI——干物质采食量，kg/d；

　　　 LBW——活重，kg；

　　　 ADG——平均日增重，kg/d。

3. 繁殖母牛干物质采食量

繁殖母牛干物质采食量为5.3～9.9kg/天，占母牛体重的1.5%～2.3%，精料补充料采食量占体重的0.6%～0.9%，日粮精粗比35∶65，生产中可根据日粮营养水平、母牛体况和妊娠天数进行调整。妊娠期前5个月胎儿发育缓慢，日粮按维持需要增加10%供给；后4个月胎儿发育很快，日粮按维持需要增加20%供给。根据国内繁殖母牛的饲养试验结果，妊娠母牛的干物质采食量参考计算公式：

$$DMI=0.062 \times LBW^{0.75}+（0.790+0.05587 \times t）$$

式中：DMI——干物质采食量，kg/d；

　　　 LBW——活重，kg；

　　　 t——妊娠天数。

4. 泌乳母牛干物质采食量

泌乳母牛干物质采食量为5.7～9.2kg/天，占母牛体重的1.5%～2.3%，精料补充料采食量占体重的0.5%～0.8%，日粮精粗比40∶60。根据国内泌乳母牛的饲养试验结果，泌乳母牛干物质采食量参考计算公式：

$$DMI=0.062 \times LBW^{0.75}+0.45 \times FCM$$

$$FCM=0.4 \times M+15 \times MF$$

式中：LBW——活重，kg；

　　　 FCM——4%乳脂率标准乳，kg；

M——每日产奶量，kg/d；

MF——乳脂肪含量，kg。

（二）肉牛的能量需要

能量是肉牛最基本、也是最重要的营养成分，是肉牛生命活动不可或缺的物质。肉牛的基本生命活动，例如血液循环、心跳、呼吸、体温、内分泌以及肉牛的生长、繁殖、运动、采食均需要消耗能量。因此，满足肉牛的能量需要是非常重要的。

牛所需要的能量主要来源于饲料中的碳水化合物、蛋白质及脂肪。这些物质在机体内消化代谢过程中合成与分解，为其提供生存活动及生长发育所需的能量。我国肉牛饲养标准中，以净能体系来表示能量需要和饲料的能值。

肉牛净能需要量见附表1-4。

1. 肉牛能量体系

饲料消化能同时转化为维持净能和增重净能的综合效率（K_{mf}）因日粮营养水平不同存在很大的差异，饲料综合净能（NE_{mf}）的评定是根据饲料消化能乘以饲料消化能转化为净能的综合效率（K_{mf}）。我国将肉牛的维持和增重所需能量统一起来采用综合净能表示，并以肉牛能量单位表示能量价值，缩写为RND。计算公式如下：

$$饲料综合净能（NE_{mf}，MJ/kg）=DE \times K_{mf}$$

$$K_{mf}=K_m \times K_f \times 1.5/（K_f+K_m \times 0.5）$$

式中：K_{mf}——消化能转化为净能的效率；

DE——饲料消化能，MJ/kg；

1.5——饲养水平值；

K_m——消化能转化为维持净能的效率；

K_f——消化能转化为增重净能的效率。

肉牛能量单位（RND）是以1kg中等玉米（二级饲料玉米，干物质88.5%，粗蛋白质8.6%，粗纤维2.0%，粗灰分1.4%，消化能16.40MJ/kg干物质，K_m=0.621，K_f=0.4619，K_{mf}=0.5573，NE_{mf}=9.13MJ/kg干物质）所含的综合净能值8.08MJ为一个肉牛能量单位，即RND=NE_{mf}（MJ）÷8.08（MJ）。

2. 生长育肥牛的能量需要

（1）维持净能需要量

我国肉牛饲养标准（2004）推荐的计算公式为NE_m（kJ）$=322 \times LBW^{0.75}$。

其中：LBW为牛的体重（kg），此数值适合于中等温度、舍饲、有轻微活动和无应激环境条件下使用，当气温低于12℃时，每降低1℃，维持能量消耗增加1%。

（2）增重净能需要量

肉牛的能量沉积就是增重净能，其计算公式如下：

$$NE_g = [ADG \times (2092 + 25.1 \times LBW)] / (1 - 0.3 \times ADG)$$

式中：NE_g——增重净能，kJ/d；

　　　LBW——活重，kg；

　　　ADG——平均日增重，kg/d。

（3）生长育肥牛综合净能需要量

$$NE_{mf}（KJ）= \{322 \times LBW^{0.75} + [ADG \times (2092 + 25.1 \times LBW)] / (1 - 0.3 \times ADG)\} \times F$$

式中：NE_{mf}——综合净能，kJ/d；

　　　LBW——活重，kg；

　　　ADG——平均日增重，kg/d；

　　　F——不同体重和日增重的肉牛综合净能需要的校正系数，见表8-24。

表8-24　不同体重和日增重的肉牛综合净能需要的校正系数（F）

体重 （kg）	日增重（kg/d）											
	0	0.3	0.4	0.5	0.6	0.7	0.8	0.9	1.0	1.1	1.2	1.3
150~200	0.850	0.960	0.965	0.970	0.975	0.978	0.988	1.000	1.020	1.040	1.060	1.080
225	0.864	0.974	0.979	0.984	0.989	0.992	1.002	1.014	1.034	1.054	1.074	1.094
250	0.877	0.987	0.992	0.997	1.002	1.005	1.015	1.027	1.047	1.067	1.087	1.107
275	0.891	1.001	1.006	1.011	1.016	1.019	1.029	1.041	1.061	1.081	1.101	1.121
300	0.904	1.014	1.019	1.024	1.029	1.032	1.042	1.054	1.074	1.094	1.114	1.134
325	0.910	1.020	1.025	1.030	1.035	1.038	1.048	1.060	1.080	1.100	1.120	1.140
350	0.915	1.025	1.030	1.035	1.040	1.043	1.053	1.065	1.085	1.105	1.125	1.145
375	0.921	1.031	1.036	1.041	1.046	1.049	1.059	1.071	1.091	1.111	1.131	1.151

体重	日增重（kg/d）											
（kg）	0	0.3	0.4	0.5	0.6	0.7	0.8	0.9	1.0	1.1	1.2	1.3
400	0.927	1.037	1.042	1.047	1.052	1.055	1.065	1.077	1.097	1.117	1.137	1.157
425	0.930	1.040	1.045	1.050	1.055	1.058	1.068	1.080	1.100	1.120	1.140	1.160
450	0.932	1.042	1.047	1.052	1.057	1.060	1.070	1.082	1.102	1.122	1.142	1.162
475	0.935	1.045	1.050	1.055	1.060	1.063	1.073	1.085	1.105	1.125	1.145	1.165
500	0.937	1.047	1.052	1.057	1.062	1.065	1.075	1.087	1.107	1.127	1.147	1.167

3. 母牛的能量需要

（1）生长母牛的能量需要

①生长母牛的维持净能需要与生长育肥牛相同，为$322 \times LBW^{0.75}$，而增重净能需要按照生长育肥牛的110%计算。其计算公式：

$$NE_g = 1.1 \times [ADG \times (2092 + 25.1 \times LBW)] / (1 - 0.3 \times ADG)$$

式中：ADG——平均日增重，kg/d；

LBW——活重，kg。

②生长母牛净能需要：

$$NE_{mf}(KJ) = \{322 \times LBW^{0.75} + 1.1 \times [ADG \times (2092 + 25.1 \times LBW)] / (1 - 0.3 \times ADG)\} \times F$$

式中：NE_{mf}——综合净能，kJ/d；

LBW——活重，kg；

ADG——平均日增重，kg/d；

F为不同体重和日增重的肉牛综合净能需要的校正系数，见表8-24。

（2）妊娠母牛的能量需要

①根据国内78头妊娠母牛饲养试验的结果，维持净能需要为$322 \times LBW^{0.75}$的基础上，不同妊娠天数每千克胎增重需要的维持净能：

$$NE_c = G_w \times (0.19769 \times t - 11.76123)$$

式中：NE_c——妊娠净能需要量，kJ/d；

G_w——胎日增重，kg/d；

t——妊娠天数。

②不同妊娠天数（t）、不同体重妊娠母牛的胎日增重公式：

$$G_w=（0.00879 \times t-0.8545）\times（0.1439+0.0003558 \times LBW）$$

式中：G_w——胎日增重，kg/d；

　　　LBW——活重，kg；

　　　t——妊娠天数。

③妊娠综合净能需要量

计算不同体重母牛妊娠后期各月的胎增重的维持净能需要，加上维持的维持净能需要即为总的维持净能需要量。综合国内消化试验结果，维持净能校正为综合净能的平均系数为0.82。总的维持净能需要量乘以校正系数即为综合净能需要量。

妊娠综合净能需要量计算公式：

$$NE_{mf}=（NE_m+NE_c）\times 0.82$$

式中：NE_{mf}——妊娠综合净能需要量，kJ/d；

　　　NE_m——维持净能需要量，kJ/d；

　　　NE_c——妊娠净能需要量，kJ/d。

（3）泌乳母牛的能量需要

①维持净能需要为$322 \times LBW^{0.75}$。

②泌乳净能需要量的计算公式：

$$NEL=M \times 3.138 \times FCM$$

$$或 \quad NEL=M \times 4.184 \times（0.092 \times MF+0.049 \times SNF+0.0569）$$

式中：NEL——泌乳净能，kJ/d；

　　　M——每日产奶量，kg/d；

　　　FCM——4%乳脂率标准乳，kg；

　　　MF——乳脂肪含量，%；

　　　SNF——乳非脂肪固形物含量，%。

由于代谢能用于维持和用于产奶的效率相似，故泌乳母牛的饲料产奶净能供给量可以用维持净能计算。

③泌乳综合净能需要量的计算公式：

$$泌乳母牛综合净能=（维持净能+泌乳净能）\times 校正系数$$

（三）肉牛的蛋白质需要

蛋白质和能量一样，是动物用于维持、生长、繁殖以及泌乳所必需的主要养分。在体内所有组织中，除水分和脂肪之外，蛋白质所占的比例为80%，不仅是肉牛肌肉组织及其他组织的重要组成部分，还在肌肉运转、酶和激素作用以及免疫反应等生命活动和生产活动上起着重要的作用。蛋白质是三大营养物质中唯一含氮元素的有机化合物，当肉牛所需的热能不足时，蛋白质、脂肪可用于产热以供牛体需要，但当蛋白质供给不足时，却无法由其他养分替代。日粮蛋白质缺乏，会导致肉牛生长显著受阻。满足肉牛的蛋白质需要是非常重要的。肉牛蛋白质需要量见附表1-5。

1. 生长育肥牛的蛋白质需要量

（1）根据国内的最新氮平衡试验结果，建议肉牛维持的粗蛋白质需要量（g）$=5.43 \times LBW^{0.75}$。

（2）生长育肥牛增重的粗蛋白质需要量（g）$=ADG \times （168.07-0.16869 \times LBW+0.0001633 \times LBW^2） \times （1.12-0.1233 \times ADG）/0.34$

式中：LBW——活重，kg；

ADG——平均日增重，kg/d。

（3）生长育肥牛的粗蛋白质需要量（g）$=5.43 \times LBW^{0.75}+[ADG \times （168.07-0.16869 \times LBW+0.0001633 \times LBW^2） \times （1.12-0.1233 \times ADG）/0.34]$

式中：LBW——活重，kg；

ADG——平均日增重，kg/d。

2. 生长母牛的蛋白质需要量

（1）同生长育肥牛的粗蛋白质需要量

维持需要的粗蛋白质（g）$=5.43 \times LBW^{0.75}$

（2）增重的粗蛋白质需要量（g）$=ADG \times （168.07-0.16869 \times LBW+0.0001633 \times LBW^2） \times （1.12-0.1233 \times ADG/0.34）$

式中：LBW——活重，kg；

ADG——平均日增重，kg/d。

（3）生长母牛的粗蛋白质需要量（g）$=5.43 \times LBW^{0.75}+[ADG \times （168.07-0.16869 \times LBW+0.0001633 \times LBW^2） \times （1.12-0.1233 \times ADG/0.34）]$

3. 小肠可消化粗蛋白质需要量

肉牛小肠可消化蛋白质需要量等于用于维持、增重、妊娠、泌乳的小肠可消化粗蛋白质的总和。肉牛小肠可消化粗蛋白质需要表见附表1-4。

（1）维持小肠可消化粗蛋白质需要量

肉牛小肠可消化粗蛋白需要量计算公式：

$$IDCP_m = 3.69 \times LBW^{0.75}$$

式中：$IDCP_m$——维持小肠可消化粗蛋白质需要量，kg/d；

　　　LBW——活重，kg。

（2）增重小肠可消化粗蛋白质需要量

肉牛增重的净蛋白质需要量（NP_g）为动物体组织中每天蛋白质沉积量，它是根据从单位千克增重中蛋白质含量和每天活增重计算而得到的。增重蛋白质沉积量也随动物活重、生长阶段、性别、增重率变化而变化。以肉牛育肥上市期望体重500kg，体脂肪含量为27%作为参考，增重的小肠可消化蛋白质需要量计算公式：

$$NP_g = ADG \times [268 - 7.026 \times (NEg/ADG)]$$

当$LBW \leqslant 330$时，

$$IDCP_g = NP_g / (0.834 - 0.0009 \times LBW)$$

当$LBW > 330$时，

$$IDCP_g = NP_g / 0.492$$

式中：NP_g——净蛋白质需要量，g/d；

　　　$IDCP_g$——增重小肠可消化粗蛋白质需要量，g/d；

　　　LBW——活重，kg；

　　　ADG——平均日增重，kg/d；

　　　0.492——小肠可消化粗蛋白质转化为增重净蛋白质的效率；

　　　NE_g——增重净能，MJ/d。

（3）妊娠小肠可消化粗蛋白质需要量

小肠可消化蛋白质用于妊娠肉用母牛胎儿发育的净蛋白质需要量用NPc来表示，具体根据犊牛出生重量（CBW）和妊娠天数计算。其模型建立数据是以海福特青年母牛妊娠子宫及胎儿测定结果为基础，计算公式：

$$NP_c=6.25 \times CBW \times [0.001669-(0.00000211 \times t)] \times e^{(0.0278-0.0000176 \times t) \times t}$$

$$IDCP_c=NPc/0.65$$

式中：NP_c——妊娠小肠可消化粗蛋白质需要量，g/d；

t——妊娠天数；

0.65——妊娠小肠可消化粗蛋白质转化为妊娠净蛋白质的效率；

CBW——犊牛出生重，kg。

具体计算公式：

$$CBW=15.201+0.0376 \times LBW$$

式中：CBW——犊牛出生重，kg

LBW——妊娠母牛活重，kg。

（4）泌乳小肠可消化粗蛋白质需要量

产奶的蛋白质需要量根据牛奶中的蛋白质含量实测计算。

粗蛋白质用于奶蛋白的平均效率为0.6，小肠可消化粗蛋白质用于奶蛋白质合成的效率为0.70，公式如下：

$$产奶小肠可消化粗蛋白质需要量=X/0.70$$

式中：X——每日乳蛋白质产量，g/d；

0.70——小肠可消化粗蛋白质转化为产奶净蛋白质的效率。

4. 肉牛小肠可吸收氨基酸需要量

（1）小肠理想氨基酸模式

根据国内采用安装有瘤胃、十二指肠前端和回肠末端瘘管的阉牛进行的消化代谢试验研究结果，经反复验证后，肉牛小肠理想氨基酸模式见表8-25。

表8-25　小肠可消化粗蛋白质中各种必需氨基酸的理想化学分数

氨基酸	体蛋白质（g/100gIDCP）	理想模式（%）
赖氨酸（Lys）	6.4	100
蛋氨酸（Met）	2.2	34
精氨酸（Arg）	3.3	52
组氨酸（His）	2.5	39
亮氨酸（Leu）	6.7	105
异亮氨酸（He）	2.8	44

续表

氨基酸	体蛋白质（g/100gIDCP）	理想模式（%）
苯丙氨酸（Phe）	3.5	55
苏氨酸（Thr）	3.9	61
缬氨酸（Val）	4.0	63

（2）小肠可吸收赖氨酸和蛋氨酸维持需要量

根据国内采用安装有瘤胃、十二指肠前端和回肠末端瘘管的阉牛进行的消化代谢试验研究结果，在饲喂氨化稻草—玉米—棉粕型日粮条件下，生长阉牛维持的小肠表观可吸收赖氨酸和蛋氨酸需要量分别为0.1127g/kgW$^{0.75}$和0.0384g/kgW$^{0.75}$，对体表皮屑和毛发损失加以考虑后，维持的小肠表观可吸收赖氨酸和蛋氨酸需要量分别为0.1206g/kgW$^{0.75}$和0.0410g/kgW$^{0.75}$。小肠表观可吸收赖氨酸与蛋氨酸需要量之比为2.94：1，而体蛋白中的赖氨酸与蛋氨酸含量之比为3.23：1。

（四）矿物质需要

矿物质在牛体内种类较多，但含量很少，是一种重要但微量的营养物质。肉牛矿物质需要量见附表6。

1. 钙、磷

钙、磷是肉牛体内含量最多的矿物质，约99%的钙和80%的磷存在于骨骼和牙齿中。钙对肌肉收缩、细胞内信号的传递等非常重要，磷则对构成核酸以及三磷酸腺苷等在维持机体恒定性上非常重要，因而，在肉牛的无机物营养上，必须满足钙和磷的需要量。一般豆科牧草和向日葵含钙较多，而禾本科牧草和谷类籽实相对缺乏钙；饼粕、麦麸及动物性饲料中磷含量丰富。

缺钙能导致产后母牛昏迷，生长中的犊牛因缺钙会形成佝偻病。但钙过多会使磷和锌的吸收不足，引起尿石症等病。缺磷也会引起佝偻病，降低繁殖能力。

钙、磷的适宜比例为1：1～2：1，见附表1-4。

2. 食盐（氯化钠）

钠和氯是胃液的成分，与消化机能有关，对维持机体渗透压和酸碱平衡具有重要作用。植物饲料一般含钠量低，含钾量高，青粗饲料更为明显，钾能促进钠的排出，所以放牧牛的食盐需要量高于饲喂干饲料的牛，饲喂高粗料日粮耗盐多于高精料日粮。

缺乏食盐时牛出现异嗜，丧失食欲，被毛粗糙，眼睛无光，不能正常生长，严重时也能引起死亡。

肉牛食盐供给量应占日粮干物质的0.15%～0.25%，即可满足钠和氯的需要。

3. 镁

牛体内的镁65%～70%存在于骨骼，但镁在体内对酶的活化、神经传递、骨骼的形成等方面具有重要作用。放牧牛镁缺乏可引起牛的低镁血症，表现为急性痉挛症。特别在冷凉低温季节，采食施用大量氮肥和钾肥的鲜草后多发，这是因为钾拮抗性阻碍镁的吸收。在容易发生低镁血症的条件下，经口饲喂氧化镁制剂较为有效。

肉牛镁的需要量是单位干物质的0.05%～0.25%。

4. 硫

硫在动物体内约含0.15%，在牛奶中约含0.03%，因为大部分以半胱氨酸和蛋氨酸的形式存在于蛋白质中，因而与氮代谢关系密切。反刍动物瘤胃微生物能从无机硫合成含硫氨基酸，因此只用无机硫就能满足需要量。硫还是瘤胃微生物生长的必需物质。饲喂尿素等非蛋白氮时，有时会缺硫。

肉牛硫的需要量和中毒界限有不明之处，但把硫的需要量定为0.1%，中毒阈值定为0.4%。

5. 铁

体内的铁大部分以血红蛋白的形式存在，铁对氧和二氧化碳的运输发挥重要作用。铁典型缺乏症是贫血，但肉牛饲料中含有需要量以上的铁，几乎不存在缺铁的情况。但是，由于犊牛铁的需要量很高（100mg/kg干物质），乳中铁含量（6～7mg/kg干物质）很低，双犊往往是在贫血状态下出生等情况，哺乳犊牛有时也缺铁。

生长育肥牛、妊娠母牛和泌乳早期母牛铁的需要量为50mg/kg干物质，中毒阈值是1000mg/kg干物质。

6. 铜

铜作为铜蓝蛋白、超氧化物歧化酶等酶的构成成分调节牛体内代谢。牛铜缺乏症发生率在饲料含铜少或是含钼和硫等降低铜利用率的成分较多时较高。

生长育肥牛、妊娠母牛和泌乳早期母牛铜的需要量为10mg/kg干物质，中毒阈值是100mg/kg干物质。

（五）维生素需要

维生素是动物体正常生长发育、生产、繁殖和保健所需的微量小分子的复合有机化合物。按维生素存在于水或脂肪中的不同，分为脂溶性和水溶性两大类。

1. 脂溶性维生素

包括维生素A、维生素D、维生素E和维生素K，这些维生素都溶于脂肪，在畜体内贮存有相当数量。

（1）维生素A

维生素A对维持正常的视觉、上皮组织的健全、骨骼的生长发育和繁殖机能起到重要作用。哺乳犊牛可由奶中获得维生素A，断奶后可由饲料中获得β-胡萝卜素再转化成维生素A。青绿饲料中含有β-胡萝卜素，而且，颜色越绿含量越丰富，因为叶绿素与β-胡萝卜素共存，如果天旱少雨，缺乏青绿饲料时易出现维生素A缺乏症。

维生素A缺乏症表现为生长阻滞、食欲丧失、腹泻、夜盲、眼干、消瘦、神经失调、怀孕期缩短、胎衣滞留、产死胎、产盲犊及牛的受孕力降低等。维生素A过量有毒性，会造成骨骼过度生长、听神经和视神经受损及皮肤发炎等。

生长育肥牛维生素A需要量为2200IU/kg干物质，妊娠母牛为2800IU/kg干物质，泌乳母牛为3900IU/kg干物质。

（2）维生素D

维生素D与机体内钙磷代谢有密切关系。自然干燥的牧草中的麦角固醇可转化为维生素D$_2$，是肉牛维生素D的主要来源。肉牛在充足的日光下饲养也能获得一定的维生素D，但用高青贮日粮和高精料日粮育肥肉牛时容易缺乏维生素D。舍饲和强度育肥中也要补充维生素D。

维生素D缺乏症表现为骨软化症、骨质疏松症、佝偻病等。维生素D过量会引起钙在心脏、血管、关节、心包或肠壁过度沉积，导致心力衰竭、心血管及泌尿系统疾病。

肉牛维生素D需要量为275IU/kg干物质，犊牛、生长牛和成年母牛每100kg体重需600IU维生素D。

（3）维生素E

维生素E在动物体内具有广泛的生物学功能，补充适量的维生素E可以增强牛的繁殖机能，减少乳房炎和胎衣不下等。维生素E在饲料中分布十分广泛，正常饲养条件下的反刍动物能从饲料中获得足够量的维生素E，并且，由于饲料中的易氧化的不饱和脂肪酸在瘤胃中受到加氢作用，故对维生素E的需要量较少。

维生素E和硒有密切的关系。硒能防止维生素E缺乏的动物不发生肝病，并能共同保护心肌和骨骼肌，使犊牛不得白肌病。

犊牛维生素E需要量为15～60IU/kg干物质，生长育肥阉牛为50～100IU/d。

（4）维生素K

维生素K存在于凝血酶中，与磷钙代谢、谷氨酸代谢有关。维生素K_1广泛存在于青绿植物中，瘤胃微生物能合成足够的K_2。

维生素K缺乏会延长凝血时间，引起出血症。发霉的草木樨中含双香素，能竞争性拮抗维生素K，引起出血症。大量磺胺药，会破坏消化道维生素K的合成。

2. 水溶性维生素

包括B族维生素和维生素C，这类维生素都溶于水。

（1）B族维生素

B族维生素包括维生素B_1（硫胺素）、维生素B_2（核黄素）、维生素B_6（吡哆素）和维生素B_{12}（钴胺素）。犊牛一般在6周龄后，瘤胃内微生物发酵就可以形成足量的B族维生素，只要给牛喂以充分的蛋白质，为瘤胃微生物提供足够的氮素，一般不会缺乏。

（2）维生素C

牛体组织有合成维生素C的能力，通常不发生坏血症。

（六）肉牛对水的需要

水是牛体的组成部分，是生理作用的重要物质，能起溶解营养物质和促进整体呼吸和代谢的作用；水也是维持肉牛生命活动非常重要的物质，肉牛缺水5%会出现食欲减退，缺水10%会出现生理机能异常，缺水20%会导致死亡。肉牛所需要的水主要来自自饮水。肉牛水的需要量为肉牛体重的5%～6%，水的需要量受肉牛体重、环境温度、生产性能、饲料类型和采食量的影响。

哺乳期犊牛采食1kg干物质需要水5.4～5.7kg；青年牛及成年牛需水量为每采食1kg干物质需水3～3.5kg；育肥牛在以配合料为主时，夏秋季节每天需水40kg左右。牛的饮水量见表8-26。

表8-26　牛的饮水量

年龄	体重（kg）	饮水量（L）
4周	50	5.0～5.5
8周	70	5.5～7.5
12周	90	8.0～9.0
16周	110	10.0～13.0
20周	150	15.0～17.0
26周	190	17.0～23.0
60周	350	23.0～30.0
84周	460	30.0～40.0
1～2岁	450～550[*]	30.0～40.0
2～8岁	550～900[**]	20.0～40.0

注：*表示"肥育"；**为"放牧"。

（七）肉牛的纤维需要

粗纤维是瘤胃微生物正常发酵所必需的，瘤胃微生物的主要作用之一是分解饲料中的纤维素，日粮中充足的粗纤维可使瘤胃pH处于中性环境，分解纤维的微生物最活跃，对粗纤维的消化率最高。如果日粮纤维素水平过高，会导致动物热增耗增加和饲料利用率下降。当日粮中缺乏粗纤维时，会降低动物的咀嚼时间，导致具有缓冲作用的唾液分泌量减少，从而瘤胃pH下降，纤维分解菌的活动受到抑制，消化率降低。如果日粮中严重缺乏粗纤维，就会导致瘤胃pH过低，瘤胃内酸度过高，引起肉牛消化不良、厌食、腹泻，严重的还可引起瘤胃酸中毒、蹄叶炎、真胃移位和扭转等疾病。可见日粮中充足的粗纤维可保证肉牛正常消化和健康。肉牛日粮干物质中粗纤维含量应不低于17%。

第四节　肉牛日粮配合

一、日粮配合的原则与方法

（一）日粮配合的原则

在配合日粮时必须遵循下列原则：

（1）日粮是为了满足具体动物全面营养需要的，因此配合日粮时，首先必须以饲喂对象的营养需要或饲养标准为基础，再结合具体动物在实践中的生产反应，对标准给量进行适当调整，即灵活使用饲养标准。

（2）配合日粮时，除考虑供给营养物质的数量外，也必须考虑所用饲料的适口性。尽可能配合一个营养完全、适口性良好的日粮。

（3）配合日粮时，饲用原料的选择应使所配日粮既能满足饲喂对象的营养需求，又具有与其消化道相适应的容积。同时，所选饲料的性质也必须符合饲喂对象的消化生理特点。

（4）除上述诸项外，配合日粮时，饲用原料的选择必须考虑经济核算原则，即尽量因地制宜，选取适用且价格低廉者。

（二）日粮配合的条件

配合一种有科学依据的完善日粮，除依照上述原则及参考各种影响因素外，必须掌握下列参数：

（1）相应的营养需要量（饲养标准）。

（2）所用饲料的营养物质含量（饲料成分及营养价值表）。

（3）饲用原料的价格。

（三）日粮配合的几种方法

配合日粮是一项烦琐的运算过程。当动物的营养代谢过程及各种饲料营养成分的含量与作用尚未被人们掌握和认识的时候，营养的供给常带有一定的盲目性。此时为了较好地满足饲喂对象对各种营养物质的需要，人们往往追求构成日粮的饲用原料种类驳杂，以求得日粮中营养物质含量的均衡、全面。因而在配合日粮时，更增加了运算的繁重程度。

在电子计算机尚未在畜牧业中得到应用的年代，人们为了简化繁杂的运算而创立了各种简化配合日粮过程的方法（如试差法、四边形法、联立方程法、配料格与配料尺等）。随着分析手段的进展及营养科学研究的深入，饲养标准中规定的指标逐渐增多，有些饲养标准中规定的指标已由原来的6~7项增加到20余项甚至更多，在此种情况下靠手算几乎是不可能的。随着电子计算机技术的进展与普及，应用线性规划方法使这一运算过程大大加快，当前盛行的电子计算机最低成本配方即是。但为了使用电子计算机运算日粮配方，必须赋给电子计算机运算指令，即编制电子计算机程序。为此必须掌握有关配合日粮的基本知识和原理，因而掌握常规配合日粮的基本步骤与方法，仍是十分必要的，现将配合日粮的几种方法分别叙述如下。

1. 试差法

试差法也叫试配法，这是一种最原始的方法。其实质是反复对比所给饲料中提供的各营养物质总量与标准需要量，并根据两者之差反复调整饲料给量，以求其差别逐渐减少直至消失为止。应用试差法配合日粮时，首先按照饲养标准查出饲喂对象的相应营养需要量，再依现场条件选定所用饲料若干种，并由饲料成分及价值表中查出所选各种饲料的营养成分含量，最后根据饲喂对象的特点及饲用原料的性质，一步步确定各种饲料的给量，并计算所提供的营养物质数量，根据提供的各营养物质总量与查出的标准营养需要量间的差值，逐步变动各饲料的给量。这样反复多次比较与调整，使两者最终趋近平衡。此时日粮配合过程即告完成，而最终确定的各种饲用原料给量，就是日粮中的饲料组成。下面举例加以说明：

养1头150kg体重的生长肉用公牛，要求日增重0.7kg。

第一步，查生长育肥牛营养需要标准，得知需肉牛能量单位2.3RND、干物质4.12kg、粗蛋白548g、钙25g、磷12g。

第二步，根据当地草料资源，当地有大量青贮玉米和羊草，配合日粮时首先选用这些青粗饲料。查饲料营养价值，明确其养分含量见表8-27。

第三步，初步计划喂给青贮玉米8kg、羊草1.6kg。当算初配日粮养分，并与营养需要相比较，见表8-28。

249

表8-27　青贮玉米及羊草营养成分

名称	干物质（%）	肉牛能量单位（RND）	粗蛋白质（%）	钙（%）	磷（%）
青贮玉米	22.7	0.12	1.6	0.1	0.06
羊草	91.6	0.46	7.4	0.37	0.18

表8-28　初配日粮营养情况

饲料	饲喂量(kg)	干物质(kg)	肉牛能量单位(RND)	粗蛋白质(g)	钙(g)	磷(g)
青贮玉米	8.0	1.82	0.96	128	8	4.8
羊草	1.6	1.47	0.74	118.4	5.92	2.88
合计	9.6	3.29	1.70	246.4	13.92	7.68
需要量		4.12	2.3	548	25	12
差额A		−0.83	−0.6	−301.6	−11.08	−4.32

第四步，各营养物质均不足，应搭配富含能量、蛋白质的精料，并补充钙磷和食盐。选择玉米、向日葵饼、尿素、磷酸氢钙组成精料补充料，并查饲料营养价值表，形成表8-29。

表8-29　精料补充料营养成分

名称	干物质(%)	肉牛能量单位(RND)	粗蛋白质(%)	钙(%)	磷(%)
玉米	88.4	1.00	8.4	0.08	0.06
向日葵饼	93.6	0.61	46.1	0.53	0.35
尿素	100.0	0	280	0	0
磷酸氢钙	100.0	0	0	21	18
食盐	100	0	0	0	0

第五步，计算混合精料的营养，并与青粗料共同组成日粮，再与营养需要量差额A比较，列于表8-30。

表8-30　精料补充料营养含量比较

饲料	饲喂量(kg)	干物质(kg)	肉牛能量单位(RND)	粗蛋白质(g)	钙(g)	磷(g)
玉米	0.57	0.50	0.57	47.88	0.46	0.34
向日葵饼	0.42	0.39	0.26	193.62	2.23	1.47

续表

饲料	饲喂量(kg)	干物质(kg)	肉牛能量单位(RND)	粗蛋白质(g)	钙(g)	磷(g)
尿素	0.04	0.04	0.00	112.00	0.00	0.00
磷酸氢钙	0.04	0.04	0.00	0.00	8.40	7.2
食盐	0.02	0.02	0.00	0.00	0.00	0.00
合计	0.98	1.00	0.83	353.50	11.08	9.01
差额A		−0.84	−0.60	−301.60	−11.08	−4.32
与差额A 差额		0.16	0.22	51.90	0.00	4.696

汇总，已达到营养要求，确定日粮组成为玉米青贮8kg、羊草1.6kg、玉米0.57kg、向日葵饼0.42kg、尿素40g、磷酸氢钙40g、食盐20g。

2. 四边形法

四边形法亦称四角法，它与试配法一样，也是首先解决能量和粗蛋白质两项需要指标，使之符合标准中所规定的需要，然后再补足其他各项需要，最终配成满足具体对象各项营养要求的日粮。

当使用四边形法配合日粮时，通常先根据饲养习惯及约束条件，例如饲料原料现有数量、饲料原料价格、饲料性质等，确定部分原料的给量，并计算出这部分给定饲料中所提供的各种营养物质总量，然后将所提供的营养物质与饲养标准需要量比较，求出差值，再用留出的两种或两种以上的两类不同蛋白能量比的饲料，依四边形法计算补足所缺的能量和蛋白质，当所留出的饲料在两种以上时，可以先将饲料根据条件合成两种不同蛋白比（一种高于所缺部分的蛋白比，一种低于所缺部分的蛋白比）的混合料，然后按四边形法计算满足能量和蛋白质需要的两种混合料比例，再依原混合料中各种可用原料所占比例，分别求出各种饲料在日粮中的数量，最后补齐日粮中所缺的其他营养物质。下面举例加以说明：

为体重300kg的生长育肥牛配制日粮，饲粮含精料70%、粗料30%，要求每头牛日增重1.2kg，饲料原料选玉米、棉籽饼和小麦秸。步骤如下。

第一步，从营养标准生长育肥牛的营养需要中，查出300kg体重肉牛日增重1.2kg所需的各种养分。

干物质7.64kg/d、肉牛能量单位（RND）5.69RND/d、粗蛋白质850g/d。

第二步，分别从肉牛常用饲料营养价值表中查出玉米、棉籽饼、小麦秸的营养成分含量并换算为干物质中营养物质含量见表8-31。

表8-31　饲料原料营养价值

饲料原料	干物质（%）	肉牛能量单位（RND）	粗蛋白质（%）	干物质内营养含量	
				肉牛能量单位（RND）	粗蛋白质（%）
玉米	88.4	1	8.6	1.13	9.73
小麦秸	89.6	0.24	5.6	0.27	6.25
棉籽饼	89.1	0.75	31.2	0.84	35.02

第三步，计算出小麦秸提供的蛋白质含量。精粗比按7：3计，则小麦秸提供蛋白质含量：30%×6.25%=1.88%

第四步，计算日粮中玉米和棉籽饼的比例。

首先计算出日粮需要的蛋白质量：0.85÷7.64=11.13%。

由第三步得知粗饲料（小麦秸）提供的蛋白质为1.88%，精料占饲粮比例的70%，所以精料（玉米和棉籽饼）应提供的蛋白质：（11.13%-1.88%）÷70%=13.21%。

用四边形法计算玉米和棉籽饼的比例。见图8-1。

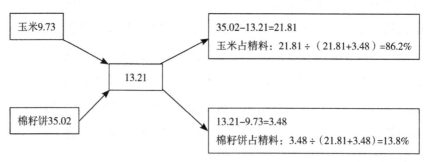

图8-1　四边形法计算玉米和棉籽饼的比例

由于日粮中精料只占70%，所以玉米在日粮中的比例应为70%×86.2%=60.34%，棉籽饼的比例为70%×13.8%=9.66%。

第五步，把配成的日粮营养成分与营养需要比较，检查是否符合要求，并计算出三种饲料饲喂量。见表8-32。

表8-32　日粮营养成分与营养需要比较及饲喂量

饲料名称	干物质（kg）	粗蛋白质（g）	肉牛能量单位（RND）	饲喂量（kg）
玉米	$7.64 \times 60.34\% = 4.61$	$4.61 \times 9.73\% \times 1000 = 448.6$	$4.61 \times 1.13 = 5.21$	$4.61 \div 88.4\% = 5.21$
棉籽饼	$7.64 \times 9.66\% = 0.74$	$0.74 \times 35.02\% \times 1000 = 259.1$	$0.74 \times 0.84 = 0.62$	$0.74 \div 89.1\% = 0.83$
小麦秸	$7.64 \times 30\% = 2.29$	$2.29 \times 6.25\% \times 1000 = 143.13$	$2.29 \times 0.27 = 0.62$	$2.29 \div 89.6\% = 2.56$
合计	7.64	850.83	6.45	
营养需要	7.64	850	5.69	
差额	0	+0.83	+0.76	

此配方为小麦秸2.56kg，玉米5.21kg，棉籽饼0.83kg。

通过上面计算，该配方粗蛋白基本满足需要，而能量偏高0.76RND，基本上符合要求。如果需要降低能量含量，可以增加低能饲料小麦秸的含量重新计算。在饲料种类不多及营养指标少的情况下，采用此法，较为简便。在采用多种类饲料及复合营养指标的情况下，亦可采用本法，但由于计算要反复进行两两组合，比较麻烦，而且不能使配方同时满足多项营养指标，故一般用试差法或联立方程法。

3. 联立方程法

此法原则上与四边形法相同。在给定部分饲料后，将所差能量及粗蛋白质指标作为目标函数，根据两种性质相异（高能量和高蛋白）的单一饲料或混合饲料的能量和蛋白质含量分别建立方程式构成联立方程组，然后解出满足欠缺指标量应给予的各种饲料数量。

二、配合饲料

（一）配合饲料概述

1. 配合饲料的优点

与传统的自给性饲料相比，配合饲料的优越性可大致归纳如下：

（1）配合饲料通常是由具有精良设备和现代生产技术的饲料工厂生产的，因而可以保证生产出符合动物营养需要的产品。

（2）配合饲料可体现最新的动物营养研究成果，以mg/kg计量的微量物质可以保证均匀地加入。

（3）工厂化生产可集中合理使用饲料原料，并促进开发新的饲料资源，减少浪费。

（4）简化了各类养殖业者的生产劳动，节省了养殖场的劳动力与设备支出。

（5）配合饲料应用面广、商品性强、规格明确、质量保证，且可大范围流通调剂。

（6）配合饲料的生产为养殖专业户和工厂化畜牧业经营者提供了良好条件。

2. 配合饲料的种类及相互关系

配合饲料在生产实践中使用的方式和特点并不一致。配合饲料习惯上是指能直接用于饲喂动物的全日粮配合饲料，即全价配合饲料。但作为工业化生产的产品，其含义较广。全价配合饲料只是产品中的一种。除此之外，凡按动物营养要求，由多种饲用原料科学配合而成的产品均称为配合饲料。因此，它既包括能直接用于饲喂的全价配合饲料，也包括中间类型的配合饲料，如预混合饲料、精料补充饲料及浓缩饲料。预混合饲料、浓缩饲料、精料补充饲料及全价配合饲料间的密切关系，可大致图示见图8-2。

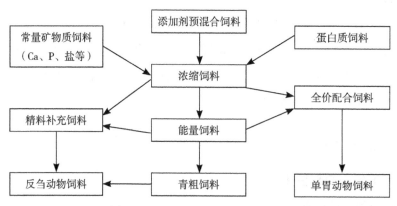

图8-2　预混料、浓缩料、精料补充料、全价配合饲料的关系

可见，全价配合饲料和精料补充饲料均可直接饲喂。只是后者尚须添加青粗饲料，而浓缩饲料和添加剂预混合饲料，不能单独直接饲喂。

（二）添加剂预混合饲料

添加剂预混合饲料与添加剂不同。添加剂预混合饲料是为了生产中使用方便，将原料进行一定加工处理后的产品。添加剂预混合饲料就是将一种或多种微量组分（各种维生素、微量矿物元素、合成氨基酸、某些药物等添加剂）与稀释剂或载体按要求配比均匀混合构成的中间型配合饲料产品。它不能直接用于饲喂动物。实际上它只是全价配合饲料的一种重要组分。添加剂预混合饲料的生产目的是使加量极微的添加剂经过稀释扩大，从而使其中有效成分均匀分散在配合饲料中。因而，通常要求添加剂预混合饲料的添加比例应为最终产品重量的1%或更高。若添加比例较低者，必须在生产配合饲料之前，再进行第二次预混、扩大，以保证微量组分在最终产品中的均匀分布。

1. 添加剂预混料的种类

由于添加剂预混料是由饲料添加剂与稀释剂或载体构成的，因而就其中含有的添加剂组分可将添加剂预混料划分为两大类。

（1）单一型添加剂预混料

包括单品种维生素预混料；稀释的单品种微量矿物元素预混料，如硒剂、碘剂；另外有些组分不宜与其他成分混合存放（互作影响效价）者，可制成单一型添加剂预混料（如氯化胆碱预混料）。

（2）复合型添加剂预混料

这是由多种添加成分与载体或稀释剂构成的预混料。它依添加组分的类型可分为两种，一种是由同一种类多种添加成分构成的，如多种维生素预混料、混合微量元素预混料；另一种是综合型添加剂预混料，是将各类添加物质按既定的需求全面补充后混合均匀的综合性产品。

2. 添加剂预混料原料的选择

生产添加剂预混料应对所需要的微量添加成分及载体或稀释剂进行相应的选择。市售可供给各种微量成分及作为稀释剂或载体的原料种类很多，纯度、效价、性质等也各有不同。总的选择原则是首先应当保证安全，即对原料中有毒、有害物质含量要有严格限制。关于有毒、有害成分含量，对无机原料主要规定了重金属及有毒元素的最大限量，见表8-33。

表8-33 有毒有害元素的最大限量

序号	项目（mg/kg）	产品	限量	试验方法
1	总砷	精料补充料	≤4	GB/T13079
2	铅	精料补充料	≤8	GB/T 13080
3	汞	其他配合饲料	≤0.10	GB/T 13081
4	镉	犊牛、羔羊精料补充料	≤0.50	GB/T 13082
5	铬	配合饲料	≤5	GB/T 13088—2006（原子吸收光谱法）
6	氟	牛、羊精料补充料	≤50	GB/T 13083

其次是价格低廉、效价最佳。

3. 添加剂预混料原料（有效成分及稀释剂）的前处理

（1）粉碎

由于添加剂预混料在整个配合饲料中所占比例不大，为使其均匀分布，要求它具有一定的粒度。粒度大小取决于添加剂预混料在配合饲料中的添加数量，加量越小粒度要求越细。

（2）驱水与疏水

添加剂预混料的有效成分中，有许多性质不同且不稳定的化学物质，若成品含水量较高则极易结块、变质或失效，从而影响使用效果，所以对含水量高的原料必须进行驱水或疏水处理。

（3）扩散与稀释

对预混料生产中用量极微的原料（如硒、碘、钴等）应预先进行扩散或稀释处理。对相互间有拮抗作用的物料，为减少其接触机会可利用载体承载或稀释扩大。

（4）覆膜与包囊

对一些易失效的活性组分，为保证其效价可进行覆膜或包囊处理以减少不良影响对其发生作用。目前所用易失效的维生素类都是采用微颗粒化覆膜处理过的。

4. 对载体和稀释剂的要求

添加剂预混料的生产离不开载体和稀释剂。可作为载体和稀释剂的物料很多，性质各异。对添加剂预混料的载体和稀释剂的要求可参照表8-34。

表8-34　对载体和稀释剂物料的要求

分类	含水率	粒度	容重	表面特性	吸湿结块	流动性	pH	静电
载体	<10%	30~80	接近承载或被稀释物	粗糙吸附性好	不易吸湿	差	中性	低
稀释剂		80~200		光滑流动性好	防结块	好		

（三）浓缩饲料

浓缩饲料是指全价饲料中除去能量饲料的剩余部分。浓缩饲料主要由三部分原料构成，即蛋白质饲料、常量矿物质饲料（钙、磷、食盐）和添加剂预混合饲料。

浓缩饲料的突出特点是除能量指标外，其余营养成分的浓度很高，为全价配合饲料的3~4倍。浓缩饲料不能直接饲喂动物，它须按一定比例与能量饲料配合后，才能构成用以饲喂动物的全价配合饲料或精料补充饲料。

1. 浓缩饲料的种类

浓缩饲料依其组分的不同，与能量饲料的配合比例并非固定。根据市场要求可以是二八浓缩饲料（即用二份浓缩料加八份能量饲料混合使用）、三七浓缩料以及四六浓缩料等。

2. 浓缩饲料的质量要求及使用注意

浓缩饲料与添加剂预混合饲料近似，都属中间产品，不经再次混合不能直接喂给动物。对其构成原料及产品的质量要求，在卫生指标上与添加剂预混料相同，对粒度及混合均匀度的要求略宽于添加剂预混合饲料。浓缩饲料的配合比例及对基础饲料的要求，均应在产品说明书或标签中有明确规定，以避免使用不当危害生产。特别对于含有药物及非蛋白氮的浓缩饲料，使用上更应注意。

3. 浓缩饲料质量标准

为控制浓缩饲料产品的质量，各企业都订有自己的企业标准。各省、市、地区也有地区性质量标准。

（四）全价配合饲料和精料补充料

全价配合饲料和精料补充料属饲料工业的最终产品，可以直接用于饲喂饲养对象。单胃动物饲喂全价配合饲料，能满足饲喂对象的营养需要；在反刍动物生产中，需饲喂精料补充料，以弥补其所食用粗饲料的营养不足、不全、不平衡的缺陷。以下只介绍精料补充饲料。

1. 精料补充饲料

它不能单独构成日粮，而是用以补充采食饲草不能满足需求的那一部分营养。这类饲料产品通常是为草食动物（牛、羊等）生产的，视之为草食动物的完全型精饲料。亦即牛、羊等草食动物在所采食的青、粗饲草及青贮料外，给予适量的精料补充饲料，即可全面满足饲喂对象的各种营养需要，其中也包括能量指标。

2. 精料补充饲料的质量要求及质量标准

精料补充饲料所用原料必须符合国家饲用原料标准，同时不得含有对动物及人类健康不利的物质。另外，加工工艺指标（粒度、混合均匀度等）也必须符合相应规定。

3. 精料补充饲料使用上的注意事项

（1）由于不同饲喂对象的营养需要量是不同的，因此在使用精料补充饲料产品时，必须注意选择与饲喂对象相符的型号，以免因饲料产品中营养成分含量偏离具体需要而造成饲喂动物代谢失衡或生产水平下降。

（2）应严格遵守使用规则，不可过期贮存，以免其中活性组分失效。

（3）对精料补充料，若变换基础饲草时，应根据动物生产反应及时调整精料补充料给量。

（4）所谓全面满足营养需要是相对的，因而要观察动物反应来调整喂量，以避免营养物质浪费或缺乏。

三、全混合日粮

（一）传统饲喂方式的缺陷

1. 营养配比不均衡，易出现营养过量或缺失；对原料单体品质要求高；易造成挑食现象，造成饲草、饲料资源浪费。

2. 耗费人力，不利于规模化、机械化、标准化饲养管理。

3. 因饲草饲料未经机械、化学处理，适口性和可消化性差，易产生消化系统与代谢疾病。

（二）全混合日粮（TMR）简介

1.概念

全混合日粮（total mixed ration，简称TMR）是指根据肉牛不同生长发育阶段营养需要和饲养方案，用特制的搅拌机将铡切成适当长度的粗饲料同精料和各种添加剂，按照配方要求进行充分混合，得到的一种营养相对平衡的日粮。TMR饲喂技术20世纪60年代在美国、英国、以色列等国家首先采用，20世纪80年代引入中国。目前，国内规模肉牛场已普遍使用这项技术。

2.优点

（1）应用全混合日粮饲喂技术，可有效保证肉牛采食的每口日粮营养均衡，满足肉牛不同生长阶段营养需要，避免肉牛挑食，提高适口性，增加干物质的采食量。

（2）简化饲养程序，提高饲料投喂精确度，减少浪费。可充分利用当地原料资源，降低饲料成本。

（3）降低劳动强度，省时、省力，显著提高规模效益和劳动生产率，有利于规模化、精细化、标准化生产。

（4）增强瘤胃代谢机能，减少真胃移位、酮血症、酸中毒等疾病的发生。

通过应用该技术，可实现分群管理和机械化饲喂，降低饲喂成本5%~7%，人工效率提高到1倍以上。试验结果表明：应用此项技术，育肥期肉牛平均日增重提高11.4%。

（三）TMR配制原则

1.合理分群

合理分群精细化管理，充分满足肉牛不同发育阶段对营养的需求。分群时要根据牛群年龄、体重、生长（产）阶段、体况、日粮营养水平、养殖规模等来确定。

2.配方设计及原料选择

根据养殖场饲草资源、分群大小和实际养殖情况，合理设计饲粮配方。日粮种类可以多种多样。粗饲料主要包括青贮饲料、青干草、青绿饲料、农副产品、糟渣类饲料等。精饲料主要包括玉米、麦类谷物、饼粕类、预混料等。根据各牛群特点，每个牛群可以单独制订TMR日粮，或者制作基础TMR+精料（草料）的方式来满足不同牛群营养需要。

3. 加工制作方法

（1）人工加工

将配制好的精饲料与定量的粗饲料（干草应铡短至2～3cm）经过人工方法多次掺拌，至混合均匀。加工过程中，应视粗饲料的水分多少加入适量的水（最佳水分含量为35%～45%）。

（2）机械加工

应用全混合日粮（TMR）专用加工设备，将干草、青贮饲料、农副产品和精饲料等原料，按照"先干后湿、先轻后重、先粗后精"的顺序投入到设备中。通常适宜装载量占总容积的60%～75%。加工时通常采用边投料边搅拌的方式，在最后一批原料加完后再混合4～8分钟完成。

4. 日常管理

要确保牛群采食新鲜、适口和平衡的TMR日粮，提高牛群平均日增重，日常管理要根据加工方法，注意控制投料速度、次数、数量等，仔细观察牛只采食情况。

（1）投喂方法

牵引或自走式TMR机使用专用机械设备自动投喂。固定式TMR混合机需将加工好的日粮人工进行投喂，但应尽量减少转运次数。

（2）投料速度

使用全混合日粮车投料，车速要限制在20km/小时，控制放料速度，保证整个饲槽饲料投放均匀。

（3）投料次数

要确保饲料新鲜，一般每天投料2次，可按照日饲喂量的50%分早晚进行投喂，也可按照早60%、晚40%的比例进行投喂。夏季高温、潮湿天气可增加1次。增加饲喂次数不能增加干物质采食量，但可提高饲料利用效率，在两次投料间隔内要翻料2～3次。

（4）投料数量

每次投料前应保证有3%～5%的剩料量，防止剩料过多或缺料，以达到肉牛最佳的干物质采食量。

（5）注意观察

料槽中TMR日粮不应分层，料底外观和组成应与采食前相近，发热发霉的剩料应及时清出，并给予补饲。牛采食完饲料后，应及时将食槽清理干净，并给予充足、清洁的饮水。

5. 注意事项

（1）牛舍建设应适合全混合车设计参数要求。每头牛应有0.5~0.7m的采食空间。

（2）检查电子计量仪的准确性，准确称量各种饲料原料，按日粮配方进行加工制作。

（3）根据牛不同年龄、体重进行合理分群饲养。

（4）防止铁器、石块、包装绳等杂物混入搅拌车。

（四）TMR质量监测与评价

1. 饲料原料与日粮检测

测定原料的营养成分是科学配制TMR的基础，因原料产地、收割季节及调制方法不同，TMR日粮干物质含量和营养成分差异较大，故TMR日粮每周应化验1次或每批化验1次。

2. 日粮评价

混合好的饲料应保持新鲜，精、粗饲料混合均匀，质地柔软不结块，无发热、异味以及杂物。含水量控制在35%~45%，过低或过高均会影响肉牛的干物质采食量。检查日粮含水量，可将饲料放到手心里抓紧后再松开，日粮松散不分离、不结块，没有水滴渗出，表明水分适宜。

（五）操作实例

1. 架子牛阶段育肥

辽宁省阜新恒盛丰牧业有限公司是专业肉牛育肥场，饲养的肉牛品种为辽育白牛和西门塔尔杂交牛。现有3栋标准化育肥牛舍（2200m²），年出栏育肥肉牛360头。育肥牛采用舍饲散栏分阶段育肥技术，全程采用TMR饲喂技术，精饲料采用浓缩+玉米，粗饲料饲喂全株玉米青贮+玉米秸秆，原则上严格控制精饲料饲喂量，保证瘤胃健康，粗饲料自由采食，每月测量一次体重并调整喂料量。全期平均月增重43kg，2020年每头牛收益在8000多元。育肥牛育肥阶段划分及饲喂量见表8-35。

表8-35　育肥牛育肥阶段划分及饲喂量

育肥阶段划分 (kg)	育肥牛体重 (kg)	精饲料配比	精饲料饲喂量	精粗比 (推荐量)
育肥前期	250~400	35:65	1%体重	40:60
育肥中期	400~600	30:70	1.1%~1.15%体重	55:45
育肥后期	600~800	25:75	1.2%~1.3%体重	65:35

2. 犊牛直线育肥

辽宁长青农业科技发展有限公司是一家集母牛繁育、肉牛育肥为一体的专业化肉牛养殖场，饲养的肉牛品种为辽育白牛和西门塔尔杂交牛。现有8栋标准化牛舍（8000m²），饲养母牛260头，年出栏育肥肉牛600头，2017年被评为国家级肉牛标准化示范场。育肥牛采用犊牛直线育肥技术，3月龄左右断奶犊牛持续育肥至15~16月龄，体重750kg左右出栏。采用散栏育肥，全程采用TMR饲喂技术，精饲料饲喂精料补充饲料，粗饲料饲喂全株玉米青贮+秸秆。2020年平均每头育肥牛收益1万元左右。根据年龄和体重，育肥牛各阶段饲喂量见表8-36。

表8-36　犊牛直线育肥各阶段饲喂量（kg）

起始月龄	重量	日饲喂精料量	日饲喂干草量	平均日增重
3月龄	150	1.25	自由采食	1.25
6月龄	250	2.5	2.5	1.5
9月龄	400	5~7.5	5~6.5	1.75
12月龄	550	7.5~10	6.5~7.5	1.75~2

第九章 疫病防控

第一节 常见传染病防治

一、牛传染性胸膜肺炎

（一）疫病简介

牛传染性胸膜肺炎是由牛丝菌霉形体引起的，对肉牛危害程度比较严重的一种传染病。其特征主要呈现纤维素性肺炎和胸膜肺炎症状，常呈亚急性或慢性经过。

（二）病原特性

丝菌霉形体是一种极为细小的原核细胞，无细胞壁，被覆由固醇和蛋白组成极薄的三层膜结构细胞膜，胞内唯一可见细胞器是核糖体。丝菌霉形体具有DNA和RNA两种核酸，对感染动物能够产生干扰素，但不能干扰动物的感染。本菌对热的抵抗力较弱，日光和干燥均可迅速将其致死。对酸性和碱性消毒药均敏感。

（三）传播途径

病牛是本病的主要传染源，主要通过直接接触传播。病原体主要存在于病畜的肺组织、胸腔渗出液和气管分泌物中，从呼吸道排出体外，通过含菌的空气飞沫经呼吸道传染。病畜也可从尿中排菌，污染饲草，经消化道而传染。本病主要侵害肉牛、奶牛、牦牛，一般不感染羊和骆驼。本病疫区，多为慢性或隐性传染，呈散发，在新疫区的牛，不论品种均可感染本病。

（四）诊断方法

1. 主要临床症状

病初，精神不振，食欲减退，被毛粗乱，有时体温升高。运动时，出现干而短的弱咳。继续发展症状明显，呈急性和慢性经过。

（1）急性型

体温升高至40~42℃，鼻孔扩大，前肢开张，呼吸困难，发出"吭"声，按压肋间，有痛感，不愿躺卧，呈腹式呼吸，常发出痛咳，有时流浆液性或脓性鼻汁。当病变扩大或胸有积液时，胸叩诊呈浊音或水平浊音，听诊肺泡音减弱或消失，可听到啰音、支气管呼吸音，常有胸膜摩擦音。病后期，心脏衰弱，胸前、腹下和肉垂发生水肿，可视黏膜发绀。消化机能障碍，反刍迟缓或停止，常伴有慢性臌胀或腹泻和便秘交替发生。病牛迅速消瘦，多因窒息而死亡。

（2）慢性型

多由急性型转变而来，表现消瘦，时常短咳，听诊、叩诊不如急性明显，食欲时好时坏。护理良好及妥善治疗，可逐渐恢复，但带菌。若是病变区域广泛，则病畜日益衰竭，预后不良。

2. 主要剖检变化

具有特征性病理变化，主要在肺脏和胸腔。初期，小叶性支气管肺炎为特征，肺炎灶充血、水肿，呈鲜红色或紫色。中期，呈纤维素性肺炎和浆液性纤维素性胸膜炎变化；肺实质可见不同时期的肝变，红与灰白相间，呈大理石样；肺间质水肿、增宽，呈灰白色淋巴管高度扩张，可看到坏死灶；胸膜增厚，两面有纤维素性附着物，胸腔积液，内掺有纤维蛋白凝块。后期，肺部病灶坏死，被结缔组织包围，有的坏死组织溶解，形成脓腔或空洞，有的病灶全部疤痕化；胸膜增厚，肺胸膜和胸膜粘连；淋巴结肿大、出血。

仅根据个别病牛的临床症状不能作为确诊依据，若在牛群中发现有多数呈现高热且有胸膜肺炎症状时，则可初步诊断为本病。进一步诊断可对病牛进行剖检，剖检时如见有肺小叶间质的浆液浸润和淋巴管扩张，肺部发生不同时期的肝变，兼有坏死等变化，再结合临床症状和流行情况，通常可以诊断为本病。为得到确切诊断，需要实验室进行细菌培养，分离出病原体才能作为最后诊断。

264

实验室血清学检验，通常应用补体结合反应试验，这一方法主要针对牛群检疫。检疫时，对结果呈现阳性反应和疑似反应的血清，应再做一次复检。第二次结果仍为阳性或疑似反应的判定为阳性。

（五）防治措施

1. 预防措施

（1）加强检疫

外引牛时，要进行严格的检疫，避免引进阳性或疑似牛。

（2）加强消毒

定期对饲养管理用具、牛舍及牛的活动场所进行消毒。

（3）免疫

免疫也是本病主要预防措施之一。

2. 治疗方法

主要应用抗生素和对症治疗。抗生素可选用盐酸土霉素、红霉素、泰乐霉素、氟苯尼考和替米考星。根据病情实施强心、利尿、健胃等对症治疗。

二、口蹄疫

（一）疫病简介

口蹄疫是由口蹄疫病毒引起的偶蹄动物的一种急性、热性、高度接触性传染病。对本病易感的动物极为广泛，但主要侵害偶蹄动物，特别是肉牛。人对口蹄疫也易感，主要表现为发热和手、脚、口黏膜处形成小水疱，因此本病在公共卫生上具有重要意义。

（二）病原特性

目前，口蹄疫病毒有7个主型：A型，O型，C型，南非Ⅰ、Ⅱ、Ⅲ型和亚洲Ⅰ型。各型之间几乎没有免疫保护力，感染一型仍可感染另一型。目前，在我国主要流行O型和A型。口蹄疫病毒主要存在于病牛的水疱皮和水疱液中，在发热期，病牛的血液、乳汁、口涎、眼泪、尿、粪等分泌物和排泄物中都含有一定量的病毒，排毒以舌面水疱皮最多。口蹄疫病毒对外界环境抵抗力较强，但对高温的抵抗力较弱，在碱性和酸性的环境中也很快失活。

（三）传播途径

本病传染性强，且没有严格的季节性。病牛是本病主要传染源，可通过各种分泌物和排泄物（包括唾液、舌面水疱皮、破溃蹄皮、粪、尿、乳、精液和呼出的气体等）排毒，康复期的病牛也可带毒、排毒。本病可经消化道、呼吸道、黏膜和皮肤感染，其中呼吸道感染更容易发生。

（四）诊断方法

1. 主要临床症状

口蹄疫根据特征性的临床症状易做出诊断。牛的潜伏期为2~7天，良性口蹄疫病牛很少死亡，多表现为初期体温升高，达到40~41℃，精神萎靡、流涎、食欲减退。1~2天后流涎严重，涎液呈白色泡沫状，口腔黏膜发红，在唇内、齿龈、舌面和颊部黏膜、鼻镜、趾间及蹄冠的柔软皮肤以及乳房皮肤上出现水疱，继发感染后可能化脓，形成糜烂、溃疡或坏死。蹄部疼痛出现跛行甚至蹄壳脱落。恶性口蹄疫主要表现为全身衰弱、肌肉震颤、心跳加快、食欲废绝、反刍停止、行走摇摆、站立不稳，常因心脏麻痹而突然死亡。恶性口蹄疫多见于犊牛，发病时大多数无特征性水疱，病程短且死亡率高。

2. 主要剖检变化

良性口蹄疫病牛除口腔和蹄部病变外，发生严重腹泻的病牛剖检可见到在瘤胃黏膜和肠黏膜上出现大量坏死灶和溃疡灶，胃肠有出血性炎症，心包内有混浊黏稠液体。恶性口蹄疫病牛可在心肌切面上发现灰白色或淡黄色条纹与正常心肌相间，与虎皮斑纹相似，俗称"虎斑心"。

3. 鉴别诊断

口蹄疫应与牛传染性水疱口炎、恶性卡他热和牛瘟做好相互鉴别。

（1）牛传染性水疱口炎

在牛口、蹄部发生的水疱症状与口蹄疫极为相似，但发病具有明显的季节性，常发生于夏、秋，发病率低，病死率更低。剖检时，基本无"虎斑心"变化。

（2）牛恶性卡他热

牛发生恶性卡他热也会出现高热，在口腔黏膜形成烂斑等症状，但一般无水疱。传播的速度范围相比口蹄疫较低。

（3）牛瘟

患牛瘟的病牛一般只有在舌下黏膜、齿龈及颊部黏膜等部分出现灰白色结节，后期形成烂斑和溃疡，常伴有严重的胃肠炎，严重腹泻，但蹄部不会出现病变。

（五）防治措施

1. 预防措施

（1）加强检疫

不得从疫区调运或引进牛只，从非疫区调运或引进前必须严格检疫。起运前两周，须进行1次口蹄疫强化免疫，到达后须隔离饲养14天以上，检疫合格后方可进场饲养。

（2）坚持免疫接种

按照当地动物疫病预防控制部门推荐的疫苗和免疫程序，应用当地流行毒株同型的口蹄疫疫苗进行免疫。具体免疫方法详见第九章第五节"肉牛常规免疫技术与程序"相关内容。

（3）加强饲养管理

保持良好的饲养环境卫生，使牛群具有良好的抗病能力。

（4）紧急预防

当牛群发生口蹄疫时，应严格按照《中华人民共和国动物防疫法》和《口蹄疫防治技术规范》等有关规定，立即上报疫情，及时确诊。疫情确认后，划定疫点、疫区、受威胁区。封锁疫区，扑杀疫点内所有病牛及同群牛，并对病死牛、被扑杀牛及其产品进行无害化处理。对疫区、受威胁区范围内的牛只全部按要求进行紧急强制免疫。待疫点内最后1头牛死亡或扑杀14天后，没有新发病例，疫点经终末消毒后方可提出解除封锁申请。

2. 治疗方法

我国将该病列为一类动物疫病，按现行的法律规定，当牛发生口蹄疫后不允许治疗，应立即上报疫情，按规定扑杀患病牛并进行无害化处理。

三、结核病

（一）疫病简介

牛结核病是由牛型结核杆菌引起的一种人畜共患的慢性传染病。肉牛对本病易感，人也可感染发病，因此本病具有特别重要的公共卫生意义。

（二）病原特性

本病的病原体为结核分枝杆菌，主要有牛型、人型和禽型。肉牛的结核病主要由牛型结核杆菌引起。结核杆菌对外界干燥、低温和潮湿的抵抗力均很强，在粪便和土壤中能存活6个月以上，在潮湿的地方能存活8～9个月。结核杆菌对热敏感，抵抗力较差，在日光直射下数小时死亡，牛奶中的菌体经60℃、30分钟煮沸即可灭活。

（三）传播途径

病牛是本病的主要传染源，其分泌物、排泄物、乳汁、咳嗽时喷出的飞沫和痰液，污染周围环境造成传染。本病主要通过病牛喷出的飞沫和咳出的痰液经呼吸道传播，其次可通过被污染的饲料、饮水和乳汁等经消化道传播，有时可经胎盘或生殖传播。

（四）诊断方法

1. 主要临床症状

该病潜伏期长短不一，为3～6周，长者可达数月甚至数年。通常病初症状不明显，随着患病时间久，症状逐渐出现。由于病牛发病程度和器官不同，临床症状也各不相同，常见有肺结核、乳房结核、肠道结核和生殖器官结核。

（1）肺结核

牛结核以肺结核居多。肺结核主要表现为长期短促性干咳，逐渐咳嗽次数增多，变为湿咳，尤其在早晨运动及饮水后愈发明显。之后咳嗽频繁加重，呼吸数增加，并伴有淡黄色黏性或脓性鼻液流出。病牛食欲下降，日渐消瘦。

（2）乳房结核

乳房结核可见乳房淋巴结肿大，触摸乳房可摸到局限性或弥漫性结节，无热无痛。泌乳量减少，乳汁稀薄，甚至为水样并含有凝乳絮片或浓汁，严重时泌乳停止，病程较长时乳腺萎缩。

（3）肠道结核

发病初期食欲不振，消化不良。随后发生腹泻或便秘交替或持续性腹泻下痢，粪便呈稀粥样并混有黏液或脓液。之后病牛迅速脱水、消瘦。直肠检查可触摸到肠道和肠系膜淋巴结肿大变硬。

（4）生殖器官结核

生殖器官结核往往表现出性欲亢进，频繁发情，但屡配不孕，孕后妊娠母牛经常流产。公牛附睾及睾丸肿大，硬且有疼痛感。

2. 主要剖检变化

牛结核剖检变化主要表现在受侵害的组织和器官出现特异性结核结节，粟粒至豌豆大小，灰白色半透明的坚实结节，散在或相互融合形成较大的集合性结核结节。胸膜和肺膜可发生密集的结核结节，形如珍珠状。病程较长者可见结节中心发生干酪样坏死，大小不等，外部形成包囊。有的坏死液化形成空洞，多发生于肺部；有的钙化变硬，周围出现白色瘢痕组织。

3. 实验室诊断

本病可在实验室应用牛型结核分枝杆菌PPD皮内变态反应试验进行诊断。

（五）防治措施

1. 预防措施

（1）定期监测

成年牛净化群每年春、秋两季用牛型结核分枝杆菌PPD皮内变态反应试验各进行一次监测。初生犊牛，应于20日龄时进行第一次监测。按规定及时上报监测结果。如在牛结核病净化群中（包括犊牛群）检出阳性牛时，应及时扑杀阳性牛，其他牛按假定健康群处理。被确诊为结核病牛的牛群（场）为牛结核病污染群（场），应全部实施牛结核病净化。

（2）加强检疫

异地调运的牛，必须来自非疫区，凭检疫合格证明调运。调入后应隔离饲养30天，经检疫合格后，方可解除隔离。

（3）加强消毒

可选用2%烧碱、5%来苏儿溶液，10%漂白粉等有效消毒药进行消毒。

2. 治疗方法

根据《中华人民共和国动物防疫法》和《牛结核病防治技术规范》，对结核阳性牛要实施全部扑杀。

四、布氏杆菌病

（一）疫病简介

布氏杆菌病又称布鲁氏菌病，是由布鲁氏菌引起的一种主要侵害生殖系统和关节的重要的人畜共患传染病，主要发生于牛，而后可传染给人。本病不仅会给畜牧业造成重大经济损失，而且严重危害人类健康，因此本病具有十分重要的公共卫生意义。

（二）病原特性

本病的病原体是布鲁氏菌属的细菌，共分6个种，其中主要的是羊型布鲁氏菌、牛型布鲁氏菌、猪型布鲁氏菌，3个种的布鲁氏菌主要分别感染羊、牛、猪，但也可交叉感染。布鲁氏菌对热较敏感，60℃、30分钟，70℃、5分钟，煮沸后均可使其灭活。此外，布鲁氏菌对消毒剂抵抗力较弱，2%石碳酸1～2分钟，1%来苏儿、2%福尔马林15分钟均可使其失活。但对外部环境和寒冷环境抵抗力较强，在土壤中可存活20～120天，在冰冻环境中能存活数月。

（三）传播途径

牛布鲁氏菌病一般呈散发。一般情况下，母牛比公牛易感，犊牛对本病有一定的抵抗力，年龄越大对本病易感性越高。病牛是本病主要传染源，病原菌可通过精液、乳汁、羊水、子宫渗出物、流产胎儿胎衣等排出体外，污染饲料、饮水、用具、草场等。本病主要经消化道传播，自然交配或人工授精也可造成本病的传播。

（四）诊断方法

1. 主要临床症状

该病潜伏期为14～180天，最显著症状是怀孕母畜发生流产，流产后可能发生胎衣滞留和子宫内膜炎，从阴道流出污秽不洁、恶臭的分泌物。新发病的畜群流产较多。老疫区畜群发生流产的较少，但发生子宫内膜炎、乳房炎、关节炎、胎衣滞留、久配不孕的较多。公畜往往发生睾丸炎、附睾炎或关节炎。病牛可能出现跛行。

2. 主要剖检变化

主要病变为生殖器官的炎性坏死。感染的子宫内膜与绒毛膜之间有黄色黏稠的渗出物，胎盘水肿，胎衣增厚并伴有出血点。脾、淋巴结、肝、肾等器官形成特征性肉芽肿（布病结节）。有的可见关节炎。胎儿主要呈败血症病变，浆膜和黏膜有出血点和出血斑，皮下结缔组织发生浆液性、出血性炎症。

3. 实验室诊断

本病可在实验室应用虎红平板凝集试验、全乳环状试验、试管凝集试验、补体结合试验和间接酶联免疫吸附试验等方法进行诊断。

（五）防治措施

1. 预防措施

（1）免疫接种

要根据当地实际情况，针对免疫接种范围内的牛确定免疫对象，开展免疫接种。具体免疫方法详见第九章第五节"肉牛常规免疫技术与程序"相关内容。

（2）定期监测

采用流行病学调查、血清学诊断方法，结合病原学诊断加强监测。所有的种牛每年应进行两次血清学监测。

（3）加强检疫

异地调运的牛，必须来自非疫区，凭检疫合格证明调运。调入后应隔离饲养30天，经检疫合格后，方可解除隔离。

（4）加强消毒和无害化处理

对确诊的布病牛和流产胎儿、胎衣等应及时进行无害化处理，对污染的用具和场所等进行消毒。

（5）重视个人防护

人可通过皮肤、黏膜、消化道和呼吸道感染本病，因此在进行免疫、人工授精、接助产和无害化处理等过程中必须做好个人防护措施。

2. 治疗方法

根据《中华人民共和国动物防疫法》和《布病防治技术规范》，发生布病的牛不允许治疗，应尽快上报疫情，及时确诊，按规定扑杀患病牛并进行无害化处理。

五、牛放线菌病

（一）疫病简介

由牛放线菌引起的慢性传染病。以头、颈、颌下和舌出现放线菌肿为特征。放线菌病是由牛放线菌和林氏放线菌引起的慢性传染病。本病主要侵害牛，2～5岁的牛易感。细菌存在于土壤、饮水和饲料中，并寄生于牛的口腔和上呼吸道中。当皮肤、黏膜损伤时（如被禾本科植物的芒刺刺伤或划破），即可能引起发病。该病特征为面颈部及胸腹部先出现病变，之后蔓延至周围组织，且排出的脓液中存在硫磺样颗粒。由于发病初期较难被发现，而后期已经影响采食，导致食欲减退以及缺乏营养，造成较大损失。

（二）病原特性

本病病原为牛放线菌并有林氏放线杆菌和金黄色葡萄球菌参与本病的发生。牛放线菌是牛的骨骼放线菌病主要病原，是一种不运动无芽孢的杆菌。林氏放线杆菌是皮肤和柔软器官放线菌的主要病原菌，不形成芽孢和荚膜，林氏放线杆菌可在牛舌的肉芽肿损害中发现。金黄色葡萄球菌是继以上细菌之后参与病灶加重了炎症的发展。牛放线菌，革兰氏染色为阳性，其中心菌体紫色，周围辐射状菌丝红色。抵抗力弱，80℃、5分钟即可杀死，对一般消毒药抵抗力弱，对青霉素、磺胺等抗生素敏感，但药物不易渗透到脓肿病灶中，较难起到杀菌作用。在其幼龄培养物中呈类白喉杆菌，而在老龄培养物和浓汁中钓取的黄色硫磺样颗粒病料压片中为多形态，如丝状、球状等。

（三）传播途径

放线菌是牛口腔和胃肠道常在菌群，广泛分布于污染的土壤、饲料、饮水、料槽和栏舍等处，但多以非致病性的方式寄生。病牛和带菌牛是本病的主要传染源，可通过病灶产物、唾液和粪便向外排出大量病菌，严重污染食槽、栏舍、饲料、水源和运动场。当牛的皮肤或黏膜破损处被污染后即发病，一般呈散发。导致黏膜和皮肤破损的常见因素有换牙、日粮粗纤维含量不符合标准、食槽口边不平滑、围栏粗糙等。

（四）诊断方法

1. 主要临床症状

本病临床症状特殊，不易和其他疾病混淆。常见型临床症状如下：

破溃型：常见牛的上下颌骨肿大，界限明显，肿胀进展缓慢，经过6～18个月才出现一个小而坚实的硬块，有的肿大发展较快，牵连整个头骨。肿部初期疼痛，晚期无痛觉。病牛呼吸、吞咽和咀嚼均感困难，消瘦甚快而后皮肤化脓破溃，流出脓血，形成瘘管，经久不愈。

木舌型：病初舌质肿硬。口流黏涎，采食、咀嚼困难，严重时舌肿满口形如木条，水、草难进。有时可见颌下和腮部硬肿，如肿胀漫延至喉头部，则出现咳嗽或张口气喘。

肿瘤型：主要发生于皮肤及骨组织。发病局部肿大，一般无热感，界限明显，肿胀开始尚有痛感，以后则硬肿无痛，形似肿瘤，有时皮肤破口，流出脓汁，形成瘘管，经久不愈。常发生于牛的上下颌骨或颈部，若肿胀漫延至咽喉，则影响呼吸和食欲。

2. 实验室诊断

从脓汁中找到硫磺样颗粒，放两玻片中压扁，镜下见放射状结构的菌团，可以确诊，经革兰氏染色，阳性为放线菌，阴性为放线杆菌。

（五）防治措施

1. 预防措施

无病防病。饲草需铡细，防止刺伤口腔黏膜以及造成头部皮肤外伤，对创伤应及时消毒与处理。从异地引入的牛，必须经专业技术部门严格检疫，到达目的地后，须经过隔离观察一段时间方可放入饲养舍内。严禁从发生放线菌病的病区引进或购入种牛。

2. 治疗方法

一旦发病，采用手术疗法，对软组织上的放线菌肿可以完整地摘除，同时向深部剥离瘘管一并摘除。对骨组织内的放线菌病灶，一般采取先切开骨组织外的软组织，然后对坏死的骨组织采用手术刀挖除和烧烙破坏相结合的办法，将放线菌肿病灶清除掉，创面不缝合，创伤二期愈合。与此同时，内服碘化钾，成年牛每天5～10g，犊牛每天2～4g，连用2～4周。重症者可静脉注射10%

碘化钠，50～100mL，隔日1次，共用3～5次。在用药过程中若出现碘中毒现象（黏膜、皮肤发疹、流泪、脱毛、食欲缺乏等），应暂停用药5～6天。病原未定者，可同时使用青、链霉素，如能明确病原，进行药敏试验后，有针对性的应用抗生素药物治疗，疗效更好。舍饲牛最好将干草、谷糠等浸软避免刺伤口腔黏膜，要有合理的饲养管理，及时发现皮肤黏膜的损伤并及早处理。在放线菌病的软组织经一定治疗比较容易恢复，但一旦拖延病程，骨质发生改变时，预后不良。

大剂量较长时间应用抗生素可提高本病的治愈率，牛放线菌病对青霉素、红霉素、四环素、林可霉素比较敏感，而林氏放线杆菌对链霉素、磺胺类药比较敏感。抗生素的使用应符合相关规定。

六、炭疽病

（一）疫病简介

炭疽是由炭疽杆菌引起人畜共患的一种急性、热性、败血性传染病。本病对肉牛危害极大，各种年龄的肉牛均有极高的易感性。人在接触病畜、剖检、处理病死动物尸体或进行毛皮等畜产品加工过程中，防护不到位也可感染发病。本病在公共卫生上具有重要意义。

（二）病原特性

排出体外的炭疽杆菌在气温适宜的情况下就会形成芽孢。炭疽芽孢的抵抗力极强，在阳光直射下可存活100小时，在干燥的环境中可存活12年以上，在被污染的土壤中能长期存活数年到数十年。所以发生过炭疽的老疫区不容易净化根除本病。

（三）传播途径

病牛是本病主要传染源，其排出的带菌分泌物、排泄物及未经无害化处理的尸体污染土壤、水源后，形成芽孢后可成为长久的疫源地。本病主要是通过消化道传播，常因病牛采食了被炭疽杆菌或芽孢污染的饲草、饲料、饮水而感染。本病的发生有一定季节性，常发生在夏季，多雨、洪灾是造成炭疽暴发的重要因素，常呈地方性流行。

（四）诊断方法

1. 主要临床症状

牛患炭疽病时多为急性型临床症状。病牛初期体温升高至41～42℃，精神沉郁、呼吸急促、食欲减退或不进食，常见臌气。严重者兴奋不安，肌肉震颤，继而呼吸困难，可视黏膜发绀并伴有出血点，常见口鼻有红色泡沫流出，1～2天后死亡。当暴发牛炭疽病时，部分病牛体温突然升高，可视黏膜发紫，肌肉震颤，呼吸极度困难，口吐白沫，不断鸣叫，不久后即死亡。

2. 主要剖检变化

为了防止环境污染和病原扩散，一般对患炭疽的病死牛尸体严禁进行开放式解剖检查，应及时进行无害化处理。

患炭疽牛多呈败血性死亡，尸僵不全且极易腐败，腹围增大，鼻腔和肛门等天然孔内流出红色不凝固血液，可视黏膜发绀、出血。皮下、肌间、咽喉等部位有浆液性渗出及出血。脾脏高度肿胀，达正常数倍，脾髓呈黑紫色，触摸有波动感。全身淋巴结特别是炭疽痈附近的淋巴结肿大，呈紫红色或暗红色，切面潮红。胃肠道黏膜特别是小肠肠黏膜常呈弥漫性出血和坏死，呈红褐色。

（五）防治措施

1. 预防措施

（1）环境控制

饲养、生产、经营场所和屠宰场必须符合规定的动物防疫条件，建立严格的卫生（消毒）管理制度。对新老疫区要进行经常性消毒，雨季要重点消毒。

（2）免疫接种

疫区解除封锁后，要连续3年对曾发生疫情的乡镇易感牲畜进行强化免疫，每年免疫1次，并建立免疫档案。具体免疫方法详见第九章第五节"肉牛常规免疫技术及程序"相关内容。

（3）加强检疫

加强产地检疫，发现阳性牛时，应及时作无血扑杀并进行无害化处理。

（4）紧急预防

本病呈零星散发时，应对患病动物作无血扑杀处理，对同群动物立即进行强制免疫接种，并隔离观察20天；对病死动物及排泄物、可能被污染的饲料、污水等按要求进行无害化处理；对可能被污染的物品、交通工具、用具、动物舍进行严格彻底消毒；对疫区、受威胁区所有易感动物进行紧急免疫接种。

当牛群发生炭疽疫情时，应严格按照《中华人民共和国动物防疫法》和《辽宁省炭疽防治技术规范》等有关规定，立即上报疫情，及时确诊。疫情确认后，划定疫点、疫区、受威胁区。封锁疫区，扑杀疫点内所有病牛及同群牛，并对病死牛、被扑杀牛及其产品进行无害化处理。对疫区、受威胁区范围内的牛只全部按要求进行紧急强制免疫。待疫点内最后1头牛死亡或扑杀20天后，没有新发病例，疫点经终末消毒后方可提出解除封锁申请。

（5）重视个人防护

人在采样、无害化处理病死动物尸体或进行毛皮等畜产品加工等过程中必须做好个人防护措施。

2. 治疗方法

本病病程短促，病情急剧，对人也危害严重，不允许治疗。发现本病应立即上报疫情，及时确诊，按规定扑杀患病牛并进行无害化处理。

七、牛梭菌病

（一）疫病简介

常见的主要有破伤风、气肿疽、牛产气荚膜梭菌病。

（1）破伤风

又名强直症，由专性厌氧菌破伤风梭菌引起，为人畜共患的急性、创伤性、中毒性传染病。特征为全身肌肉或某些肌群呈现持续性的痉挛收缩，对外界刺激的反射兴奋性增强。

（2）气肿疽

由专性厌氧菌气肿疽梭菌引起的传染病。牛的急性传染的特征为跛行，肌肉丰富的部位发生气性炎性，中心坏死变黑，压之有捻发音，又名黑腿病。病畜常突然发病，精神沉郁，停止反刍，体温升高，随之出现上述特征症状。

（3）牛产气荚膜梭菌病

旧称牛魏氏梭菌病，俗称牛猝死症，是由于感染产气荚膜梭菌而发生的一种传染病，病牛往往突然发病死亡，以消化道和实质器官发生出血为主要特征。急性型病程急促，死前体温骤降，呼吸急促，常伴有黏膜发绀、腹胀、肌肉震颤等症状。不同年龄的牛都能够感染发病，其中发病率相对较高的是犊牛、妊娠母牛。该病全年任何季节都能够发生，但在春、秋季节常见，往往呈零星散发。

（二）病原特性

梭菌是厌氧性细菌，有60余种，常见的致病性菌仅10余种，多存在于土壤、污水以及人和各种动物的粪便中。革兰染色大多为阳性，除少数菌种外，都有鞭毛，能运动和形成芽孢，其直径大于菌体。多数菌种能产生剧烈的外毒素，它既是致病的主要因子，又是主要抗原，转变成类毒素后能刺激动物产生抗毒素，可用于预防相应的梭菌病。

（1）破伤风梭菌

往往单个存在，菌体呈细长状，生有鞭毛，能够自行运动，没有荚膜，但菌体一端往往会形成圆形芽孢，类似鼓槌。该菌属于厌氧菌，呈革兰阳性，但要注意老龄菌呈革兰阴性。该菌的繁殖体具有较弱的抵抗外界环境的能力，经过5分钟煮沸就会死亡，大多数消毒药都能够在短时间内将其杀死。但病菌形成芽孢后就具有非常强的抵抗力，能够在土壤中生存长达数十年，经过90分钟煮沸或者20分钟高压灭菌才能够被杀死。

（2）气肿疽梭菌

为两端钝圆的杆菌，属于专性厌氧菌，单在或成双，在接种豚鼠腹腔渗出液中常单在或3～5个呈短链。不形成荚膜，具周鞭毛能运动，也有不运动者。此菌芽孢的抵抗力极强，2%石碳酸对其无作用，对氢氧化钠的抵抗力极强，25%、6%溶液分别需要14小时、6～7天才能将其芽孢杀死。

（3）产气荚膜梭菌

菌体直杆状，两端钝圆，单在或成双，短链很少出现，革兰染色阳性。无鞭毛，不运动。芽孢大而卵圆，位于菌体中央或近端，使菌体膨胀，但在一般条件下罕见形成芽孢。多数菌株可形成荚膜，荚膜多糖的组成可因菌株不同而有变化。

（三）传播途径

（1）破伤风

该菌侵入伤口后芽孢发芽繁殖，产生痉挛毒素和溶血毒素，主要由神经纤维传至中枢神经系统致病。痉挛毒素是引起症状的主因，而溶血毒素可加重病情，使之恶化。潜伏期长短不一，与创伤的性质、部位以及动物机体的机能状态等有关，最短的为24小时，最长的可达40天以上。

（2）气肿疽

牛的自然感染多半经过消化道，个别经过体表创伤感染。潜伏期为3~5天。

（3）牛产气荚膜梭菌病

产气荚膜梭菌正常存在于动物肠道内，但不会引起发病。当气候骤变、突然改变饲养条件或者过于拥挤等，造成肠道菌群紊乱，破坏原本的微生态平衡，此时产气荚膜梭菌就会趁机大量繁殖，在肠道快速分泌大量外毒素，并黏附在肠黏膜上皮上，影响肠道吸收和运输氨基酸，同时肠壁的通透性提高，导致毒素进入血液循环，出现肠毒血症，从而促使机体主要器官衰竭，最终发生死亡。

（四）诊断方法

梭菌病临床症状较易辨别。一般可通过临床症状初步诊断，必要时结合实验室诊断。

（1）破伤风

症状极特别，一般通过临床症状即可诊断。

（2）气肿疽

一般采取病变组织、肌肉及渗出液进行细菌检查，涂片镜检若发现较大的梭状芽孢杆菌只具有参考意义，通过接种厌氧培养基可分离气肿疽梭菌，也可将病料接种豚鼠以获得该菌的纯培养物或进行肝触片染色观察。动物试验时可用厌气肉肝汤中生长的纯培养物肌内接种豚鼠，豚鼠在6~48小时内死亡。气肿疽易与恶性水肿混淆，也与炭疽、巴氏杆菌病有相似之处，应注意鉴别。

（3）牛产气荚膜梭菌病

除根据临床症状诊断外，实验室诊断应注意细菌学检查时，只有当分离到毒力强大的此菌时，才有参考意义。鉴定的要点为厌氧生长、菌落整齐、生长快、革兰阳性粗杆菌、不运动，有双层溶血环，引起牛奶暴烈发酵，胸肌注射鸽越夜死亡，胸肌涂片可见有荚膜的菌体。方法为肠内容物毒素检查，如需要确定致死动物的毒素类别及其细菌型别，须进一步做毒素中和保护试验。

（五）防治措施

1. 预防措施

（1）注射破伤风类毒素可有效地预防破伤风。可用破伤风抗毒素治疗，发病初期结合对症疗法，效果较好。

（2）预防气肿疽使用菌苗预防效果显著，用于气肿疽主动免疫的菌苗，主要有氢氧化铝甲醛菌苗和明矾甲醛菌苗两种。早期用抗气肿疽血清和抗生素治疗有效。

（3）对于曾经出现过牛产气荚膜梭菌病发病或者饲养环境、管理水平差的牛场或者养牛户，可考虑免疫接种牛产气荚膜梭菌疫苗，具体免疫时间、接种方法以及接种剂量要参考疫苗说明书确定。

2. 治疗方法

（1）药物治疗

病牛要立即进行隔离，查找致病原因，并将其消除。治疗原则通常是镇静、解毒、强心补液、调理胃肠，即使用抗生素、强心剂、肠道消毒药等进行治疗。病牛的紧急治疗：静脉注射1000mL复方盐、1500mL 25%葡萄糖、500mL碳酸氢钠、15支10mL 10%维生素C、7支400万单位青霉素钠、10支5mg地塞米松、1支200mL能量合剂，注意青霉素和维生素C不能同瓶注射；配合肌肉注射3支250mg维生素B_1、6支500mg维生素B_{12}。每天2次，连续使用2天。假定健康牛的预防性治疗：静脉注射500mL复方盐、500mL 10%葡萄糖、100mL碳酸氢钠、5支10mL 10%维生素C、3支400万单位青霉素钠、5支5mg地塞米松；配合肌肉注射3支250mg维生素B_1、6支500mg维生素B_{12}。用药后随时进行观察，如有需要可再静脉注射1次。

（2）加强饲养管理

根据肉牛生长发育、生产以及繁殖等各个阶段的饲养标准，饲喂品质优良、合理搭配的全价饲料，禁止饲喂品质低劣、发霉、腐败的饲料。牛场制订适宜的卫生防疫制度，并严格按其执行，确保牛舍干燥、卫生，经常清扫粪便，定期进行全面消毒，场地、设施、用具要经常使用石灰水、氢氧化钠、漂白粉等进行消毒处理。对于病死牛尸体及其排泄物、分泌物都进行无害化处理，如深埋或者烧毁。

第二节　常见寄生虫病防治

一、皮肤寄生虫病

（一）疫病简介

能够感染肉牛的皮肤寄生虫种类很多，北方地区比较常见而且危害较大的有硬蜱、螨虫、牛虱、牛皮蝇蛆等。

1. 硬蜱病

硬蜱病是由硬蜱科的多种蜱寄生于肉牛体表引起的一种吸血性外寄生虫病。硬蜱又称壁虱、扁虱、草爬子、草蜱、狗豆子等，北方地区放牧和半放牧肉牛感染严重。硬蜱除直接危害肉牛外，还可传播梨形虫病，同时能够传播森林脑炎等近百种人畜共患病，不仅对肉牛养殖业危害极大，而且还严重威胁人类健康。

2. 螨虫病

螨虫病又叫疥癣病、癞病，是由各种螨虫寄生于肉牛皮肤表面或皮肤内引起的体外寄生虫病。肉牛常见的螨虫病主要由疥螨和痒螨引起。疥螨寄生于肉牛皮肤内，痒螨寄生于皮肤表面，2种螨虫病均以剧痒、脱毛、湿疹性皮炎和接触性感染为特征。

3. 牛虱病

牛虱病是由血虱、鄂虱、毛虱等多种虱寄生于肉牛体表各处引起的体外寄生虫病。其中血虱、鄂虱主要刺吸牛的血液并分泌毒素，毛虱啮食牛毛及皮屑，均能引起牛剧烈痒感而骚动不安，影响肉牛采食和休息，导致发育不良、增重缓慢。

4. 牛皮蝇蛆病

牛皮蝇蛆病，又叫牛皮蝇蚴病，也有称作牛蹦虫、牛翁眼。是由狂蝇科皮蝇属的牛皮蝇和纹皮蝇的幼虫寄生于牛的背部皮下而引起的一种寄生虫病。本病广泛分布于北方地区，在辽宁省广泛流行，可使患牛消瘦、增重缓慢，特别是导致皮张的质量下降，危害极大。

（二）病原特性

1. 硬蜱病

硬蜱呈椭圆形，成蜱有4对肢，幼蜱有3对肢，背腹较平，头、胸、腹融合为一体，虫体前端有吸血口器。没有吸血（饥饿状态）的蜱很小，一般有小米粒至高粱米粒大小，吸饱血的蜱体积可以增大近100倍，有蓖麻子大小。蜱主要寄生在牛体无毛或少毛部位，当有少量蜱感染时，主要寄生在嘴、耳内外、眼睛、腋下等部位，当有大量蜱感染时，全身各个部位都可以寄生。

硬蜱病发生与季节和气候条件密切相关，北方地区每年在4—9月感染发病，不同省份硬蜱的出现与流行季节也存在明显的差异，寒冷地区出现时间稍向后推迟，温暖地区稍提前。辽宁省一般在4月开始出现，5—6月达到高峰，8—9月开始减少并消退。

2. 螨虫病

疥螨呈龟形或圆形，浅黄色，体长0.2～0.5mm，显微镜下观察，口器呈蹄铁形，为咀嚼式，有4对肢，肢粗而短。痒螨呈椭圆形，浅黄色，体长为0.5～0.9mm，显微镜下观察，口器为长圆锥形，刺吸式，有4对肢，肢细而长。

螨虫的发育过程包括卵、幼虫，若虫和成虫四个阶段。疥螨在肉牛表皮下挖凿通道以角质层组织和渗出的淋巴液为食，雌虫在通道内产卵；痒螨主要寄生于皮肤表面，吸取组织液和淋巴液为营养，雌虫在皮肤表面产卵；卵经3～8日孵出幼虫，幼虫经蜕皮后变为若虫，若虫再蜕皮变为成虫。全部发育过程为8～22天，平均15天。

3. 牛虱病

牛虱体扁平、无翅，呈白色或灰黑色，虱体分头、胸、腹三部，头、胸、腹分界明显，具有刺吸型或咀嚼型口器，胸部有粗短的足3对，牛血虱长2～4.5mm，牛颚虱长2.5～3mm，牛毛虱体长1.5～1.8mm。牛虱的发育属于不完全变态，发育过程包括卵、若虫和成虫三个阶段。

4. 牛皮蝇蛆病

牛皮蝇成蝇外形似蜂，全身被有绒毛，牛皮蝇成虫体长约15mm，纹皮蝇成虫体长约13mm，牛皮蝇和纹皮蝇的成熟幼虫（第3期幼虫）体长可达26～28mm，棕褐色，背面较平，腹面稍隆起长有许多疣状带刺结节。

牛皮蝇和纹皮蝇的发育过程基本相似，都要经过卵、幼虫、蛹及成虫四个阶段。牛皮蝇多产卵于四肢上部、腹部及体侧的被毛上，纹皮蝇产卵于球节、前胸、前腿等处的被毛上。

（三）传播途径

1. 硬蜱病

大多数硬蜱都分布栖息于草场、山区林地等放牧场所，肉牛放牧过程中直接感染，舍饲的肉牛一般很少感染发病，如果牛舍位置靠近山区、林区或牛舍周围杂草丛生也容易感染硬蜱。

2. 螨虫病

螨虫病是由发病牛和健康牛直接接触而发生感染，也可由被螨虫及其虫卵污染的墙壁、垫草、厩舍、用具等间接接触感染。犊牛往往更易感染本病，发病也较严重，螨虫在犊牛身体上繁殖速度比成年牛快，肉牛随着年龄的增长，抵抗螨虫感染的能力增强。

3. 牛虱病

牛虱病是由发病牛和健康牛直接接触而发生感染，也可由被虱及其卵污染的墙壁、垫草、厩舍、用具等间接接触感染。

4. 牛皮蝇蛆病

牛皮蝇成虫在夏季出现，分布在牛舍周围，放牧时尾随在牛群周围，时刻准备在牛体表被毛上产卵。北方地区纹皮蝇出现较早，一般在4月下旬至6月，牛皮蝇出现较晚，大多数在5—8月。

（四）诊断方法

1. 硬蜱病

在肉牛体表发现蜱虫后确诊。

2. 螨虫病

主要临床症状：患牛表现剧痒、湿疹性皮炎、脱毛、患部逐渐向周围扩展和具有高度传染性为本病特征。牛痒螨病初期见于颈部两侧、垂肉和肩胛两侧，严重时蔓延到全身。牛疥螨病开始于牛的面部、颈部、背部、尾根等被毛较短的部位，病情严重时，可遍及全身。

根据典型的临床症状可以确诊，当症状不明显时，则需进行实验室诊断，采取患部皮肤病料，检查有无虫体进行确诊。

3.牛虱病

主要临床症状：牛感染虱时表现不安、啃痒或到处擦痒，造成皮肤损伤，有时还可继发感染。出现上述症状时，结合在牛体表面发现虱或虱卵即可确诊。

4.牛皮蝇蛆病

主要临床症状：春季在牛背部出现肿块，用手触摸牛背可摸到长圆形硬结。以后肿块隆起，在隆起的皮肤上有小孔，小孔周围有脓痂，发现这种情况即可确诊。成蝇产卵季节，牛被毛上存在虫卵可为诊断提供参考，虫卵为淡黄色，长圆形，牛皮蝇卵为单个固着于牛毛上，纹皮蝇卵成排黏附于牛毛上。

（五）防治措施

1.硬蜱病

（1）预防措施

防治蜱感染，应在充分了解当地蜱的活动规律及滋生场所的基础上，根据具体情况采取综合性措施。消灭牛体上的蜱、消灭圈舍内的蜱、消灭周围环境的蜱，对蜱滋生场所进行药物喷洒。

（2）治疗方法

①人工捉蜱。在肉牛饲养量较少、人力充足的条件下，可以采用此方法。在放牧归来时检查牛体，发现蜱时，将其摘掉，集中起来用火烧。摘蜱时应与牛体皮肤垂直角度往外摘，否则蜱的假头容易断留在体内，引起局部发炎，也可燃香火头或香烟头灼烧蜱体使其自然脱离牛体。

②药浴灭蜱。肉牛数量较多的情况下使用此方法，向牛体喷洒2%敌百虫、0.2%马拉硫磷、0.2%辛硫磷、0.25%倍硫磷等乳剂，每隔1~2周喷洒1次，喷洒后应在被毛稍干后再饮水喂食，防止药物滴入饲料、饲养用具中引起中毒。

③药物注射灭蜱。皮下注射依维菌素或阿维菌素，每千克体重0.2mg，每隔2周注射1次。

可以根据实际发病情况，选择性地使用1个方案或多个方案联合使用。

2.螨虫病

（1）预防措施

牛舍要保持干燥、透光，通风良好，舍内密度不要过大，牛舍要经常清扫，定期喷洒药物；经常观察牛群中有无发痒和掉毛现象，发现可疑病牛要及时进行隔离饲养和治疗，以免互相传染。

（2）治疗方法

①涂药疗法。适用于病牛数量少、患部面积小和寒冷的季节。涂擦药物前，须将患部及其周围处的被毛剪掉并用温肥皂水彻底刷洗，除去痂皮和污物，擦干后涂药。药物可选用5%来苏儿敌百虫水溶液，将5份来苏儿溶于100份温水中，再加入5份敌百虫，涂擦患部。

②药物注射。依维菌素按每千克体重0.2mg颈部皮下注射。

③药浴疗法。主要适用病牛数量多和温暖季节，本方法既能预防又能治疗。可选用0.025%～0.03%林丹乳油水乳剂、0.05%辛硫磷乳油水剂、0.05%蝇毒磷水乳剂等，在药浴前应先做小群安全试验。

可以根据实际发病情况，选择性地使用1个方案或多个方案联合使用。

3. 牛虱病

（1）预防措施

保持牛舍环境卫生，保持通风、干燥；对牛群应经常检查，发现有虱要及时隔离治疗；对新引入的肉牛也必须检查，有虱者应先灭虱，然后合群。

（2）治疗方法

①药物喷洒。选择外用杀虫药喷洒牛体，可以选用菊酯类杀虫药（溴氰菊酯、氰戊菊酯等）、有机磷杀虫药（敌百虫、蝇毒磷、倍硫磷等）。

②药物注射。伊维菌素、阿维菌素、20%碘硝酚等皮下注射。

可以根据实际发病情况，选择性地使用1个方案或多个方案联合使用。

4. 牛皮蝇蛆病

（1）预防措施

在本病流行地区的成蝇飞翔季节，可向牛体喷洒药物，杀死虫卵孵出的第一期幼虫。

（2）治疗方法

①机械灭虫。在幼虫成熟期，当牛背部皮肤穿孔增大时，用手指或啤酒瓶挤压，虫体挤出来后就地杀灭，机械灭虫要反复进行多次，一般每10天挤1次，效果较好。

②药物灭虫。在早春牛背部出现肿块时，将敌百虫用温水配成2%的水溶液，涂擦患部，涂擦前要剪毛；倍硫磷，成年牛1.5mL，育成牛1～1.5mL，犊牛0.5～1mL，臀部肌肉注射，应在11—12月进行；伊维菌素于11—12月按每千克体重0.2mg皮下注射。

可以根据实际发病情况，选择性地使用1个方案或多个方案联合使用。

二、吸虫病

（一）疫病简介

能够感染肉牛的吸虫种类很多，北方地区比较常见而且危害较大的有肝片形吸虫病、阔盘吸虫病、双腔吸虫病、前后盘吸虫病等。

1. 肝片形吸虫病

肝片形吸虫病是由片形科、片形属的肝片形吸虫寄生于肉牛肝胆管中引起的一种重要寄生虫病。本病能引起急性和慢性肝炎和胆管炎，并伴发全身性中毒现象和营养障碍，特别是对幼龄肉牛危害严重，在流行区可造成大批死亡，本病在北方地区广泛流行，本病还可以感染人，是一种重要的人畜共患寄生虫病。

2. 阔盘吸虫病

阔盘吸虫病是由双腔科、阔盘属的胰阔盘吸虫、腔阔盘吸虫、枝睾阔盘吸虫寄生于肉牛胰腺中引起的寄生虫病，3种病原体中北方地区以胰阔盘吸虫最为常见。

3. 双腔吸虫病

双腔吸虫病是由双腔科、双腔属的矛形双腔吸虫和中华双腔吸虫寄生于肉牛肝脏胆管及胆囊中引起的寄生虫病。本病在北方地区分布非常广泛。

4. 前后盘吸虫病

前后盘吸虫病是由前后盘科、前后盘属的多种吸虫寄生于肉牛瘤胃、网胃内引起的寄生虫病。其中在北方地区最常见的是鹿前后盘吸虫。

（二）病原特性

1. 肝片形吸虫病

肝片形吸虫外观呈柳叶状，雌雄同体，虫体背腹扁平，新鲜虫体呈棕褐色，固定后变为灰白色，虫体长20～35mm，宽5～13mm。

肝片形吸虫在发育过程中需要中间宿主参加，中间宿主为锥实螺。成虫在肉牛的肝脏胆管内产卵，虫卵随胆汁进入肠道并随粪便排出体外落入水中，在适宜的条件下虫卵变为毛蚴，毛蚴在水中游动，遇中间宿主（锥实螺）后进入其体内，经胞蚴、雷蚴等阶段变为尾蚴，尾蚴离开螺体在水面或植物叶上形成囊蚴，肉牛吞食囊蚴而感染，自吞食囊蚴之日起到发育为成虫需2.5~3个月时间，成虫在肝脏胆内可寄生3~5年。

2. 阔盘吸虫病

胰阔盘吸虫呈长椭圆形，南瓜籽样，雌雄同体，新鲜虫体呈红褐色，固定后变为灰白色，虫体长6.4~18.3mm，宽3.8~8.8mm。

胰阔盘吸虫在发育过程中需要两个宿主参加，中间宿主是陆地蜗牛，补充宿主为中华蚱斯。成虫在肉牛胰管内产卵，虫卵随胰液的分泌而进入肠道并随粪便排出体外，虫卵被陆地蜗牛吞食后在其体内发育为尾蚴，尾蚴经螺的呼吸孔排出体外，被中华蚱斯吞食后在其体内发育为囊蚴，肉牛在放牧时吞食了含有囊蚴的蚱斯而感染，肉牛从吞食囊蚴到发育为成虫需80~100天。从卵到成虫整个发育周期为500~560天，越冬2次。

3. 双腔吸虫病

矛形双腔吸虫呈矛形，虫体扁平，半透明，雌雄同体，新鲜虫体呈棕褐色，固定后变为灰白色，虫体长5~15mm，宽1.5~2.5mm。

矛形双腔吸虫在发育过程中需要2个宿主参加，中间宿主是陆地螺，补充宿主是蚂蚁。成虫在肝胆管和胆囊中产卵，虫卵随胆汁进入肠道并随粪便排出体外，虫卵被陆地螺吞食后其体内发育为尾蚴，尾蚴离开螺体黏附于植物叶上或其他物体上被蚂蚁吞食，在蚂蚁体内发育为囊蚴，肉牛吃草时将含有囊蚴的蚂蚁一起吞食而感染。在陆地螺体内发育期为3~5个月，在蚂蚁体内发育期为1~2个月，在肉牛体内发育期为2.5~3个月。

4. 前后盘吸虫病

前后盘吸虫呈梨形或圆锥形，虫体肥厚，雌雄同体，新鲜虫体呈粉红色，固定后变为灰白色，虫体长5~13mm，宽2~5mm。

前后盘吸虫在发育过程中需要中间宿主参加，中间宿主为淡水螺。成虫在肉牛的瘤胃内产卵，虫卵进入肠道随粪便排出体外，在适宜的条件下发育为毛蚴，毛蚴进入水中遇到淡水螺后钻入其体内，发育为尾蚴，尾蚴离开螺体附在水草上形成了具有感染力的囊蚴，肉牛在吃草或饮水时吞食了囊蚴而感染，在瘤胃和网胃内发育为成虫。

（三）传播途径

1. 肝片形吸虫病

牛群在低洼潮湿地区、稻田区以及江河流域及其附近放牧时吞食囊蚴而感染发病，感染多在夏秋季节，病牛和带虫牛是重要的感染来源。

2. 阔盘吸虫病

牛群放牧时吞食含有囊蚴的蠡斯而感染。

3. 双腔吸虫病

牛群放牧时吞食含有囊蚴的蚂蚁而感染。

4. 前后盘吸虫病

牛群在低洼潮湿地区、稻田区以及江河流域及其附近放牧时吞食囊蚴而感染发病，感染多在夏秋季节，病牛和带虫牛是重要的感染来源。

（四）诊断方法

1. 肝片形吸虫病

主要临床症状：

急性型症状：由幼虫在体内移行引起，多发生于犊牛。犊牛表现精神沉郁、体温升高、食欲减退、腹泻、肝区触压和叩诊有痛感、结膜苍白、黄染、迅速消瘦，1周左右的时间死亡或转为慢性。

慢性型症状：由成虫寄生于肝脏胆管内引起，多发生于冬末和春季。患牛表现精神沉郁、运动无力、消瘦、结膜苍白、下颌及颈下水肿，早晨明显，运动后减轻或消失，间歇性瘤胃臌气和前胃弛缓，腹泻，怀孕母牛易流产和早产。

根据肉牛有河流附近放牧史，结合临床症状初步确诊，剖检在肝脏胆管中发现虫体确诊。

2. 阔盘吸虫病

主要临床症状：

临床表现为消瘦、贫血、衰弱、颈部和胸部出现水肿、精神不振、经常下痢、粪便中带有黏液，严重感染者，可因衰竭而死亡。虫体寄生于胰管中可堵塞胰管，使胰管发生慢性增生性炎症。

根据肉牛有放牧史，结合临床症状初步确诊，剖检在胰腺中发现虫体确诊。

3. 双腔吸虫病

主要临床症状：

临床症状表现为精神沉郁、食欲不振、渐进性消瘦、溶血性贫血和下颌水肿、轻度结膜黄染、消化不良、腹泻、腹胀等。一般感染少量虫体时，症状不明显，但在冬春季即使是少量的虫体也能表现出严重的症状。

根据肉牛有放牧史，结合临床症状初步确诊，剖检在肝脏胆管中发现虫体确诊。

4. 前后盘吸虫病

主要临床症状：

成虫引起的症状：胃局部损伤，瘤胃乳头萎缩、硬化等，影响肉牛的消化功能，患牛表现腹泻、消瘦、生长缓慢、前胃弛缓、贫血等症状。

幼虫引起的症状：多发于夏、秋两季，主要症状是顽固性拉稀，粪便呈粥样或水样，病牛精神不振，眼结膜、鼻腔、口腔等处黏膜苍白或有出血点，牛鼻镜和鼻翼上有浅的大小不等的溃疡。体温有时升高，胸垂部和颌下水肿，严重时，发展到整个头部以至全身，严重者可引起死亡。

根据肉牛有河流附近放牧史，结合临床症状初步确诊，剖检在瘤胃和网胃中发现虫体确诊。

（五）防治措施

1. 肝片形吸虫病

（1）预防措施

定期开展预防性驱虫工作，在北方地区一般在初冬和春季各进行1次，尽量避免在低洼潮湿地区放牧，选择高燥的地区放牧，饮水最好用自来水、井水等，避免饮用非流动水，在洼地收割的牧草，晒干后存放2~3个月后再利用。

（2）治疗方法

①三氯苯哒唑（肝蛭净），按每千克体重10mg，配成5%~10%的混悬液灌服。

②硝氯酚（拜耳9015），每千克体重4~5mg，配成混悬液灌服。

③硫双二氯酚（别丁），每千克体重100mg，配成混悬液灌服。

④丙硫咪唑，按每千克体重10mg，配成混悬液灌服。

以上均为连用3天为1个疗程，可以根据实际发病情况，选择性地使用1个方案或多个方案联合使用。

2. **阔盘吸虫病**

（1）预防措施

定期驱虫，在北方地区一般在初冬和春季各进行1次。

（2）治疗方法

①血防846（六氯对二甲苯），每千克体重300~400mg 1次口服。

②吡喹酮，每千克体重100mg口服或用每千克体重50mg的油剂肌肉注射。

以上均为连用3天为1个疗程，可以根据实际发病情况，选择性地使用1个方案或多个方案联合使用。

3. **双腔吸虫病**

（1）预防措施

定期驱虫，在北方地区一般在初冬和春季各进行1次。

（2）治疗方法

①血防846（六氯对二甲苯），每千克体重300~400mg 1次口服。

②丙硫咪唑，每千克体重30~40mg 1次口服。

③吡喹酮，每千克体重100mg口服。

以上均为连用3天为1个疗程，可以根据实际发病情况，选择性地使用1个方案或多个方案联合使用。

4. **前后盘吸虫病**

（1）预防措施

参照肝片形吸虫病的预防措施。

（2）治疗方法

急性期用氯硝柳胺治疗，每千克体重50mg，配成混悬液灌服。慢性期用硫双二氯酚、六氯对二甲苯，剂量和用法参照肝片吸虫病等的治疗。

以上均为连用3天为1个疗程。

三、绦虫病

（一）疫病简介

能够感染肉牛的绦虫种类很多，北方地区比较常见而且危害较大的有肠道内裸头科绦虫病、脑多头蚴病等。

1. 肠道内绦虫病

肉牛肠道内绦虫病是由裸头科的莫尼茨属、曲子宫属、无卵黄腺属的多种绦虫寄生于肉牛小肠内引起的寄生虫病，危害十分严重，多为混合感染。

2. 脑多头蚴病

脑多头蚴病是由带科、多头属的多头绦虫幼虫（脑多头蚴）寄生于肉牛脑及脊髓内所引起的一种寄生虫病，又称脑包虫病。脑多头蚴除寄生宿主脑部外还可寄生于延脑或脊髓，本病的典型症状是转圈运动，故又称为"回旋病"。

（二）病原特性

1. 肠道内绦虫病

莫尼茨绦虫，虫体为乳白色，长带状。体长1～5m，宽1.6cm左右；曲子宫绦虫，虫体为乳白色，长带状，虫体长1～2m，最宽处约12mm；无卵黄腺绦虫，细线状，体长2～3m或更长，宽2～3mm。

三种绦虫的发育史相似，均需要中间宿主参加，中间宿主为地螨。虫体寄生于肉牛小肠，绦虫孕卵节片或虫卵随粪便排出体外，被地螨吞食，在其体内经一段时间后发育为似囊尾蚴，肉牛放牧过程中吞食含有似囊尾蚴的地螨后而感染，似囊尾蚴在小肠内经40～50天发育为成虫。

2. 脑多头蚴病

成虫（多头绦虫）虫体长40～80cm，节片200～250个；幼虫（脑多头蚴）呈囊泡状，黄豆粒至鸡蛋大，囊内充满透明液体，囊壁由两层膜组成，外层为角皮层，内层为生发层，生发层上有许多原头蚴（头节），为100～250个。

成虫（多头绦虫）寄生于犬、狼、狐等食肉动物小肠内，孕卵节片随粪便排出体外，污染牧草、饲料和饮水，肉牛吞食后感染，卵内六钩蚴逸出，进入肠壁血管，随血流到达脑、脊髓等处，以脑部寄生为多，经2～3个月发育为多头蚴。犬、狼、狐等吃了含有多头蚴的脑、脊髓组织而感染，经1.5～2.5个月发育为成虫（多头绦虫）。

（三）传播途径

1. 肠道内绦虫病

肉牛放牧时吞食中间宿主（地螨）而感染。

2. 脑多头蚴病

犬、狼、狐等肉食动物吞食了含有脑多头蚴的脑、脊髓组织而感染多头绦虫，肉牛吞食了被患病犬、狼、狐粪便污染的饲料、牧草及饮水而感染。

（四）诊断方法

1. 肠道内绦虫病

主要临床症状：

患病肉牛表现严重腹泻，经常腹痛、肠臌气、消化紊乱、消瘦、生长缓慢，粪便中常混有脱落的黄白色节片，当大量感染莫尼茨绦虫时还会出现痉挛、转圈等神经症状。早晨放牧前观察粪便中有无黄白色而且能够蠕动的绦虫节片，如果发现有绦虫节片，说明体内已经感染了大量绦虫。

根据肉牛有无放牧史，结合临床症状初步确诊，剖检在小肠中发现虫体确诊。

2. 脑多头蚴病

主要临床症状：

急性期表现体温升高、脉搏及呼吸加快，严重者流涎、磨牙、斜视、头颈弯向一侧，甚至强烈兴奋，做回旋、前冲或后退运动。少数犊牛可在5～7日内因急性脑膜炎而死亡，多数耐过急性期后转为慢性期，慢性期因虫体在脑部的寄生部位不同而出现不同的神经症状。

虫体寄生在大脑半球时患牛向虫体寄生的一侧做回旋运动，对侧眼睛视力障碍或消失；虫体寄生在大脑正前部时表现头下垂，向前方做直线奔跑，经常离群而不回，不能自行回转，遇障碍物时把头抵在障碍物上呆立不动；虫体寄生于大脑后部时表现头高举或向后做退步运动，甚至倒地不起，头颈部肌肉常有强直性痉挛，致使患牛头偏向一侧或向上仰；虫体寄生于小脑时表现运动或站立失去平衡，行走时步伐加大，而且容易跌倒。虫体寄生于大脑半球的出现率最多，所以脑多头蚴病仍以回旋运动和视力障碍为其主要症状。

根据养牛户有无养犬史，结合临床症状初步确诊，剖检在脑部发现虫体确诊。

（五）防治措施

1.肠道内绦虫病

（1）预防措施

预防性驱虫，春季和秋季各1次；及时清除圈舍粪便，堆集发酵，以杀灭虫卵，减少污染。

（2）治疗方法

①硫双二氯酚，每千克体重75mg，内服。

②氯硝柳胺，每千克体重70～80mg，配成混悬液内服。

③丙硫咪唑，每千克体重5～10mg，配成混悬液内服。

以上均为连用3天为1个疗程，可以根据实际发病情况，选择性地使用1个方案或多个方案联合使用。

2.脑多头蚴病

（1）预防措施

本病重在预防。加强养殖场犬的管理，对犬要定期驱虫，每年要进行4次以上，不要让犬的粪便污染牧场、饲料和饮水，杜绝用含有脑多头蚴的脏器喂犬。

（2）治疗方法

①吡喹酮，每千克体重100～150mg口服，连用3天为1个疗程；也可按每千克体重10～30mg的剂量，以1：9的比例与液体石蜡混合，作臀深层肌肉注射，连用3天为1个疗程。

②如果虫体寄生在大脑表面时，可采用手术疗法：首先确定虫体的寄生部位，患部剪毛消毒后，切开皮肤，用圆锯取下头骨，用穿刺针缓慢刺入，如位置正确，抽出针芯时可有囊液流出，连接上注射器后吸取囊液，然后取出虫体。

可以根据实际发病情况，选择性地使用1个方案或多个方案联合使用。

四、线虫病

（一）疫病简介

能够感染肉牛的线虫种类很多，北方地区比较常见而且危害较大的有犊新蛔虫病、消化道线虫病等。

1. 犊新蛔虫病

犊新蛔虫病是由弓首科新蛔属的牛新蛔虫寄生于犊牛小肠内引起的疾病，主要危害犊牛。主要特征为肠炎、腹泻、腹部膨大和腹痛，初生犊牛大量感染时可引起死亡。

2. 消化道线虫病

消化道线虫病是由毛圆科、毛线科、钩口科、圆线科、毛尾科等多种线虫寄生于肉牛胃肠消化道内引起线虫病的总称。这些线虫在北方地区分布广泛而且多为混合感染，对肉牛危害极大，主要特征为贫血、消瘦、腹泻，严重时可造成肉牛大批死亡。这些线虫病在流行病学特点、症状、诊断、治疗及防治措施等方面均相似。

（二）病原特性

1. 犊新蛔虫病

虫体粗大，两端尖细，淡黄色，头端有三片唇，雄虫长11～26cm，尾端向腹面弯曲，雌虫长14～30cm，尾部较直。

成虫寄生于犊牛小肠内，雌虫产出的虫卵随粪便排出体外，在适宜的条件下发育为感染性虫卵，母牛吞食后，虫卵在小肠内孵出幼虫，穿过肠黏膜移行至母牛的生殖系统组织中，母牛怀孕后，幼虫通过胎盘进入胎儿体内，犊牛出生后，幼虫在小肠发育为成虫。幼虫在母牛体内移行时，有一部分可经血液循环到达乳腺，使哺乳犊牛吸吮乳汁而感染，在小肠内发育为成虫。侵入犊牛体内的幼虫发育为成虫约需1个月，成虫在犊牛小肠内可寄生2～5个月，以后逐渐从体内排出。

2. 消化道线虫病

感染肉牛的消化道线虫有10余种之多，选择常见且重要的几种虫体简要介绍如下：

捻转血矛线虫，寄生于皱胃，又称捻转胃虫，虫体呈毛发状，因吸血而呈淡红色，雄虫长15～19mm，雌虫长27～30mm，白色的生殖器官环绕于红色的肠道，故形成红白相间的外观。

蛇形毛圆线虫，寄生于小肠和皱胃，主要寄生于小肠，也可感染人，是一种人畜共患寄生虫病，虫体细小，雄虫长4～6mm，雌虫长5～6mm。

指形长刺线虫，寄生于皱胃，外形也有红白相间的外观，雄虫长25～31mm，雌虫长30～45mm。

辐射食道口线虫，寄生于结肠，可在肠壁形成结节，所以又称为结节虫。雄虫长14～15mm，雌虫长15～18mm。

牛仰口线虫，寄生于小肠，雄虫长12.5～17mm，雌虫长15.5～21mm。

毛尾线虫，寄生于盲肠，虫体呈乳白色，前部细长呈毛发状，后部短粗，外形似鞭，又称为鞭虫。雄虫长35～70mm，尾部卷曲，雌虫长50～80mm，尾部直。

肉牛消化道线虫的发育过程基本相似，均属直接发育型，不需要中间宿主参加，毛尾线虫的感染期为感染性虫卵，其余消化道线虫的感染期均为感染性幼虫（第3期幼虫），消化道线虫均经口感染，但仰口线虫也可经皮肤感染。产出的虫卵随粪便排出体外，在适宜的条件下虫卵发育为感染性幼虫（第3期幼虫），感染性幼虫移动到牧草的茎叶上，肉牛吃草或饮水时吞食而感染。

（三）传播途径

1. 犊新蛔虫病

本病多发于5月龄以内的犊牛，主要通过胎内感染，也可以通过吃母乳而感染。

2. 消化道线虫病

大量消化道线虫的感染性幼虫污染了牧草、饮水，肉牛在放牧时经口感染，仰口线虫亦可经皮肤感染。

（四）诊断方法

1. 犊新蛔虫病

主要临床症状：

被感染的犊牛出生两周后出现临床症状，表现精神沉郁、咳嗽、不愿走动、拉稀便或血便，粪便有特殊的臭味，腹痛、逐渐消瘦，虫体寄生数量多时可引起肠阻塞，甚至导致肠破裂死亡。

根据流行病学结合临床症状初步确诊，死后剖检在小肠内发现虫体或粪便检查发现大量特征性虫卵可以确诊。

2. 消化道线虫病

主要临床症状：

肉牛经常混合感染多种消化道线虫，而多数线虫以吸食血液为生，因此患牛主要表现为贫血、可视黏膜苍白、高度营养不良、渐进性消瘦、腹部水肿、腹泻或顽固性下痢，有时便中带血，有时便秘与腹泻交替，精神沉郁、食欲不振，可因衰竭而死亡，犊牛死亡率高。

根据放牧史结合临床症状初步确诊，死后剖检在小肠内发现大量虫体或粪便检查发现大量虫卵可以确诊。

（五）防治措施

1. 犊新蛔虫病

（1）预防措施

犊牛预防性驱虫，15～30日龄时用左旋咪唑进行驱虫，1个月后再驱1次。

（2）治疗方法

①左旋咪唑，每千克体重8mg口服。

②丙硫咪唑，每千克体重5mg口服；伊维菌素针剂，每千克体重0.3mg，1次皮下注射。

以上均为连用3天为1个疗程，可以根据实际发病情况，选择性地使用1个方案或多个方案联合使用。

2. 消化道线虫病

（1）预防措施

定期预防性驱虫，一般应在春、秋两季各进行1次驱虫，北方地区可在冬末、春初进行驱虫；粪便处理，对计划性驱虫和治疗性驱虫后排出的粪便应及时清理，进行发酵，以杀死其中的病原体，消除感染源；提高机体抵抗力，尤其在冬、春季，牛要合理地补充精料、矿物质、多种维生素以增强抗病力；科学放牧，放牧尽量避开潮湿地及幼虫活跃时间，以减少感染机会。

（2）治疗方法

①伊维菌素或阿维菌素，每千克体重0.2mg，1次口服或皮下注射。

②丙硫咪唑，每千克体重10～15mg，1次口服。

以上均为连用3天为1个疗程，可以根据实际发病情况，选择性地使用1个方案或多个方案联合使用。

五、梨形虫病

（一）疫病简介

肉牛梨形虫病是由梨形虫纲的多种梨形虫所引起的寄生虫病，又称为牛焦虫病、血孢子虫病，属于胞内寄生虫病。能够感染肉牛的梨形虫种类很多，北方地区比较常见而且危害较大的有巴贝斯虫病和泰勒虫病。梨形虫病必需通过不同种类的硬蜱作为传播者才能将病原传播，蜱的活动具有明显的地区性和季节性，因而梨形虫病的流行也有明显的地区性和季节性。

1. 巴贝斯虫病

牛巴贝斯虫病是由巴贝斯科巴贝斯属的梨形虫寄生于牛的红细胞内引起的寄生虫病，由于经蜱传播，所以又称为"蜱热"，主要特征为高热、贫血、黄疸、血红蛋白尿，死亡率很高。在我国流行的巴贝斯虫主要有3种，分别是牛巴贝斯虫、双芽巴贝斯虫和卵形巴贝斯虫，北方地区肉牛感染的主要是牛巴贝斯虫病。

2. 泰勒虫病

牛泰勒虫病是由泰勒科、泰勒属的梨形虫寄生于牛巨噬细胞、淋巴细胞和红细胞内引起的寄生虫病，以高热、贫血、消瘦和体表淋巴结肿胀为特征，多呈急性经过，发病率和死亡率高，对养牛业的危害极大。北方地区肉牛感染的主要是环形泰勒虫病和瑟氏泰勒焦虫病。

（二）病原特性

1. 巴贝斯虫病

牛巴贝斯虫寄生于牛红细胞内，是一种小型的虫体，长度小于红细胞半径，形态有梨形、圆形、椭圆形、不规则形和圆点形等多种形态。典型形状为成双的梨籽形，尖端以钝角相连，位于红细胞边缘或偏中央。每个虫体内含有一团染色质块，每个红细胞内有1～3个虫体，典型虫体的形态具有诊断意义。

2. 泰勒虫病

寄生于红细胞内的环形泰勒虫称为血液型虫体（配子体），虫体很小，形态多样。有圆环形、杆形、卵圆形、梨籽形、逗点形、圆点形、十字形等各种形状，其中以圆环形和卵圆形为主。瑟氏泰勒虫的形态和大小与环形泰勒虫相似，二者主要区别是各种形态中以杆形和梨籽形为主；寄生于巨噬细胞和淋巴细胞内；进行裂体增殖所形成的多核虫体为裂殖体（或称石榴体、柯赫氏蓝体），裂殖体呈圆形、椭圆形或肾形，位于淋巴细胞或巨噬细胞胞浆内或散在于细胞外。

（三）传播途径

蜱是巴贝斯虫病和泰勒虫病的唯一传播媒介。

牛巴贝斯虫的传播蜱为硬蜱属、扇头蜱属的各种蜱；环形泰勒虫病的传播蜱主要是璃眼蜱属的各种蜱；瑟氏泰勒虫病的传播蜱是血蜱属的各种蜱。

有的蜱生存在野外，有的蜱生存在圈舍内，所以放牧和舍饲的肉牛都可以发生梨形虫病。

（四）诊断方法

两种梨形虫病的诊断方法相似，需要根据以下几个方面进行综合诊断：

1. 流行病学特点

蜱（草爬子）是本病的传播媒介，本病的发病季节随蜱的出现和消长而呈现明显的季节性，发病季节在5—9月，7—8月为高峰期；发病诊断时要检查体表是否带蜱，发现蜱后要做种属鉴定；外地引进牛、纯种牛和改良杂种牛容易发病，而且病情严重，死亡率很高；本地牛有抵抗力，常不发病或发病轻微，但本地肉牛产后易发病；牛巴贝斯虫病多发生于1～7个月龄的犊牛，牛泰勒虫病多发生于1～3岁牛。

2. 主要临床症状

牛巴贝斯虫病和泰勒虫病都出现高热稽留、贫血、黄疸症状，不同之处是巴贝斯虫病出现血红蛋白尿症状，而泰勒虫病则出现体表淋巴结肿大、触之有痛感等症状。

3. 主要剖检变化

牛巴贝斯虫病和泰勒虫病都出现全身性贫血和黄染，泰勒虫病还出现淋巴结肿大、真胃黏膜有溃疡等变化。

4. 病原检查

牛巴贝斯虫病在体温升高后1～2天，耳尖采血涂片检查，可发现少量圆形和变形虫样虫体，在血红蛋白尿出现期检查，可在血涂片中发现较多的梨籽形虫体；泰勒虫病初期做淋巴结穿刺检查可以发现石榴体，后期涂血片检查则可以发现典型（戒指形）虫体。

（五）防治措施

（1）预防措施

搞好灭蜱工作，实行科学轮牧，在蜱流行季节尽量不到蜱大量滋生的草场放牧；加强检疫，对外地调进的牛特别是从疫区调进时一定要检疫后隔离观察，患病或带虫者应进行隔离治疗；在发病季节可用咪唑苯脲进行预防，预防期为3～8周。疫苗免疫，目前巴贝斯虫病尚无疫苗可用，而泰勒虫病可应用牛泰勒虫病裂殖体胶冻细胞苗对牛进行预防接种，接种后20天即产生免疫力，免疫持续期为1年以上。

（2）治疗方法

两种梨形虫病的治疗方法相似，需要针对病原和症状进行综合防治。

①咪唑苯脲，每千克体重2mg配成10%溶液，肌肉注射，每天1次，连用3天为1个疗程。

②三氮咪，每千克体重7～10mg配成5%溶液，深部肌肉注射，每天1次，连用3天为1个疗程。

③磷酸伯氨喹啉（PMQ），每千克体重0.75～1.5mg，口服，每天1次，连用3天为1个疗程。

④贝尼尔和黄色素交替使用效果较好。第1天和第3天肌肉注射贝尼尔（每千克体重3～4mg），第2天和第4天静脉注射黄色素（每千克体重4～5mg），4天为1个疗程。

为了促使临床症状缓解，还应根据症状配合给予强心、补液、止血、健胃、缓泻、舒肝利胆等中西药物以及抗生素类药物。对红细胞数、血红蛋白量显著下降的牛可进行输血，每天输血量犊牛不少于500～2000mL，成年牛不少于1500～2000mL，每日或隔2日输血1次，连输3～5次，直至血红蛋白稳定在25%左右不再下降为止。

可以根据实际发病情况，选择性地使用1个方案或多个方案联合使用。

六、球虫病

（一）疫病简介

牛球虫病是由艾美耳科、艾美耳属的球虫寄生于牛的肠道内所引起的一种寄生虫病。本病以犊牛最易感且发病严重，主要特征为急性或慢性出血性肠炎，临床表现为渐进性贫血、消瘦和血痢。能够感染肉牛的球虫种类很多，北方地区流行的球虫种类主要是邱氏艾美耳球虫和牛艾美耳球虫，其中邱氏艾美耳球虫致病力最强，寄生于整个大肠和小肠，可引起血痢。

（二）病原特性

邱氏艾美耳球虫，卵囊呈圆形，无色或淡玫瑰色，大小为18μm×15μm，卵囊壁光滑，较厚；牛艾美耳球虫，卵囊呈卵圆形，淡黄色，平均大小为34.1μm×19.6μm。

艾美耳球虫的发育须经过三个阶段。无性生殖阶段，在其寄生部位的上皮细胞内以裂殖生殖法进行；有性生殖阶段，以配子生殖法形成雌性细胞（大配子），雄性细胞（小配子），两性相互结合为合子，这一阶段也是在宿主上皮细胞内进行的；孢子生殖阶段，是指合子变为卵囊后，在卵囊内发育形成孢子囊和子孢子，含有成熟子孢子的卵囊称为感染性卵囊。裂殖生殖和配子生殖在宿主体内进行，称为内生性发育；孢子生殖在外界环境中完成，称为外生性发育。

（三）传播途径

肉牛吞食被患病或带虫牛粪便（含有感染性卵囊）污染的饲料和饮水而感染。饲养人员、昆虫等也可以携带粪便传播。

（四）诊断方法

本病需要根据以下几个方面进行综合诊断。

1. 流行病学特点

牛球虫病主要发生于1～6个月龄的犊牛，成年牛多数带虫不发病，牛球虫病多发于春、夏、秋三季，特别是多雨年份，在低湿的牧地放牧，更易感染本病。饲料突然改变或遭其他肠道寄生虫感染，使机体抵抗力下降时，容易诱发本病。

2. 主要临床症状

急性型多见于犊牛，病初精神沉郁，体温正常或略有升高，粪便稀而稍带血液，约1周后病情加剧，体温升高到40～41℃，瘤胃蠕动和反刍停止，肠蠕动增强，排带血的稀粪，其中混有纤维素薄膜，有恶臭，后期出现血便，体温下降，病牛多因极度衰弱而亡，病程为10～15天。慢性型多见1～2岁牛，表现为下痢、贫血和消瘦，病程长。

3. 主要剖检变化

尸体消瘦，可视黏膜苍白，肛门松弛、外翻，后肢和肛门周围被血粪所污染，直肠黏膜肥厚，有出血性炎症变化，淋巴滤泡肿大凸出，有白色和灰色小病灶，同时在这些部位常常出现直径4~15mm的溃疡，其表面覆有凝乳样薄膜。直肠内容物呈褐色，恶臭，有纤维素性薄膜和黏膜碎片，肠系膜淋巴结肿大。

4. 实验室检查

可直肠采取粪便在显微镜下检查，也可以在死后剖检时刮取肠内容物镜检，发现大量卵囊确诊。

（五）防治措施

（1）预防措施

保持牛舍环境卫生，饲料和饮水不要被牛粪污染，发现病牛要及时隔离治疗，球虫病往往在更换饲料时突然发生，因此更换饲料应逐步过渡；药物预防，氨丙啉以每千克体重5mg混饲，连用21天，或用莫能菌素以每千克体重1mg体重混饲，连用33天。

（2）治疗方法

①莫能菌素或盐霉素，按每千克饲料添加20~30mg混饲，连用5~7天。

②硝苯酰胺，每千克体重25~75mg，连用5~7天。

③氨丙啉，每千克体重20~75mg，连用4~5天。

④磺胺二甲氧嘧啶等磺胺类药物，每千克体重50mg（首次用药倍量），连用3~5天。

当贫血严重时，应配合输血，并结合应用止泻、强心补液等对症疗法。

可以根据实际发病情况，选择性地使用1个方案或多个方案联合使用。

第三节　常见普通病防治

一、瘤胃酸中毒

（一）发病原因

瘤胃酸中毒是因采食大量的谷类或其他富含碳水化合物的饲料后，导致瘤胃内产生大量乳酸而引起的一种急性代谢性酸中毒，其特征为消化障碍、瘤胃运动停滞、脱水、运动失调、衰弱，常导致死亡，又称乳酸中毒，主要发病原因如下：

肉牛饲喂大量谷物，如大麦、小麦、玉米、稻谷、高粱等，特别是粉碎后的谷物在瘤胃内高度发酵，产生大量的乳酸而引起发病；舍饲肉牛饲料混合不匀，导致个别肉牛采食过多精料而发病；肉牛采食苹果、青玉米、甘薯、马铃薯、甜菜及发酵不全的酸湿谷物过多时也可发病。

（二）诊断方法

1. 主要临床症状

根据脱水、瘤胃胀满、卧地不起，病牛出现蹄叶炎和神经症状，结合过食豆类、谷类或含丰富碳水化合物饲料的病史，可做出初步诊断。

2. 主要剖检变化

发病后于24～48小时内死亡的急性病例，其瘤胃和网胃中充满酸臭的内容物，胃黏膜呈玉米糊状、底部出血，肝脏肿大、心内膜和心外膜出血；病程持续4～7天后死亡的病例，瘤胃壁与网胃壁黏膜脱落、溃疡，被侵害的瘤胃壁区增厚3～4倍，切面呈胶冻状；脑及脑膜充血。

3. 实验室诊断

24小时内，瘤胃液pH检测下降至4.5～5.0，血液pH检测降至6.9以下，血液乳酸升高等。但必须注意，病程一旦超过24小时，由于唾液的缓冲作用和血浆的稀释，瘤胃内pH通常可回升至6.5～7.0。

（三）治疗方法

加强护理，清除瘤胃内容物，纠正酸中毒，补充体液，恢复瘤胃蠕动。

（1）针对重症病牛（心率100次/分钟以上，瘤胃内容物pH降至5.0以下）应采取瘤胃切开术，排空内容物，用3%碳酸氢钠或温水洗涤瘤胃数次，尽可能彻底地洗去乳酸，并向瘤胃内放置适量轻泻剂和优质干草，条件允许时可给予正常瘤胃内容物。

（2）石蜡油（或植物油）1500mL、碳酸氢钠150g，1次灌服。新斯的明注射液20mg，1次肌肉注射，2小时重复1次。氯丙嗪注射液400mg，1次肌肉注射。5%碳酸氢钠注射液750～1000mL、地塞米松注射液30mg、维生素C注射液10g、复方氯化钠注射液8000mL，1次静脉注射（碳酸氢钠单独混入盐水中注射）。

（3）3%碳酸氢钠液适量、温水适量，反复冲洗瘤胃，通常需要30～80L的量分数次洗涤。碳酸氢钠300～500g、温水适量，1次灌服。氯化钙注射液5～15g、复方氯化钠注射液8000mL，1次静脉注射。

可以根据实际发病情况，选择性地使用1个方案或多个方案联合使用。

（四）预防措施

避免肉牛采食大量的谷类或其他富含碳水化合物的饲料，以正常的日粮水平饲喂，不可随意加料或补料，由高粗饲料向高精饲料的变换要逐步进行，应有一个适应期。

二、前胃弛缓

（一）发病原因

前胃弛缓是由各种病因导致前胃神经兴奋性降低、肌肉收缩力减弱、瘤胃内容物运转缓慢、微生物区系失调而产生大量发酵和腐败的物质，引起消化障碍、食欲、反刍减退，乃至全身机能紊乱的一种疾病，分为原发性前胃弛缓和继发性前胃弛缓。

原发性前胃弛缓：长期饲喂粉状饲料或精饲料，或突然食入过量的适口性好的饲料；食入过量不易消化的粗饲料，如麦糠、豆秸等；饲喂变质或冰冻饲料；突然改变饲养方式和饲料突变；误食塑料袋、化纤布等；矿物质和维生素缺乏，特别是缺钙时导致神经—体液调节机能紊乱，引起单纯性消化不良；治疗用药不当，如长期大量服用抗菌药物，瘤胃内正常微生物区系受到破坏。

继发性前胃弛缓：常继发于热性病以及多种传染病、寄生虫病和某些代谢病（骨软症、酮病）过程中。

（二）诊断方法

1. 主要临床症状

根据病牛出现食欲减退或废绝，反刍减少，嗳气增多，瘤胃蠕动微弱等症状，结合上述病因调查，可做出初步诊断。

2. 主要剖检变化

剖检出现瘤胃胀满、黏膜潮红、有出血斑，瓣胃容积显著增大，瓣叶间内容物干燥，形同胶合板状。

3. 实验室诊断

瘤胃液pH下降至5.5以下，纤毛虫活力降低，数量减少至7.0万/mL左右，糖发酵能力降低。

（三）治疗方法

除去病因，加强护理，增强前胃机能，制止腐败发酵，改善瘤胃内环境，恢复正常微生物区系，对症治疗。

（1）新斯的明注射液4～20mg，1次皮下注射，2小时重复1次。

（2）10%氯化钠注射液300mL、5%氯化钙注射液100mL、10%安钠咖注射液30mL、10%葡萄糖注射液1000mL，1次静脉注射。松节油30mL、常水500mL，1次灌服。

可以根据实际发病情况，选择性地使用1个方案或多个方案联合使用。

（四）预防措施

预防本病的关键在于改善饲养管理，注意饲料的选择、保管，防止霉败变质；不可任意增加饲料用量或突然变更饲料种类；避免不利因素刺激和干扰，尽量减少各种应激因素的影响。

三、瘤胃积食

（一）发病原因

瘤胃积食又称急性瘤胃扩张，主要是由于饲喂不当引起瘤胃扩张和瘤胃容积增大，导致内容物停滞和阻塞以及整个前胃机能障碍，形成脱水和毒血症的一种严重疾病，主要发病原因如下：

肉牛贪食大量粗纤维饲料或容易膨胀的饲料，而且缺乏饮水，导致饲料难于消化；误食大量塑料薄膜；突然改变饲养方式或突然更换饲料；各种应激因素的影响；本病也常常继发于前胃弛缓、创伤性网胃腹膜炎、瓣胃阻塞、皱胃阻塞等疾病过程中。

（二）诊断方法

1. 主要临床症状

根据病牛出现不安、食欲废绝、反刍停止，瘤胃蠕动音减弱或消失，触诊瘤胃内容物坚实。

2. 主要剖检变化

剖检出现胃极度扩张，其内含有气体和大量腐败内容物，胃黏膜潮红，有散在出血斑点，瓣胃叶片坏死，各实质器官瘀血。

根据临床症状和剖检变化，结合过食病史即可做出诊断。

（三）治疗方法

加强护理，促进瘤胃内容物排出，增强瘤胃蠕动机能，对症治疗。

（1）硫酸镁800g、碳酸氢钠100g、常水4000mL，1次灌服。10%氯化钠注射液500mL、5%氯化钙注射液150mL、10%安钠咖注射液30mL，1次静脉注射。

（2）硫酸钠（或硫酸镁）300～500g、液体石蜡（或植物油）500～1000mL、鱼石脂20g、酒精50mL、温水5～8L，1次内服。

注意：对过食膨胀饲料病牛不使用盐类泻剂；对过食麸皮、酒糟、豆渣等致病的，可用大量温水充分洗涤瘤胃。

（3）10%氯化钠注射液200～300mL（0.1g/kg）、20%安钠咖注射液10mL，1次静脉注射。

可以根据实际发病情况，选择性地使用1个方案或多个方案联合使用。

（四）预防措施

加强饲养管理，防止突然变换饲料或过食；避免外界各种不良因素的刺激。

四、瘤胃臌气

（一）发病原因

瘤胃臌气又称为瘤胃臌胀，主要是因采食了大量容易发酵的饲料，在瘤胃内微生物的作用下异常发酵，迅速产生大量气体，致使瘤胃急剧膨胀，膈与胸腔脏器受到压迫，呼吸与血液循环障碍，发生窒息现象的一种疾病。按病因分为原发性臌胀和继发性臌胀，按病的性质分为泡沫性臌胀和非泡沫性臌胀。

原发性瘤胃臌胀：主要是因采食大量容易发酵的饲草、饲料而引起。饲料突变，饲喂后立即使役或使役后马上喂饮，特别是舍饲转为放牧时，更容易导致急性瘤胃臌胀的发生。

继发性瘤胃臌胀：常继发于前胃弛缓、创伤性网胃炎、瓣胃阻塞、食管阻塞等疾病。

泡沫性臌胀：由于采食了大量含蛋白质、皂苷、果胶等物质的豆科牧草，如新鲜的豌豆蔓叶、苜蓿、草木樨、红三叶、紫云英等，或者喂饲多量的谷物性饲料，如玉米粉、小麦粉等也能引起泡沫性臌气。

非泡沫性臌胀：主要是采食了幼嫩多汁的青草、品质不良的青贮饲料、霉败饲草，或者经雨、露、霜、雪侵蚀的饲料而引起。另外，继发性病因常引起非泡沫性臌胀。

（二）诊断方法

1. 主要临床症状

根据采食大量易发酵性饲料后很快发病，腹部臌大，左肷窝突出，以及出现呼吸极度困难、血液循环障碍等症状，可以确诊。

2. 胃管和瘤胃穿刺检查

插入胃管和瘤胃穿刺方法是区别泡沫性臌胀与非泡沫性臌胀的有效方法。泡沫性臌胀，只能断断续续地从胃管和套管针内排出少量气体，针孔常被堵塞而排气困难；非泡沫性臌胀，则排气顺畅，臌胀明显减轻。

（三）治疗方法

加强护理，排除气体，止酵消胀，恢复瘤胃蠕动和对症治疗。严重病例有窒息危险时，应实行胃管放气或瘤胃穿刺放气（间歇性放气），当药物治疗效果不显著时，特别是严重的泡沫性臌胀，应立即施行瘤胃切开术，取出其内容物。

（1）鱼石脂15～25g、95%酒精30mL、温水适量。以酒精溶解鱼石脂后加水，瘤胃穿刺放气后注入或胃管灌服。此方法用于非泡沫性臌气。

（2）二甲基硅油3～5g，配成2%～5%酒精溶液1次灌服。此方法用于泡沫性臌气。

（3）松节油20～60mL，加3～4倍植物油稀释后1次灌服。此方法用于泡沫性臌气。

（4）鱼石脂15g、松节油30mL、95%酒精40mL混合，穿刺放气后瘤胃内注入。

（5）硫酸镁800g，加常水3000mL溶解后，1次灌服，用于积食较多的泡沫性与非泡沫性臌气。

可以根据实际发病情况，选择性地使用1个方案或多个方案联合使用。

（四）预防措施

加强饲养管理，禁止饲喂霉败饲料，尽量少喂堆积发酵或被雨露浸湿的青草，在饲喂易发酵的青绿饲料时，应先饲喂干草，然后再饲喂青绿饲料；由舍饲转为放牧时，最初几天要先喂一些干草后再放牧，并且还应限制放牧时间及采食量；舍饲肉牛，应该在全价日粮中至少含有10%～15%的粗饲料。

五、创伤性网胃心包炎

（一）发病原因

创伤性网胃心包炎又称为创伤性网胃腹膜炎和金属器具创伤病，是由于金属异物混杂在饲料内，被误食后进入网胃，导致网胃和腹膜损伤及炎症的一种疾病，主要发病原因如下。

牛采食了牧草中的金属异物而发病，或饲料加工粗放对混入饲料中的金属异物检查和处理不细致，被牛误食而导致本病的发生。常见金属异物包括铁钉、碎铁丝、缝针、别针、注射针头、发卡、大头钉及碎铁片等。本病是由牛的采食习性决定的，牛在采食时不能用唇辨别混于饲料中的金属异物，而是迅速用舌卷食饲料囫囵吞下。

（二）诊断方法

1. 主要临床症状

肘部外展，不愿走下坡路、跨沟或急转弯，走上坡路症状减轻；网胃区触诊，病牛呈敏感反应。

2. X线检查

根据X线影像，可确定金属异物损伤网胃壁的部位和性质。

3. 探测器检查

金属异物探测器检查，可查明网胃内金属异物存在的具体情况。

（三）治疗方法

加强护理，摘除异物，抗菌消炎，恢复胃肠功能，对症治疗。

（1）对急性病例，将牛拴在栏内，牛床前部填高25cm，保持10天不准运动，同时应用抗生素与磺胺类药物持续治疗3～7天以上，以确保控制炎症和防止脓肿的形成。

（2）用金属异物摘除器从网胃中吸取金属异物或投服磁铁笼，以吸附固定金属异物。

（3）经上述保守疗法治疗，如果病情没有明显改善，则根据肉牛的经济价值，可考虑实施瘤胃切开术，从瘤胃处将网胃内的金属异物取出。

可以根据实际发病情况，选择性地使用1个方案或多个方案联合使用。

（四）预防措施

在本病多发地区，给牛群中所有已达1岁的青年牛投服磁铁笼是目前预防本病的主要手段。在大型牛场的饲料自动输送线或青贮塔卸料机上安装大块电磁板，以除去饲草中的金属异物；加强饲养管理，不在饲养区乱丢乱放各种金属异物；定期应用金属探测器检查牛群，并应用金属异物摘除器从瘤胃和网胃中摘除异物。

六、生产瘫痪

（一）发病原因

肉牛生产瘫痪，是母牛分娩前后（大多数在产后1~3天发生）突然发生的一种严重的代谢性疾病。主要表现为低血钙、全身肌肉无力、知觉丧失以及四肢瘫痪，主要发病原因如下：

怀孕母牛饲养管理粗放，饲草单一（长期饲喂干麦草或玉米秸秆），不补饲全价精料，造成营养不良和体况消瘦，由于怀孕母牛饥饿和营养不良，难以从胃肠道获得钙的补充；产后母牛大量泌乳导致血钙流失；妊娠末期胎儿迅速增大挤压胃肠器官，造成母牛从胃肠道吸收的钙量显著减少；后期胎儿骨骼发育加快消耗和吸收母牛体内大量钙；母牛在分娩时雌激素水平增高，导致食欲降低，严重影响消化道对钙的吸收；分娩使大脑皮层从过度兴奋转入抑制以及分娩后腹压的突然下降，导致大脑出现暂时贫血而影响甲状旁腺机能，使骨钙调节释放弛缓，从而导致低血钙。

（二）诊断方法

根据典型临床症状便可以确诊。

患病母牛食欲减退或废绝，反刍以及排粪排尿停止，泌乳量显著下降。病牛表现不安，站立不稳，四肢肌肉震颤，有些病牛不安、惊恐、哞叫、目光凝视、表现敏感。鼻镜干燥，体表皮温降低；后期病牛后肢不能站立，出现瘫痪症状，继而出现意识抑制和知觉丧失、昏睡、瞳孔散大，对光线照射和疼痛刺激无反应。肛门松弛、体温降低、心率增快、心音减弱。四肢弯曲腹下伏卧于地，头部向后弯到胸部一侧。个别病牛伏卧于地，四肢伸直而抽搐。有些病牛头颈弯曲，极度沉郁，食欲废绝，各种反射减弱，行动困难，虽能站立而站立不稳，步态摇摆。体温下降或低于37℃。

（三）治疗方法

以提高血钙量和减少钙的流失为主，并辅以其他对症治疗方法。

（1）10%葡萄糖酸钙500mL缓慢静注，若症状无明显改善，可隔8～12小时再用药1次，或在10%葡萄糖酸钙500mL缓慢静注时，加入地塞米松20mg。

（2）10%葡萄糖酸钙500mL缓慢静注，15%磷酸二氢钠200mL加复方生理盐水1000mL缓慢静注，25%硫酸镁100～200mL静脉注射。

（3）乳房送风。乳房送风疗法是将空气打进乳房使乳腺受压引起泌乳减少或暂停，以便控制血钙不再流失。具体操作如下：乳房和乳头消毒后，将乳房中乳汁挤净，将消毒的乳导管经乳头管插入并固定，安上乳房送风器，手握住橡皮球缓慢打入空气，待乳房皮肤紧张弹击呈鼓响音时停止操作，拔出乳导管用纱布条扎住乳头或用胶布贴住阻止空气逸出，另1个乳室同样操作，完成2个乳室的乳房送风。

可以根据实际发病情况，选择性地使用1个方案或多个方案联合使用。

（四）预防措施

在加强饲养管理基础上，对怀孕母牛从分娩前2周开始，将其饲养在宽敞的产房待产，决不能拴系在牛舍待产。从分娩前1周开始，一次性肌注维生素D_2（骨化醇）1000万IU（国际单位），能有效预防本病发生。在母牛怀孕期间，饲草力求多样化，还要补饲全价精料，并注意钙磷的补充。怀孕后期在加强饲养管理的同时，促进母牛的消化机能，避免发生便秘、腹泻等扰乱消化的疾病。产前4周到产后1周，料中加30g氯化镁可预防血钙降低时出现的抽搐。

七、尿素中毒

（一）发病原因

尿素是一种优质含氮肥料，在农业上被广泛应用，同时尿素还可以作为牛的蛋白质补充饲料在养牛业中应用，自从用作反刍动物的蛋白质饲料来源以来，由于各种原因，造成尿素中毒的案例时有发生，主要发病原因如下：

1. 用量超标

肉牛饲喂尿素时，用量通常要控制在低于饲料总干物质的1%和低于精料的3%，如果用量超过规定就会导致中毒。

2. 用法不当

在饲料中添加尿素时需要逐渐过渡，采取逐渐增加用量的方法，如果第1次就按正常量饲喂，则非常容易引起中毒。当肉牛已经停止饲喂尿素，而需要再次添加饲喂时，也需要采取逐渐加量饲喂，如果直接按正常量饲喂也会引起中毒。另外，肉牛饲喂尿素时，在饲料中添加尿素后没有混合均匀或者大量饮用添加尿素的水，也可能导致中毒。

3. 管理不善

在肉牛饲养过程中管理不善，导致个别肉牛误食或偷吃大量尿素引起急性中毒。

（二）诊断方法

根据典型的临床症状，结合采食过多尿素史可以确诊。

主要临床症状：

肉牛采食尿素后20～30分钟即可发病。开始出现不安、呻吟、反刍停止、瘤胃臌气、肌肉震颤和步态不稳等症状，随后出现痉挛、呼吸困难，口、鼻流出泡沫状液体，心跳加快至100次/分钟以上，后期全身出汗、瞳孔散大、肛门松弛。急性中毒病例如果救治不及时1～2小时以内即因窒息死亡。

（三）治疗方法

1. 常规治疗

早期可灌服大量的食醋或稀醋酸等弱酸类，以抑制瘤胃中脲酶的活力，并中和尿素的分解产物氨。成年牛灌服1%醋酸溶液1000mL、糖500～1000g、常水1000mL，同时配合静脉注射200～400mL 10%葡萄糖酸钙液。

2. 洗胃

先用大量温水对病牛进行多次洗胃和导胃，接着灌入足够的食醋，犊牛用量为500～1000mL，成年牛用量为1000～1500mL。

3. 制酵

如果病牛腹围增大，可灌服20片胃复安片（甲氧氯普胺片，每片10mg）、15g鱼石脂、500g硫酸钠以及250mL常水。

可以根据实际发病情况，选择性地使用1个方案或多个方案联合使用。

（四）预防措施

必须严格饲料保管制度，不能将尿素肥料同其他饲料混杂堆放，以免误用。在牛舍内应避免放置尿素肥料，以免肉牛偷吃。在饲料中添加尿素时，要控制尿素的用量及同其他饲料的配合比例，而且在饲用混合日粮前，必须先仔细地搅拌均匀，以避免因采食不匀引起中毒事故，为提高补饲尿素的效果，尤其要严禁溶在水中喂给。有条件的饲养场，可将尿素与过氯酸铵配合使用，或改用尿素的磷酸块供补饲用。

八、腐蹄病

（一）发病原因

肉牛腐蹄病是一种在趾间发生的化脓坏死性炎症，主要发病原因如下：

饲料中钙、磷不平衡导致角质蹄疏松，蹄变形扭曲；经常在低湿地放牧，污泥浸泡使蹄间腐烂；碎石块、作物茬尖造成蹄部损伤；蹄冠四周有污物固着，形成缺氧环境，导致厌氧菌感染。

（二）诊断方法

本病根据典型的临床症状可以确诊。

主要临床症状：

病牛不愿站立，经常卧地，运动时呈中度跛行；观察蹄部，轻症可见牛蹄间局部皮肤潮红、肿胀，蹄底或蹄间可发现溃疡面；重症牛蹄底或蹄间烂成大小不等的空洞，从中流出污黑色的脓性分泌物，出现各种并发症，甚至蹄匣脱落。患病肉牛有剧烈疼痛并有体温升高。

（三）治疗方法

1. 蹄部治疗

（1）当发生蹄趾间腐烂时，以10%～30%硫酸铜溶液或5%～10%的来苏儿洗净患蹄，涂以浓度10%的碘酊，用松馏油或鱼石脂涂布于蹄趾间部，装蹄绷带。如蹄趾间有增生物，可用外科法除去，或用硫酸铜粉、高锰酸钾粉撒于增生物上，装蹄绷带，隔2~3天换药1次，在治疗2~3次后痊愈。

（2）当发现患蹄有坏死腐烂组织时，用蹄刀彻底除去腐烂组织，当蹄底深部化脓时，用小刀扩创，使脓性分泌物排尽，创内可撒布硫酸铜粉、高锰酸钾粉，用松馏油棉球填塞，装上蹄绷带，隔2~3天换药1次，在治疗2~3次后痊愈。

（3）中药疗法，血竭100g、白及50g、儿茶50g、樟脑20g、龙骨100g、乳香50g、没药50g、红花50g、朱砂20g、冰片20g、轻粉20g混合研磨成细末，均匀地散布在处理好的创面上，再敷上一小块脱脂纱布，然后在整个创腔内填满松馏油脱脂棉后压紧，最后用绷带包扎固定，在外部涂以松馏油，以防腐、防潮，1周换药1次，在治疗1~2次后痊愈。

2. 全身治疗

全身性抗菌药治疗，急性腐蹄病应先消除炎症，临床上常用金霉素、四环素按每千克体重0.01g或二甲嘧啶每千克体重0.12g，一次静脉注射，每天1~2次，连续治疗3~5天，或使用青霉素250万IU（国际单位），1次肌肉注射，每天2次，持续治疗3~5天。

可以根据实际发病情况，选择性地使用1个方案或多个方案联合使用。

（四）预防措施

要及时清除牛舍、放牧场所、运动场中的尖利物，保护肉牛蹄部；及时清理牛舍粪便污水，保持牛舍地面干燥清洁卫生；尽量减少和避免在沼泽地放牧；在腐蹄病易发季节要提高钙、磷、维生素的添加量，特别是维生素D，定期在肉牛日粮中添加0.01%~0.02%的硫酸锌，每次持续1个月，每年补饲5次，可降低肉牛腐蹄病发病率。

九、子宫内膜炎

（一）发病原因

子宫内膜炎是肉牛产后的一种常发病，是造成肉牛不孕症的主要原因之一，主要发病原因如下：

在人工授精、胚胎移植、助产接产时操作技术不当损伤子宫黏膜，无菌操作技术不当导致细菌感染；难产、胎衣不下、子宫脱出、子宫复位不全、流产、产道损伤等疾病引发；死胎遗留在子宫内激发细菌感染；布氏杆菌病、沙门氏菌病以及其他侵害生殖道的传染病引起子宫内膜炎；日粮中缺乏维生素、微量元素及矿物质等导致母牛的抗病力降低而引发子宫内膜炎。

（二）诊断方法

1. 主要临床症状

急性发病的病牛表现拱背、努责，从阴门里排出黏性或黏脓性分泌物，分泌物呈深红色或棕色且有臭味，病牛卧下时排出量较多，病牛体温略升高、精神沉郁、食欲减退或废绝、反刍减弱或停止，并有轻度臌气。慢性病发病的病牛无明显全身症状，体温正常，部分牛仍可发情，但屡配不孕。

2. 阴道和直肠检查

病牛阴道检查发现子宫颈略微张开，有分泌物排出，产后21天及更长时间内可在阴道中检测到脓性子宫排出物。直肠检查子宫角比正常产后期增大、壁厚、子宫收缩反应减弱。

（三）治疗方法

（1）0.1%利凡诺尔溶液1000～2000mL反复冲洗子宫，并一次性向子宫内投入土霉素10g，配合中药灌服，元胡30g、益母草20g、牛膝20g、黄柏30g、制香附30g、陈皮20g、丹皮20g、酒当归10g、川芎15g、砂仁15g，共研末一次性灌服，2日1次，连用3剂。

（2）金乳康（乳酸环丙沙星注射液）以每次1000～2000mL，静脉滴注，每日1次，连续使用3～5天。

（3）青霉素320万IU（国际单位）、链霉素200万IU（国际单位）、0.9%氯化钠注射液100mL，静脉滴注，每日2次，连用3～5天。

（4）甲硝唑200万IU（国际单位）静脉注射，土霉素20g子宫内灌注，每日1次，连用5天。

可以根据实际发病情况，选择性地使用1个方案或多个方案联合使用。

（四）预防措施

保持牛舍清洁卫生，助产、人工授精、直肠检查、阴道检查时要严格消毒；在母牛产后连续使用3～5天抗生素有较好的预防作用；当发生难产、胎衣不下、子宫脱出等疾病时要及时治疗。

十、胎衣不下

（一）发病原因

胎衣不下又称胎衣滞留，母牛产后胎衣在4～8小时内自行排出，一般不会超过12小时，如果在12～24小时内排出则为排出迟缓，如果24小时后仍未全部排出，即称为胎衣不下或胎衣滞留。胎衣不下分为全部胎衣不下和部分胎衣不下。本病是母牛常见病、多发病之一，具体发病原因如下：

矿物质维生素不足，钙、硒以及维生素A和维生素E等其他矿物质缺乏容易发生；妊娠后期运动不足，特别是长期圈养的母牛更易发生；胎儿过大导致生产时间过长，造成产后子宫收缩乏力、迟缓，致使胎盘与母体部分不能分离而发生滞留；母牛因年龄和胎次的增多导致母牛产后子宫收缩力减弱而造成胎衣不下；母牛妊娠时间不足，子叶尚未发育成熟，激素诱导早产引起子叶分离机能障碍，造成胎衣不下；难产和双胎牛导致分娩时间过长，致使母体胎盘与胎儿胎盘发生水肿而引起胎衣不下；一些传染病（布病等）、子宫炎症等疾病导致胎儿与母体胎盘粘连引起胎衣不下。

（二）诊断方法

根据典型临床症状可以确诊。

主要临床症状：

全部胎衣不下。整个胎衣停留在子宫内或只有少量胎衣悬垂在阴门外，1～2天后随着胎衣腐败分解，从阴道内流出污红色内含胎衣碎片和脓液的恶臭液体。一般情况下全身症状不明显，如果胎衣滞留时间过长，引起分解腐败后，表现精神沉郁、食欲减退、反刍变慢、体温升高（39.8～41℃），呼吸、心跳加快，有的出现腹疼症状。

部分胎衣不下。大部分胎衣脱落垂于阴门外，小部分粘连在母体胎盘上，恶露排出时间延长，且有剧烈的恶臭味，病原微生物大量繁殖后引起明显的全身症状，甚至引起死亡。

（三）治疗方法

（1）病牛每次肌肉注射100～150IU（国际单位）催产素，或皮下注射垂体后叶素40~80IU（国际单位），或6~10mg麦角新碱（胎儿及胎盘未剥离娩出前禁用），配合静脉注射500mL 10%氯化钠、1000~2000mL 10%葡萄糖、500mL 5%的碳酸氢钠，每天2次，3~5天为一个疗程。

（2）土霉素5~8g、利凡诺少许，混于500mL温生理盐水内，子宫灌注，隔日1次，4天为1个疗程。

（3）皮下注射0.25%的比赛可灵10~20mL，一般用药1次胎衣即可脱落，有的病牛胎衣在子宫内或阴道里停留时间过长而腐败，可连续用药2次，同时配合注射抗生素或磺胺类药物，防止继发感染并促进子宫复原。

（4）10%氯化钠1000mL加400万IU（国际单位）四环素粉摇匀后1次灌入子宫，隔1~2天再灌1次，可减轻胎盘水肿，加快母子胎盘分离。

（5）当病牛使用药物治疗无效时可考虑采取手术剥离，以免胎衣发生腐败并被吸收。通常适宜在母牛产后18~36小时内采取手术剥离，术前要进行保定和消毒，术后可使用药物冲洗子宫，避免子宫发生感染。

具体操作如下：术者站于母牛臀部左侧，左手握住露于阴门外的胎衣，稍稍拉紧（如无外露胎衣，右手伸入阴道内，轻轻将胎衣向外牵引或边剥边拉），右手沿胎衣伸入子宫内，触摸到子叶，用拇指或食指沿母子胎盘联系之边缘，向内分离，即可将胎儿胎盘从母体胎盘中分离出来。剥离应自子宫体开始，按顺序向子宫角剥离，严禁手抓住母子胎盘向下揪，这样边分离胎盘，左手边向外拉出胎衣，到子宫角时，右手可将胎衣轻轻向外拉动，子宫角可伴随胎衣的拉动而被拉起，逐个将胎盘分离，胎衣即可脱落。然后用金霉素3g或土霉素4~5g溶于蒸馏水200~300mL，一次灌入子宫内，隔日1次，直到阴道分泌物清亮为止。对性情不安静或努责强烈牛只，术前可用2%盐酸普鲁卡因注射液20mL于尾椎穴注射。

可以根据实际发病情况，选择性地使用1个方案或多个方案联合使用。

（四）预防措施

加强饲养管理，增加妊娠母牛运动，母牛要饲喂营养平衡的日粮，特别是含有丰富的钙和维生素。气候炎热的季节，要加强防暑降温，适当增加青绿多汁饲料的喂量，并注意补充一些微量元素和矿物质；气候寒冷的冬季，不仅要确保母牛体能良好，还要避免过度肥胖，做好布病等传染病的防治工作。

第四节　犊牛常见疾病防治

一、犊牛腹泻

犊牛腹泻是指犊牛每日排便次数增加，粪便性状改变，颜色改变，不成形或是水样便。严重病例，粪便中带有黏液、黏膜、脓血等。犊牛腹泻是某些胃肠道疾病的主要临床症状，犊牛常见的胃肠道疾病主要有消化不良、大肠埃希菌病、沙门菌病、轮状病毒病、冠状病毒病和隐孢子虫感染。

（一）犊牛消化不良

1. 发病原因

单纯性消化不良是由于妊娠母牛日粮中蛋白质、矿物质、微量元素以及维生素含量不足，影响胎儿在母体内的正常发育，同时影响母乳的质量特别是初乳的质量，这是造成犊牛消化不良的先天因素；对哺乳母牛和初生犊牛的饲养管理不当、卫生条件差，是犊牛消化不良的后天因素。

中毒性消化不良的病因，是对单纯性消化不良治疗不当或不及时，致肠内发酵、腐败产物所形成的有毒产物和微生物及其毒素被吸收而引起机体中毒的结果。

2. 诊断方法

主要临床症状：

单纯性消化不良时，精神不振，喜卧，食欲减退或拒食，体温一般正常或低，排粥样稀便，逐渐深黄色水样便，有时呈黄色，也有时呈粥样暗绿色。粪便带有酸臭气味，粪便混有小气泡及未消化的凝乳块或饲料碎块。肠音高朗，轻微臌气和腹痛。心音增强，呼吸、脉搏加快。持续腹泻不止，被毛蓬乱无光，眼窝凹陷。严重时站立不稳，全身战栗。

中毒性消化不良，犊牛精神沉郁，目光迟呆，食欲废绝，全身衰弱无力，躺卧，头颈伸直后仰。频排水样便，粪便内含有大量黏液和血液，并呈恶臭或腐臭气味；持续腹泻时，排便失禁。皮肤弹性降低，眼球明显凹陷。心音混浊，心跳加快，脉搏细弱，呼吸浅表疾速。病到后期，体温多突然下降，躯体末端变凉，最后昏迷而死亡。

3. 治疗方法

改善卫生条件，将犊牛放在干燥、温暖、清洁、单独的犊舍。为缓解胃肠道刺激作用，可给犊牛停止一天哺乳，使用生理盐酸水（氯化钠5g、33%稀盐酸1mL加水1000mL），一天饮用3次，一次250mL。为促进消化，可给服用健康牛的胃液或哺乳动物蛋白酶。为防止肠道感染，特别是中毒性消化不良的犊牛，可用抗生素或磺胺类药物治疗。为防止肠道腐败发酵可灌服鱼石脂。对腹泻不止的犊牛可服用鞣酸蛋白、次硝酸铋、炭沫。为防止机体脱水，保持水盐代谢平衡，可口服补液。输液对犊牛消化不良疗效显著，多用40%葡萄糖注射液60mL、0.9%氯化钠注射液200mL、1%~3%碳酸氢钠注射液100mL静脉滴注，一日2~3次。

4. 预防措施

加强妊娠母牛的饲养管理，喂饲全价日粮，保证营养需要；改善妊娠母牛卫生条件；哺乳牛保证乳房的清洁卫生；适当的舍外运动。加强犊牛的护理，犊牛一出生尽早吃到足量的初乳；人工哺乳要定时、定量，乳汁温度适宜；犊牛舍保持通风、干燥、温暖、清洁，适时消毒；喂饲器具刷洗干净，并定期消毒；充足的饮水。

（二）犊牛大肠埃希菌病

1. 发病原因

犊牛大肠杆菌病是由特定血清型病原性大肠埃希菌引起的，是初生犊牛的一种急性传染病。母牛在分娩前后营养不足，饲料中缺乏足够维生素、蛋白质；乳房污秽不洁；犊舍阴冷潮湿、通风不良、气候变化等，都能引起本病的发生和流行，可使病情加重。

2. 诊断方法

主要临床症状：

败血型：其特征呈急性败血症症状，多发生于初生犊牛，快的生后几小时，迟者2~3天发病。最急的未显现症状，即突然死亡。多数见到哺乳停止、精神丧失、卧地不起，经数日后死亡。有伴发腹泻症状，排水样便，急剧陷入脱水状态，经一两天呈败血症死亡。亚急性常在14日龄感染发病，常表现发热，严重有脐肿、腹泻、关节肿胀、发热、眼色素层炎和神经症状。慢性病例，表现虚弱无力，身体消瘦和因虚弱或关节疼痛而卧地不起。

白痢型：病程中排灰白色稀便，多发生于1～2周犊牛。排便性状不一，一般有酸臭气味，呈黄色或灰白色水样便，有的呈糊状，便中并没有肠黏膜上皮，持续2～4日转为慢性型。

败血型根据临床症状做出初步诊断，常见于初生犊牛，呈急性经过而死亡，不一定伴有腹泻症状。白痢型多见于1～2周龄的犊牛，以腹泻为主，根据临床症状进行诊断，同时进行血清学分析大肠埃希菌的血清型加以诊断。

3. 治疗方法

败血型常呈急性败血症而死亡，几乎来不及治疗。病初可静脉注射平衡电解质溶液，同时加入纠正低血糖和代谢酸中毒的低浓度葡萄糖和重碳酸盐。同时应静脉注射皮质类固醇以及对革兰阴性菌有强力杀灭作用的抗生素，如庆大霉素、恩诺沙星和磺胺三甲氧苄氨嘧啶等。对白痢型的治疗，应早发现，早治疗。主要是输液疗法，同样是纠正低血糖和代谢酸中毒的低浓度葡萄糖和重碳酸盐，改变脱水状态，吸吮正常犊牛可口服补液，抗生素的应用也是必须的。

4. 预防措施

加强妊娠母牛的饲养管理，满足营养需要，保证生产健康犊牛，同时生产出优质的初乳；避免分娩母牛受到病原性大肠埃希菌的侵入；保持环境卫生，畜舍彻底消毒；初生犊牛尽早吃上初乳，使其尽早获得被动免疫。

（三）犊牛沙门菌病

1. 发病原因

牛沙门菌病是由鼠伤寒沙门菌和都柏林沙门菌感染引起，犊牛往往呈流行性发生，成年牛散发。

2. 诊断方法

（1）主要临床症状

犊牛出生数天到20天即大批发病。体温升高（40～41℃），精神沉郁，食欲废绝，呼吸加快，脉搏增数，排灰黄色水样粪便，混有黏液和新鲜血液，气味恶臭，脱水和电解质平衡紊乱，最后发生菌血症和内毒素血症而死亡。病程5～7天，致死率可达33%～75%。急性期未死亡病犊，可能发生关节肿，偶尔在耳尖、尾部和蹄部发生贫血性坏死，有时伴有支气管炎症状。

（2）主要剖检变化

犊牛腹膜、小肠末端及结肠黏膜有出血斑点。脾充血肿胀，肝、脾、肾可能有坏死灶。肠系膜淋巴结水肿、出血。有时有肺炎灶。

根据流行特点、临床症状和剖检变化，做出初步诊断，最终通过沙门菌分离培养和鉴定才能确诊。

3. 治疗方法

主要包括补液和抗生素疗法。补液主要是改善代谢性酸中毒和低血糖，纠正电解质平衡。严重的病犊不能自行吸吮可采用静脉注射；能饮食的可口服补液。抗生素疗法，可选择磺胺类药物治疗。

4. 预防措施

加强饲养管理，消除发病诱因是预防本病重要环节，包括有消除传染源，隔离患畜、环境及犊舍消毒。

（四）犊牛轮状病毒病

1. 发病原因

犊牛轮状病毒病是轮状病毒引起犊牛的急性胃肠道传染病。临床上以腹泻为特征。新生犊牛对肠道轮状病毒最为易感，多数感染发生于7日龄以内犊牛。

2. 诊断方法

没有特征性临床症状，很难同产肠毒素性大肠埃希菌和其他肠道病原感染相区别。精神沉郁、吸吮反应下降、腹泻、脱水是其主要临床症状，在一些病犊中可见发热、流涎及躺卧。单纯轮状病毒性肠炎其粪便为黄色水样，由于常发生混合感染，粪便颜色、性状及组成变化很大。精神沉郁、脱水和休克主要发生在5日龄内犊牛，很少见于14日龄以上的犊牛。躺卧犊牛可见大量的水样腹泻，右下腹部膨胀，小肠内充满液体。

依据采集急性病牛粪便进行病毒分离鉴定诊断。

3. 治疗方法

对于严重脱水、休克、丧失吸吮反应以及卧地不起的病犊采取补液疗法，补液的原则主要是纠正电解质平衡、低血糖和代谢酸中毒。单纯性轮状病毒感染应用抗生素没有意义，但多数情况下是混合感染，因此，对于严重感染病犊牛还应该进行抗生素治疗。

4. 预防措施

加强饲养管理，减少乃至杜绝初生犊牛接触轮状病毒；对环境和设施设备以及用具进行消毒；犊牛出生后尽早吃上初乳。

（五）犊牛冠状病毒病

1. 发病原因

犊牛冠状病毒病是冠状病毒引起犊牛的急性胃肠道传染病。冠状病毒主要感染7～10日龄犊牛，也可见于3周龄左右的犊牛。在自然发病的情况下，冠状病毒性肠炎能导致严重的腹泻，若继发细菌或微细隐孢球虫感染，死亡率过半。

2. 诊断方法

患病犊牛表现严重的急性腹泻、脱水、食欲下降或吸吮反应降低、渐进性沉郁、肌肉无力。粪便中的黏液明显比产肠毒素性大肠埃希菌感染或轮状病毒感染时要多。不同程度的酸碱平衡异常和电解质损失，严重感染或混合感染时，表现为代谢性酸中毒和血浆重碳酸盐降低。

临床症状作为初步诊断，主要依据实验室的病原检测来确诊。

3. 治疗方法

同轮状病毒，主要是对症治疗。补液是主要治疗方法，目的是调整代谢性酸中毒和电解质平衡。为避免发生继发感染，抗生素治疗也是必要的。

4. 预防措施

同犊牛轮状病毒病预防措施。加强饲养管理；对环境和设施设备以及用具进行消毒；犊牛出生后尽早吃上初乳。

（六）犊牛隐孢子虫感染

1. 发病原因

隐孢子虫病是由微细隐孢子虫感染引起的，新生犊牛以腹泻为特征，常发生于5～15日龄犊牛，有时也可见1月龄犊牛。隐孢子虫在其生活史中有无性繁殖和有性繁殖两个阶段，宿主特异性较差。是人畜共患病，犊牛、羔羊、仔猪、人以及其他动物，如啮齿动物都能感染。隐孢子病主要通过粪便以及粪便污染的饮水、饲料感染。

2. 诊断方法

主要临床症状：

食欲下降、腹泻、脱水是隐孢球虫感染的主要临床症状，很难与细菌、病毒感染相区别。3周龄以下犊牛发病率高，但死亡率低，除非发生继发感染或者治疗不及时。若单独感染时，腹泻可持续7天以上，在此期间多数病犊并未失去哺乳能力，还有一定程度食欲。若发生混合感染，则出现脱水、酸碱平衡失调、电解质丧失以及下痢。当出现慢性腹泻、补液疗法又失败时，常导致患病犊牛机体消瘦。

临床症状作为初步诊断，主要通过实验室镜检检查出微细隐孢球虫卵囊来确诊。

3. 治疗方法

主要采取支持疗法，根据脱水的严重程度，选择合适的方法进行补液，同时注意补充全奶或高质量代乳品，在急性腹泻阶段，单一口服补充电解质和葡萄糖不能超过24小时，随后每天应补饲全奶或代乳品，在补饲全奶期间还应口服补充电解质和能量物质以弥补腹泻导致的体液损失。尽管存在细菌性混合感染可能需要抗生素，一般没必要使用抗生素，抗生素对隐孢球虫没有效果。常规的抗球虫药也是无效的，只有达到毒副作用剂量的拉沙里菌素例外。

4. 预防措施

犊牛应单栏饲养，最好是新生犊牛出生后立即转到严格消毒的单独犊牛栏舍饲养。

二、犊牛脐带炎

1. 发病原因

犊牛脐带炎是由于出生后犊牛脐带尚未干枯收缩，完全吸收，脐血管受到细菌感染而引发的炎症性疾病。多由以下原因引起：断脐过短、脐带消毒不彻底、环境卫生差、垫草潮湿、犊牛互相吮吸脐带等。

2. 诊断方法

主要临床症状：

犊牛脐带根部有时出现如鸡蛋大小的肿胀。表现食欲不振，精神沉郁，体温升高，能达到40~41℃，严重者弓腰。触摸肿胀部位时犊牛疼痛、躲闪，肿胀中央可摸到如铅笔粗细的索状物，或有时能挤出少量脓汁。

3. 治疗方法

（1）症状轻微的，可用青霉素160万IU（国际单位）加0.5%盐酸普鲁卡因脐带基部周围分4~6点封闭注射，隔日1次，8天可痊愈。

（2）静脉注射磺胺嘧啶钠2g，每天2次，4~6天可痊愈。

（3）按犊牛体重肌肉注射青霉素、链霉素3~5天。

（4）有脓汁的需用3%双氧水清洗，生理盐水或灭菌蒸馏水冲洗干净，涂布少量利凡诺粉，配合抗菌素治疗。静脉滴注5%碳酸氢钠50~100mL、维生素C注射液5~10mL，并灌服健胃药。

4. 预防措施

（1）犊牛出生后用75%酒精消毒过的手术剪将脐带剪断，留5~8cm。用5%碘酊浸泡消毒脐带约30秒。

（2）出生犊牛及时喂饲初乳，并经母牛舔舐后，擦干身体，移到犊牛栏单独饲养。

（3）犊牛栏应提前彻底消毒，并晾晒1周左右。铺上约10cm厚的干稻草。

（4）防止犊牛栏潮湿，垫草应及时更换。犊牛栏应保证通风、清洁、干燥、阳光充足。

三、犊牛肺炎

1. 发病原因

犊牛肺炎是由不同病原体及其他因素等所引起的肺部炎症。母牛妊娠期营养不良，产犊体质常虚弱，对外界环境因素抵抗力降低。尤其母牛干奶期维生素A和胡萝卜素供给不足，产犊抵抗力降低，易患肺炎。犊牛舍寒冷、潮湿、光照不足、通风不良、有害气体蓄积以及雨雪浇淋等，均易使犊牛发生肺炎。在本病的发生上某些微生物的传染，也起着主要作用。犊牛患上肺炎时，体内有化脓棒状杆菌、溶血性葡萄球菌和绿脓杆菌存在。肺炎的细菌感染，一方面是在前述内外条件改变的影响下而发生；另一方面感染的细菌往往是非特异性的和多种多样的。

2. 诊断方法

（1）主要临床症状

急性型，3个月内犊牛多为急性型，表现为精神沉郁，食欲减少或废绝，前胃弛缓，结膜充血，以后发绀，热度中等，心跳加快，呼吸困难，多呈腹式呼吸。初期为干疼痛性弱咳嗽，后期随渗出物增多，转为湿性咳嗽，疼痛减轻，并有分泌物咳出，鼻液增多。胸部叩诊，灶状浊音。听诊干性或湿性啰音，后期减弱或消失，可能出现捻发音。

慢性型，多发生于3～6个月犊牛，早期间歇性咳嗽，逐渐咳嗽频繁。呼吸加速、困难，以及湿性和干性啰音，间或有支气管呼吸音。胸壁叩诊多数病例诱发咳嗽。除多数病例仅有中度发热外，全身情况和食欲不受扰乱。有时并发喉头炎、气管炎、胸膜炎、胃肠卡他，若有并发症存在时，则症状复杂而严重。

（2）血液的化学检查

血清碱储和钙降低，磷增高，胡萝卜素含量少甚至缺乏。

（3）X射线检查

肺的心叶有许多散在的灶状阴影，而很少为弥散状阴影。

病原诊断须排除特原性微生物感染，如犊牛病毒性肺炎、出血性败血症、淋巴肉芽肿病以及犊牛网尾线虫。

3. 治疗方法

治疗原则主要是加强护理，抑菌消炎和祛痰止咳以及对症治疗。

加强护理：保持犊牛舍清洁卫生，通风良好。适当运动，给哺乳牛和犊牛营养丰富的饲料。给病犊补维生素。

抑菌消炎：通常使用广谱抗生素和磺胺类药。对慢性病例，还可配合自家血液疗法，自家血液15～30mL，皮下注射，每3～5天1次，以增强机体抵抗力，加速疾病的痊愈。

祛痰止咳：咳嗽频繁而严重的，可用止咳药。

对症治疗：为防止渗出，早期可用钙制剂。心脏衰弱的可用强心制剂。

4. 预防措施

预防本病的发生，必须对妊娠母牛给予营养丰富的饲料，特别要满足蛋白质、维生素、矿物质和微量元素，并进行适当的室外运动；犊牛出生后，及时哺食初乳，提高犊牛免疫力；保持犊牛舍清洁卫生，通风良好，阳光充足；冬季防止阴冷潮湿，避免雨雪浇淋；可用冷舍培育方法，锻炼犊牛，慢慢适应寒冷侵袭，预防肺炎发生。

四、犊牛脐疝

1. 发病原因

犊牛脐疝指腹腔脏器经扩大或闭合不全的脐孔脱至皮下引起的疾病。脱出的脏器主要为肠管和系膜。发生脐疝主要有以下几个方面原因：由于先天性遗传因素造成脐孔发育不全、没有闭锁或腹壁发育缺陷；出生犊牛脐带过短或过长、犊牛之间互相吸吮脐带导致脐孔破损或感染时；撒欢、争斗、咳嗽等情况下瞬间腹内压过大，疝孔尚未完全闭锁前，小肠和肠系膜挤入脐孔。

2. 诊断方法

主要临床症状：

犊牛脐部呈现明显的局限性半球形肿胀，质地较软，听诊时有的可听到肠音。病初多能在改变体位时将疝内容物还纳腹腔，可清楚摸出疝轮，一般无炎性反应。一般脐疝刚形成时脐孔较小，随着犊牛的生长，腹压加大，脐孔逐渐增大。嵌闭性脐疝病牛表现极度不安，食欲废绝。触摸、按压脐囊内容物时不能还纳腹腔，犊牛回避、疼痛。如不及时手术常会引起死亡。

本病应与脐带炎、脐带脓肿相区别。

3. 治疗方法

（1）保守疗法

一般在发病初期，犊牛疝孔小，疝内容物易还纳腹腔时实施。将犊牛腹底朝上、保定。先仔细将疝内容物还纳腹腔，在脐部打一压迫绷带（皮带或复绷带），以促使疝囊内容物回复，将绷带吊于脊背部并且固定结实，给犊牛采取适当的限饲措施，以降低腹内压。也可以采用具有强刺激效果的重铬酸钾软膏（缺点是容易引起粘连性腹膜炎），以促使局部炎性增生闭合疝孔。也可用95%酒精或10%浓碘酊于疝孔四周分4~6点注射，每点3~5mL。然后装压迫绷带。疝孔组织增生而闭合疝孔。

（2）手术疗法

多用于疝孔大或粘连性脐疝、嵌闭性脐疝。疝囊小的切口靠近疝孔，平行腹中线作直线形切口。疝囊大的在疝囊底部作梭形切口。术前病牛禁食12～24小时，不限制饮水，保持牛体卫生干净，将病牛进行侧卧保定，按常规外科手术方法对病牛术部剃毛，消毒。采用2%普鲁卡因在疝囊基部作棱形浸润麻醉。先将皮肤切开，小心分离皮下组织和疝囊壁，暴露疝囊内容物，涂油剂抗生素，仔细将疝内容物还纳腹腔，然后缝合疝孔。粘连性疝，应仔细剥离，勿损伤肠管。一般用丝线或可吸收肠线采取荷包缝合法或垂直纽扣缝合法闭合疝孔。剪掉多余皮肤，用粗丝线结节缝合皮肤。最后用5%碘酊消毒皮肤切口及术部。装固定绷带。术后限饲3～5天，单栏饲养，减少运动，按体重肌注抗菌药消炎3～5天，6～8天后可拆线。

4. 预防措施

防止近亲交配；防止犊牛断脐过长或过短，断脐后彻底消毒；犊牛环境卫生保持清洁、干燥，阳光充足，预防犊牛脐带感染；出生犊牛必须及时吃足初乳；加强维生素及微量元素的补充；犊牛单栏饲养；犊牛2～3月龄后脐孔基本能自然生长闭合。

第五节　肉牛常规免疫技术与程序

一、总体要求

免疫是预防肉牛传染病的最积极有效的措施。要按照每年《国家动物疫病强制免疫计划》和各地《动物疫病强制免疫实施方案》，结合当地肉牛传染病的发生情况，定期给牛只注射疫苗，使其获得免疫力，以保护牛群不致受到传染病危害。一般情况下，规模养殖场及有条件的地方要实施程序化免疫。对散养肉牛，采取春、秋两季集中免疫与补免相结合的方式进行。

（1）严格执行各地畜牧兽医主管部门制订的动物疫病强制免疫实施方案。

（2）饲养动物的单位和个人是免疫主体，承担免疫主体责任，建立免疫档案，做好免疫记录，并接受畜牧兽医机构的监督检查。

（3）对体弱、有病、发育较差等当时不宜免疫的和新生、补栏、调运及其他需要补免的动物及时进行补免。

（4）除国家规定肉牛强制免疫的两种疫病外，其他肉牛常见的疫病如牛大肠埃希菌病、牛病毒性腹泻—黏膜病、牛流行热病等，可结合当地肉牛疫病发生情况和养殖实际情况，选择性开展免疫。

（5）发生疫情时，要积极配合动物疫病预防控制部门做好相关疫病的紧急加强免疫工作。

（6）要严格按照疫苗使用说明书实施免疫，按要求更换注射针头，严格做好各项消毒工作和个人防护，防止在免疫操作中人为传播疫病。对出现免疫副反应的动物要及时救治。疫苗空瓶要及时回收，进行严格彻底的消毒灭菌处理。

（7）积极配合各级动物疫病预防控制机构做好免疫效果监测与评价工作，对肉牛群体抗体合格率未达到规定要求的，要及时组织开展补免。

二、推荐免疫程序

表9-1　肉牛免疫程序推荐表

疫病种类	免疫对象	免疫时间	免疫疫苗	免疫剂量	免疫方法	免疫间隔	备注
口蹄疫	犊牛	90日龄 120日龄	口蹄疫O型灭活疫苗/口蹄疫O型、A型二价灭活疫苗	2mL	肌肉注射	4个月	
	成年牛	3月、9月					
布鲁氏菌病	犊牛	90~100日龄	布鲁氏菌病活疫苗	按说明书操作	肌肉/喷雾/滴眼	18个月	
	成年牛	3月、9月					
炭疽病	发生过炭疽疫情的重点地区的肉牛	3月、9月	Ⅱ号炭疽炭疽芽孢疫苗	皮内2mL/皮下1mL	皮内/皮下	12个月	

续表

疫病种类	免疫对象	免疫时间	免疫疫苗	免疫剂量	免疫方法	免疫间隔	备注
牛大肠埃希菌病	犊牛	5日龄	牛大肠埃希菌灭活苗		肌肉注射		依据当地流行情况免疫
牛病毒性腹泻—黏膜病	犊牛	首免：70~85日龄 强免：100~115日龄	牛病毒性腹泻—黏膜病灭活疫苗	2mL	肌肉注射	6个月	依据当地流行情况免疫
	成年牛	3月、9月	牛病毒性腹泻—黏膜病灭活疫苗/牛病毒性腹泻—黏膜病、牛传染性鼻气管炎二联苗	2mL	肌肉注射	6个月	
牛流行热	犊牛 成年牛	3~4月首免，21天后强免	牛流性热灭活疫苗	2mL 4mL	颈部皮下注射	4个月	依据当地流行情况免疫

第六节　肉牛圈舍消毒

一、消毒的种类和方法

传染病消毒是用物理或化学方法消灭停留在不同的传播媒介物上的病原微生物，以切断传播途径，阻止和控制传染的发生。根据消毒的目的不同，消毒可以分为预防性消毒（定期消毒）、紧急性消毒（疫情期消毒）和终末消毒（善后消毒）。根据消毒方法不同，消毒分为物理消毒法、化学消毒法、生物热消毒法以及综合消毒法。

1. 物理消毒法

主要分为机械清除和物理消毒。机械清除就是通过清扫、冲刷圈舍地面、饲槽、水槽及围栏上附着的粪、尿及灰尘，减少病原微生物的数量；物理消毒就是通过焚烧、灼烧、蒸煮、加热、辐射等方法杀灭病原微生物。

2. 化学消毒法

通过化学药物使病原微生物发生蛋白质变性从而失去正常功能而死亡。常用的主要有碱类、酸类、卤素类、季铵盐类、酚类、醛类及氧化剂类等。

3. 生物热消毒法

主要是利用微生物发酵产生的热量杀死粪便中的病原体及寄生虫的幼虫和虫卵。

4. 综合消毒法

应用两种以上方法进行消毒来确保消毒效果。

二、常用化学消毒药物及作用特点

1. 氢氧化钠

又名火碱、烧碱、苛性钠，是碱性消毒剂的代表产品，具有强腐蚀性。用于玻璃器皿的消毒时浓度一般为1%，用于环境、消毒通道时深度为2%～5%。本品具有强腐蚀性，使用时应注意个人防护，对饲槽消毒时使用前应用清水冲洗，对铁制器具进行消毒时应于12小时后用清水冲洗。

2. 生石灰

主要成分为氧化钙，加水后产生热量和氢氧化钙（俗称熟石灰，呈强碱性，吸湿性非常强）。10%～20%的生石灰制成熟石灰水可以杀死多种病原菌，但对芽孢无效，多用于地面、粪池及污水等的消毒。

3. 醋酸

也叫乙酸、冰醋酸，在常温下是一种有强烈刺激性酸味的无色液体。常用于熏蒸环境空气消毒。每立方米空间3～10mL。

4. 漂白粉

主要成分是次氯酸钙，有效氯含量在25%～32%，本品在存放过程中，有效氯每月减少1%～3%。杀菌谱广，对细菌、芽孢、病毒都有效。0.03%～0.15%水溶液用于饮水消毒，5%～10%乳液用于喷洒、喷雾。

5. 二溴海因

外观是一种白色或淡黄色结晶性粉末。微溶于水，溶于有机溶剂。遇强酸或强碱易分解。能杀死细菌、病毒和芽孢。常规消毒250～500mg/L，作用时间20～30分钟，用具消毒1000mg/L，饮水消毒根据水质情况而定，2～10mg/L。

6. 苯扎溴铵

又名新洁尔灭，是季铵盐类消毒剂中的第一代产品。性状稳定，价格低廉。市售产品的浓度为5%。0.05%～0.1%的水溶液用于手术术前洗手、皮肤和黏膜的消毒，0.15%～2%的水溶液用于牛舍喷雾消毒。

7. 百毒杀

为双链季铵盐类消毒剂，是季铵盐类消毒剂中的第五代产品。具有毒性低、无刺激性、无不良气味、无腐蚀性、消毒持续时间长以及对畜禽无毒的特点。清理饮水管道1∶2000倍稀释，改善水质日常饮水消毒1∶10000～1∶20000倍稀释，用于控制疾病1∶1600倍稀释使用，疫病感染消毒1∶200倍稀释使用。

8. 煤酚皂溶液

又称来苏儿，对黏膜和皮肤有腐蚀作用，对人畜有毒，杀菌能力相对较差，能有效杀灭细菌繁殖体、真菌和大部分病毒。1%～2%溶液用于手、皮肤消毒，3%～5%溶液用于器械、用具消毒，5%～10%溶液用于排泄物及实验室废弃物的消毒。

9. 甲醛

又名蚁醛，有刺激性臭味。37%～40%的甲醛溶液称为福尔马林。一般以2%的福尔马林溶液消毒器械，5%～10%的福尔马林溶液喷洒圈舍。最常用的是熏蒸消毒，每立方米密闭空间用福尔马林25mL加水12.5mL加热或福尔马林溶液14～42mL加入高锰酸钾7～21g熏蒸，12～24小时后开窗通风。

10. 戊二醛

属高效消毒剂可以杀灭一切微生物，具有广谱、高效、低毒、对金属腐蚀性小、受有机物影响小、稳定性好等特点。适于环境、圈舍、用具、器械、粪便、污染物品等的消毒。

11. 过氧乙酸

为强氧化剂，空气中具有较强的挥发性，价格便宜，是常用的高效、速效、低毒、广谱杀菌剂，对细菌繁殖体、芽孢、病毒、霉菌均有杀灭作用。多用于对空气进行杀菌、消毒。喷雾消毒以0.1%～0.4%溶液对圈舍、用具等进行喷洒，熏蒸消毒以15%～20%过氧乙酸溶液熏蒸（7mL/m^3），置于瓷器或玻璃器皿内，加热蒸发，密闭熏蒸时，室内相对湿度在60%～80%为宜，2小时后开窗通风。

三、注意事项

1. 消毒药需要与病原体充分接触

在消毒前必须将环境或物品清理干净，去掉灰尘和覆盖物，这样消毒剂才能发挥作用。特别对牛舍地面，没有清扫的消毒等于没有消毒。

2. 选择适合的消毒药

根据季节结合消毒病原微生物的种类、特点选择消毒药。杀死芽孢和病毒首选火碱、甲醛和过氧乙酸；载畜消毒应选无毒、无腐蚀性的无表面活性剂类消毒液剂，如苯扎溴铵、百毒杀等；饮水消毒应选无毒性、易分解的卤素类消毒剂，如漂白粉。

3. 消毒药尽量避免受到其他溶液的干扰

如酸性消毒剂和碱性消毒剂不能同时使用；阴离子表面活性剂（如肥皂、合成洗涤剂）不能与阳离子表面活性剂（如苯扎溴铵等）同时使用。

4. 消毒需要合适的浓度

并不是所有的消毒剂浓度越高越好，如酒精最适合的消毒浓度是75%，高了反倒会降低消毒效果。0.01%～0.02%浓度的高锰酸钾溶液可作饮水消毒，0.1%～0.4%浓度的高锰酸钾溶液可用于洗胃，但1%～5%浓度的高锰酸钾溶液可引起胃黏膜的溃烂。

5. 消毒需要足够的有效时间

消毒药与病原微生物接触的时间越长消毒效果越好。

6. 消毒需要足够的剂量

当被消毒物品表面有灰尘、粪便等覆盖物时，消毒药剂量小了很难起到消毒作用。

另外，满足与消毒方法所需要的如温度、湿度、空间、距离条件；应几种消毒剂定期交替使用，以免产生耐药性；用消毒设备喷洒腐蚀性消毒药物后，要用清水将设备里的消毒药清理干净，以免损伤设备。

第七节　无害化处理

一、病死牛无害化处理

本书中所称的"病死牛无害化处理"，是指用物理、化学等方法处理病死牛尸体，消灭其所携带的病原体，消除危害的过程。

1. 总体要求

（1）严格执行畜牧兽医主管部门对病死牛尸体的无害化处理要求。

（2）患病死亡和不明原因死亡牛的尸体按照《病死及病害动物无害化处理技术规范》进行无害化处理，并做好记录。对患国家规定的一、二类疫病的病死牛要在动物卫生监督部门监督下，由专业的兽医专业技术人员进行规范处理。

（3）发生重大肉牛疫情时，要按照畜牧兽医主管部门和动物卫生监督部门的技术要求做好无害化处理工作。

（4）做好病死牛无害化处理的台账和记录，并且至少要保存2年。

2. 处理方法

（1）焚烧法

适用对象：发生疫情的病死牛或者死因不明牛的尸体，以及其他应当进行无害化处理的牛只。

选址要求：应选择地势高燥，处于下风向的地点。应远离学校、公共场所、居民住宅区、村庄、动物饲养和屠宰场所、饮用水源地、河流等地区。

操作方法：挖掩埋坑，坑深度应不低于4m，尸体上部距地表1.5m以上，坑体容积以实际处理病死牛尸体体积及数量确定，一般每头牛按2m³计算；坑底应高出地下水位1.5m以上，且做到防渗、防漏；将病死牛尸体投入坑内，堆放厚原木，喷洒柴油后将患病及死亡动物置于上面，焚烧至炭化；在焚烧后的动物尸体上盖土，铺撒生石灰，然后盖土至地表，在无害化处理地点设置警示标识。在操作过程中要穿戴防护服、口罩、护目镜、胶鞋及手套等防护用具，做好个人防护，事后做好消毒。

（2）深埋法

适用对象：发生疫情或自然灾害等突发事件时病死牛的应急处理，以及边远和交通不便地区零星病死牛的处理。不得用于患炭疽等芽孢埃希菌类病死牛以及患牛海绵状脑病病死牛的处理。

选址要求：应选择地势高燥，处于下风向的地点。应远离学校、公共场所、居民住宅区、村庄、动物饲养和屠宰场所、饮用水源地、河流等地区。

操作方法：深埋坑体容积以实际处理病死牛尸体体积及数量确定，一般每头牛按2m³计算；深埋坑底应高出地下水位1.5m以上，且做到防渗、防漏，最上层距离地表1.5m以上；将病死牛尸体投入坑内，撒生石灰或漂白粉等消毒药消毒；覆盖距地表20～30cm、厚度不少于1～1.2m的覆土；深埋后，立即用氯制剂、漂白粉或生石灰等消毒药对深埋场所进行1次彻底消毒，在深埋处设置警示标识。在操作过程中要穿戴防护服、口罩、护目镜、胶鞋及手套等防护用具，做好个人防护，事后做好消毒。

操作注意事项：深埋覆土不要太实，以免腐败产气造成气泡冒出和液体渗漏；深埋后，第一周内应每日巡查1次，第二周起应每周巡查1次，连续巡查3个月，深埋坑塌陷处应及时加盖覆土；第1周内应每日对深埋场所消毒1次，第2周起应每周消毒1次，连续消毒3周以上。

（3）无害化处理中心

不具备就地焚烧条件且当地建有无害化处理中心的，可用5%福尔马林对病死牛尸体进行全面消毒后，用防水布对尸体进行严密包裹，再用吊车（铲车、叉车）将其装到垫有防水布的运输工具上运至无害化处理中心统一处理。

二、粪污无害化处理

1. 固体粪便的无害化处理

（1）粪便的收集

养殖场应该采用固液分离的方法收集、清扫、运输粪便。使用专用清粪车、专用运输车辆，将牛粪便统一存放在距离牛舍50m外，防雨、防渗、防溢的粪场内，在运输过程中采取防扬散、防流失、防渗漏等措施，堆粪场按每头牛2.5m³建设。

（2）粪便的堆肥发酵

牛场的粪便主要通过自然腐熟堆肥的方法进行处理。将粪便经过简单处理，堆成粪垛，条垛堆肥的高度为1.8～2m，堆底宽度为2～2.5m，长度视情况而定，堆顶高度为1.5～2m。密封静置堆放，夏季2个月以上，冬季3个月以上，即可完全腐熟。

也可通过添加有益厌氧、需氧菌加快发酵速度提高发酵效果。收集到粪场内的粪便立即与适量的秸秆粉、沸石粉、腐植酸等辅料进行混合，调制成水分含量45%～55%的混合物，加入有益菌菌粉，按照每立方米混合物添加5～25kg的有益菌进行混合，混合3～4次后，覆盖塑料膜进行条垛堆肥或发酵槽发酵。条垛堆肥的长宽高参照自然腐熟。将堆垛压实、覆盖，堆体内温度达到55℃以上时，堆肥7～10天，进行翻抛；翻抛后再进行条垛堆肥，覆盖，温度达到55℃以上时，2天后再进行翻抛；如此3～4次反复，达到无粪臭味道为止。

2. 污水的无害化处理

尿液和冲洗用水经污水收集系统进入化粪池中，经沉淀后可存放在指定的粪水池内进行自然发酵，也可再进行2次以上的沉淀。经过处理的污水可通过水体和土壤进行消纳，池底沉积粪污发酵好后作为有机肥通过消纳地进行利用。

附录

附表1 生长育肥牛的每日营养需要量

LBW (kg)	ADG (kg/d)	DMI (kg/d)	NE_m (MJ/d)	NE_g (MJ/d)	RND	NE_{mf} (MJ/d)	CP (g/d)	$IDCP_m$ (g/d)	$IDCP_g$ (g/d)	IDCP (g/d)	钙 (g/d)	磷 (g/d)
150	0	2.66	13.80	0	1.46	11.76	236	158	0	158	5	5
	0.3	3.29	13.80	1.24	1.87	15.10	377	158	103	261	14	8
	0.4	3.49	13.80	1.71	1.97	15.90	421	158	136	294	17	9
	0.5	3.70	13.80	2.22	2.07	16.74	465	158	169	328	19	10
	0.6	3.91	13.80	2.76	2.19	17.66	507	158	202	360	22	11
	0.7	4.12	13.80	3.34	2.30	18.58	548	158	235	393	25	12
	0.8	4.33	13.80	3.97	2.45	19.75	589	158	267	425	28	13
	0.9	4.54	13.80	4.64	2.61	21.05	627	158	298	457	31	14
	1.0	4.75	13.80	5.38	2.80	22.64	665	158	329	487	34	15
	1.1	4.95	13.80	6.18	3.02	20.35	704	158	360	518	37	16
	1.2	5.16	13.80	7.06	3.25	26.28	739	158	389	547	40	16
175	0	2.98	15.49	0	1.63	13.18	265	178	0	178	6	6
	0.3	3.63	15.49	1.45	2.09	16.90	403	178	104	281	14	9
	0.4	3.85	15.49	2.00	2.20	17.78	447	178	138	315	17	9
	0.5	4.07	15.49	2.59	2.32	18.70	489	178	171	349	20	10
	0.6	4.29	15.49	3.22	2.44	19.71	530	178	204	382	23	11
	0.7	4.51	15.49	3.89	2.57	20.75	571	178	237	414	26	12
	0.8	4.72	15.49	4.63	2.79	22.05	609	178	269	446	28	13
	0.9	4.94	15.49	5.42	2.91	23.47	650	178	300	478	31	14
	1.0	5.16	15.49	6.28	3.12	25.23	686	178	331	508	34	15
	1.1	5.38	15.49	7.22	3.37	27.20	724	178	361	538	37	16
	1.2	5.59	15.49	8.24	3.63	29.29	759	178	390	567	40	17
200	0	3.30	17.12	0	1.80	14.56	293	196	0	196	7	7
	0.3	3.98	17.12	1.66	2.32	18.70	428	196	105	301	15	9
	0.4	4.21	17.12	2.28	2.43	19.62	472	196	139	336	17	10
	0.5	4.44	17.12	2.95	2.56	20.67	514	196	173	369	20	11
	0.6	4.66	17.12	3.67	2.69	21.76	555	196	206	403	23	12

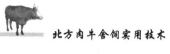

北方肉牛舍饲实用技术

续表

LBW (kg)	ADG (kg/d)	DMI (kg/d)	NE_m (MJ/d)	NE_g (MJ/d)	RND	NE_{mf} (MJ/d)	CP (g/d)	$IDCP_m$ (g/d)	$IDCP_g$ (g/d)	IDCP (g/d)	钙 (g/d)	磷 (g/d)
200	0.7	4.89	17.12	4.45	2.83	22.47	593	196	239	435	26	13
	0.8	5.12	17.12	5.29	3.01	24.31	631	196	271	467	29	14
	0.9	5.34	17.12	6.19	3.21	25.90	669	196	302	499	31	15
	1.0	5.57	17.12	7.17	3.45	27.82	708	196	333	529	34	16
	1.1	5.80	17.12	8.25	3.71	29.96	743	196	362	558	37	17
	1.2	6.03	17.12	9.42	4.00	32.30	778	196	391	587	40	17
225	0	3.60	18.71	0	1.87	15.10	320	214	0	214	7	7
	0.3	4.31	18.71	1.86	2.56	20.71	425	214	107	321	15	10
	0.4	4.55	18.71	2.57	2.69	21.76	494	214	141	356	18	11
	0.5	4.78	18.71	3.32	2.83	22.89	535	214	175	390	20	12
	0.6	5.02	18.71	4.13	2.98	24.10	576	214	209	423	23	13
	0.7	5.26	18.71	5.01	3.14	25.36	614	214	241	456	26	14
	0.8	5.49	18.71	5.95	3.33	26.90	652	214	273	488	29	14
	0.9	5.73	18.71	6.94	3.55	28.66	691	214	304	519	31	15
	1.0	5.96	18.71	8.07	3.87	30.79	726	214	335	549	34	16
	1.1	6.20	18.71	9.28	4.10	33.10	761	214	364	578	37	17
	1.2	6.44	18.71	10.59	4.42	35.69	796	214	391	606	39	18
250	0	3.90	20.24	0	2.20	17.78	346	232	0	232	8	8
	0.3	4.64	20.24	2.07	2.81	22.72	475	232	108	340	16	11
	0.4	4.88	20.24	2.85	2.95	23.85	517	232	143	375	18	12
	0.5	5.13	20.24	3.69	3.11	25.10	558	232	177	409	21	12
	0.6	5.37	20.24	4.59	3.27	26.44	599	232	211	443	23	13
	0.7	5.62	20.24	5.56	3.45	27.82	637	232	244	475.9	26	14
	0.8	5.87	20.24	6.61	3.65	29.50	672	232	276	507.8	29	15
	0.9	6.11	20.24	7.74	3.89	31.38	711	232	307	538.8	31	16
	1.0	6.36	20.24	8.97	4.18	33.72	746	232	337	568.6	34	17
	1.1	6.60	20.24	10.31	4.49	36.28	781	232	365	597.2	36	18
	1.2	6.85	20.24	11.77	4.84	39.06	814	232	392	624.3	39	18
275	0	4.19	21.74	0	2.40	19.37	372	249	0	249.2	9	9

续表

LBW (kg)	ADG (kg/d)	DMI (kg/d)	NE$_m$ (MJ/d)	NE$_g$ (MJ/d)	RND	NE$_{mf}$ (MJ/d)	CP (g/d)	IDCP$_m$ (g/d)	IDCP$_g$ (g/d)	IDCP (g/d)	钙 (g/d)	磷 (g/d)
275	0.3	4.96	21.74	2.28	3.07	24.77	501	249	110	359	16	12
	0.4	5.21	21.74	3.14	3.22	25.98	543	249	145	394.4	19	12
	0.5	5.47	21.74	4.06	3.39	27.36	581	249	180	429	21	13
	0.6	5.72	21.74	5.05	3.57	28.79	619	249	214	462.8	24	14
	0.7	5.98	21.74	6.12	3.75	30.29	657	249	247	495.8	26	15
	0.8	6.23	21.74	7.27	3.98	32.13	696	249	278	527.7	29	16
	0.9	6.49	21.74	8.51	4.23	34.18	731	249	309	558.5	31	16
	1.0	6.74	21.74	9.86	4.55	36.74	766	249	339	588	34	17
	1.1	7.00	21.74	11.34	4.89	39.50	798	249	367	616	36	18
	1.2	7.25	21.74	12.95	5.60	42.51	834	249	393	642.4	39	19
300	0	4.46	23.21	0	2.60	21.00	397	266	0	266	10	10
	0.3	5.26	23.21	2.48	3.32	26.78	523	266	112	377.6	17	12
	0.4	5.53	23.21	3.42	3.48	28.12	565	266	147	413.4	19	13
	0.5	5.79	23.21	4.43	3.66	29.58	603	266	182	448.4	21	14
	0.6	6.06	23.21	5.51	3.86	31.13	641	266	216	482.4	24	15
	0.7	6.32	23.21	6.67	4.06	32.76	679	266	249	515.5	26	15
	0.8	6.58	23.21	7.93	4.31	34.77	715	266	281	547.4	29	16
	0.9	6.85	23.21	9.29	4.58	36.99	750	266	312	578	31	17
	1.0	7.11	23.21	10.76	4.92	39.71	785	266	341	607.1	34	18
	1.1	7.38	23.21	12.37	5.29	42.68	818	266	369	634.6	36	19
	1.2	7.64	23.21	14.12	5.69	45.98	850	266	394	660.3	38	19
325	0	4.75	24.65	0	2.78	22.43	421	282	0	282.4	11	11
	0.3	5.57	24.65	2.69	3.54	28.58	547	282	114	396	17	13
	0.4	5.84	24.65	3.71	3.72	30.04	586	282	150	432.3	19	14
	0.5	6.12	24.65	4.80	3.91	31.59	624	282	185	467.6	22	14
	0.6	6.39	24.65	5.97	4.12	33.26	662	282	219	501.9	24	15
	0.7	6.66	24.65	7.23	4.36	35.02	700	282	253	535.1	26	16
	0.8	6.94	24.65	8.59	4.60	37.15	736	282	284	566.9	29	17
	0.9	7.21	24.65	10.06	4.90	39.54	771	282	315	597.3	31	18

续表

LBW (kg)	ADG (kg/d)	DMI (kg/d)	NE$_m$ (MJ/d)	NE$_g$ (MJ/d)	RND	NE$_{mf}$ (MJ/d)	CP (g/d)	IDCP$_m$ (g/d)	IDCP$_g$ (g/d)	IDCP (g/d)	钙 (g/d)	磷 (g/d)
325	1.0	7.49	24.65	11.66	5.25	42.43	803	282	344	626.1	33	18
	1.1	7.76	24.65	13.40	5.65	45.61	839	282	371	653	36	19
	1.2	8.03	24.65	15.30	6.08	49.12	868	282	395	677.8	38	20
350	0	5.02	26.06	0	2.95	23.85	445	299	0	298.6	12	12
	0.3	5.87	26.06	2.90	3.76	30.38	569	299	122	420.6	18	14
	0.4	6.15	26.06	3.99	3.95	31.92	607	299	161	459.4	20	14
	0.5	6.43	26.06	5.17	4.16	33.60	645	299	199	497.1	22	15
	0.6	6.72	26.06	6.43	4.38	35.40	683	299	235	533.6	24	16
	0.7	7.00	26.06	7.79	4.61	37.24	719	299	270	568.7	27	17
	0.8	7.28	26.06	9.25	4.89	39.50	757	299	304	602.3	29	17
	0.9	7.57	26.06	10.83	5.21	42.05	789	299	336	634.1	31	18
	1.0	7.85	26.06	12.55	5.59	45.15	824	299	365	664	33	19
	1.1	8.13	26.06	14.43	6.01	48.53	857	299	393	691.7	36	20
	1.2	8.41	26.06	16.48	6.47	52.26	889	299	418	716.9	38	20
375	0	5.28	27.44	0	3.13	25.27	469	314	0	314.4	12	12
	0.3	6.16	27.44	3.10	3.99	32.22	593	314	119	433.5	18	14
	0.4	6.45	27.44	4.28	4.19	33.85	631	314	157	471.2	20	15
	0.5	6.74	27.44	5.54	4.41	35.61	669	314	193	507.7	22	16
	0.6	7.03	27.44	6.89	4.65	37.53	704	314	228	542.9	25	17
	0.7	7.32	27.44	8.34	4.89	39.50	743	314	262	576.6	27	17
	0.8	7.62	27.44	9.91	5.19	41.88	778	314	294	608.7	29	18
	0.9	7.91	27.44	11.61	5.52	44.60	810	314	324	638.9	31	19
	1.0	8.20	27.44	13.45	5.93	47.87	845	314	353	667.1	33	19
	1.1	8.49	27.44	15.46	6.26	50.54	878	314	378	392.9	35	20
	1.2	8.79	27.44	17.65	6.75	54.48	907	314	405	716	38	20
400	0	5.55	28.80	0	3.31	26.71	492	330	0	330	13	13
	0.3	6.45	28.80	3.31	4.22	34.06	613	330	116	446.2	19	15
	0.4	6.76	28.80	4.56	4.43	35.77	651	330	153	482.7	21	16
	0.5	7.06	28.80	5.91	4.66	37.66	689	330	188	518	23	17

续表

LBW (kg)	ADG (kg/d)	DMI (kg/d)	NE_m (MJ/d)	NE_g (MJ/d)	RND	NE_mf (MJ/d)	CP (g/d)	IDCP_m (g/d)	IDCP_g (g/d)	IDCP (g/d)	钙 (g/d)	磷 (g/d)
	0.6	7.36	28.80	7.35	4.91	39.66	727	330	222	551.9	25	17
	0.7	7.66	28.80	8.90	5.17	41.73	763	330	254	584.3	27	18
	0.8	7.96	28.80	10.57	5.49	44.31	798	330	285	614.8	29	19
400	0.9	8.23	28.80	12.38	5.64	47.15	830	330	313	643.5	31	19
	1.0	8.56	28.80	14.35	6.27	50.63	866	330	340	669.9	33	20
	1.1	8.87	28.80	16.49	6.74	54.43	895	330	364	693.8	35	21
	1.2	9.17	28.80	18.83	7.26	58.66	907	330	385	714.8	37	21
	0	5.80	30.14	0	3.48	28.08	515	345	0	345.4	14	14
	0.3	6.73	30.14	3.52	4.43	35.77	636	345	113	458.6	19	16
	0.4	7.04	30.14	4.85	4.65	37.57	674	345	149	494	21	17
	0.5	7.35	30.14	6.28	4.90	39.54	712	345	183	528.1	23	17
	0.6	7.66	30.14	7.81	5.16	41.67	747	345	215	560.7	25	18
425	0.7	7.97	30.14	9.45	5.44	43.89	783	345	246	591.7	27	18
	0.8	8.29	30.14	11.23	5.77	46.57	818	345	275	620.8	29	19
	0.9	8.60	30.14	13.15	6.14	49.58	850	345	302	647.8	31	20
	1.0	8.91	30.14	15.24	6.59	53.22	886	345	327	672.4	33	20
	1.1	9.22	30.14	17.52	7.09	57.24	918	345	349	694.4	35	21
	1.2	9.53	30.14	20.01	7.64	61.67	947	345	368	713.3	37	22
	0	6.06	31.46	0	3.63	29.33	538	361	0	360.5	15	15
	0.3	7.02	31.46	3.72	4.63	37.41	659	361	110	470.7	20	17
	0.4	7.34	31.46	5.14	4.87	39.33	697	361	145	505.1	21	17
	0.5	7.66	31.46	6.65	5.12	41.38	732	361	177	538	23	18
	0.6	7.98	31.46	8.27	5.40	43.60	770	361	209	569.3	25	19
450	0.7	8.30	31.46	10.01	5.69	45.94	806	361	238	598.9	27	19
	0.8	8.62	31.46	11.89	6.03	48.74	841	361	266	626.5	29	20
	0.9	8.94	31.46	13.93	6.43	51.92	873	361	291	651.8	31	20
	1.0	9.26	31.46	16.14	6.90	55.77	906	361	314	674.7	33	21
	1.1	9.58	31.46	18.55	7.42	59.96	938	361	334	694.8	35	22
	1.2	9.90	31.46	21.18	8.00	64.60	967	361	351	711.7	37	22

LBW (kg)	ADG (kg/d)	DMI (kg/d)	NE_m (MJ/d)	NE_g (MJ/d)	RND	NE_{mf} (MJ/d)	CP (g/d)	$IDCP_m$ (g/d)	$IDCP_g$ (g/d)	IDCP (g/d)	钙 (g/d)	磷 (g/d)
475	0	6.31	32.76	0	3.79	30.63	560	375	0	375.4	16	16
	0.3	7.30	32.76	3.93	484	39.08	681	375	107	482.7	20	17
	0.4	7.63	32.76	5.42	5.09	41.09	719	375	140	515.9	22	18
	0.5	7.96	32.76	7.01	5.35	43.26	754	375	172	547.6	24	19
	0.6	8.29	32.76	8.73	5.64	45.61	789	375	202	577.7	25	19
	0.7	8.61	32.76	10.57	5.94	48.03	825	375	230	605.8	27	20
	0.8	8.94	32.76	12.55	6.31	51.00	860	375	257	631.9	29	20
	0.9	9.27	32.76	14.70	6.72	54.31	892	375	280	655.7	31	21
	1.0	9.60	32.76	17.04	7.22	58.32	928	375	301	676.9	33	21
	1.1	9.93	32.76	19.58	7.77	62.76	957	375	320	695	35	22
	1.2	10.26	32.76	22.36	8.37	67.61	989	375	334	709.8	36	23
500	0	6.56	34.05	0	3.95	31.92	582	390	0	390.2	16	16
	0.3	7.58	34.05	4.14	5.04	40.71	700	390	104	494.5	21	18
	0.4	7.91	34.05	5.71	5.30	42.84	738	390	136	526.6	22	19
	0.5	8.25	34.05	7.38	5.58	45.10	776	390	167	557.1	24	19
	0.6	8.59	34.05	9.18	5.88	47.53	811	390	196	585.8	26	20
	0.7	8.93	34.05	11.12	6.20	50.08	847	390	222	612.6	27	20
	0.8	9.27	34.05	13.21	6.58	53.18	882	390	247	637.2	29	21
	0.9	9.61	34.05	15.48	7.01	56.65	912	390	269	659.4	31	21
	1.0	9.94	34.05	17.93	7.53	60.88	947	390	289	678.8	33	22
	1.1	10.28	34.05	20.61	8.10	65.48	979	390	305	695	34	23
	1.2	10.62	34.05	23.54	8.73	70.54	1011	390	318	707.7	36	23

附表2　生长母牛的每日营养需要量

LBW (kg)	ADG (kg/d)	DMI (kg/d)	NE$_m$ (MJ/d)	NE$_g$ (MJ/d)	RND	NE$_{mf}$ (MJ/d)	CP (g/d)	IDCP$_m$ (g/d)	IDCP$_g$ (g/d)	IDCP (g/d)	钙 (g/d)	磷 (g/d)
150	0	2.66	13.80	0	1.46	11.76	236	158	0	158	5	5
	0.3	3.29	13.80	1.37	1.90	15.11	377	158	101	259	13	8
	0.4	3.49	13.80	1.88	2.00	16.15	421	158	134	293	16	9
	0.5	3.70	13.80	2.44	2.11	17.07	465	158	167	325	19	10
	0.6	3.91	13.80	3.03	2.24	18.07	507	158	200	358	22	11
	0.7	4.12	13.80	3.67	2.36	19.08	548	158	231	390	25	11
	0.8	4.33	13.80	4.36	2.52	20.33	589	158	263	421	28	12
	0.9	4.54	13.80	5.11	2.69	21.76	627	158	294	452	31	13
	1.0	4.75	13.80	5.92	2.91	23.47	665	158	324	482	34	14
175	0	2.98	15.49	0	1.63	13.18	265	178	0	178	6	6
	0.3	3.63	15.49	1.59	2.12	17.15	403	178	102	280	14	8
	0.4	3.85	15.49	2.20	2.24	18.07	447	178	136	313	17	9
	0.5	4.07	15.49	2.84	2.37	19.12	489	178	169	346	19	10
	0.6	4.29	15.49	3.54	2.50	20.21	530	178	201	378	22	11
	0.7	4.51	15.49	4.28	2.64	21.34	571	178	233	410	25	12
	0.8	4.72	15.49	5.09	2.81	22.72	609	178	264	442	28	13
	0.9	4.94	15.49	5.96	3.01	24.31	650	178	295	472	30	14
	1.0	5.16	15.49	6.91	3.24	26.19	686	178	324	502	33	15
200	0	3.30	17.12	0	1.80	14.56	293	196	0	196	7	7
	0.3	3.98	17.12	1.82	2.34	18.92	428	196	103	300	14	9
	0.4	4.21	17.12	2.51	2.47	19.46	472	196	137	333	17	10
	0.5	4.44	17.12	3.25	2.61	21.09	514	196	170	366	19	11
	0.6	4.66	17.12	4.04	2.76	22.30	555	196	202	399	22	12
	0.7	4.89	17.12	4.89	2.92	23.43	593	196	234	431	25	13
	0.8	5.12	17.12	5.82	3.10	25.06	631	196	265	462	28	14
	0.9	5.34	17.12	6.81	3.32	26.78	669	196	296	492	30	14
	1.0	5.57	17.12	7.89	3.58	28.87	708	196	325	521	33	15
225	0	3.60	18.71	0	1.87	15.10	320	214	0	214	7	7
	0.3	4.31	18.71	2.05	2.60	20.71	425	214	105	319	15	10

续表

LBW (kg)	ADG (kg/d)	DMI (kg/d)	NE_m (MJ/d)	NE_g (MJ/d)	RND	NE_{mf} (MJ/d)	CP (g/d)	$IDCP_m$ (g/d)	$IDCP_g$ (g/d)	IDCP (g/d)	钙 (g/d)	磷 (g/d)
225	0.4	4.55	18.71	2.82	2.74	21.76	494	214	138	353	17	11
	0.5	4.78	18.71	3.66	2.89	22.89	535	214	172	386	20	12
	0.6	5.02	18.71	4.55	3.06	24.10	576	214	204	418	23	12
	0.7	5.26	18.71	5.51	3.22	25.36	614	214	236	450	25	13
	0.8	5.49	18.71	6.54	3.44	26.90	652	214	267	481	28	14
	0.9	5.73	18.71	7.66	3.67	29.62	691	214	297	511	30	15
	1.0	5.96	18.71	8.88	3.95	31.92	726	214	326	540	33	16
250	0	3.90	20.24	0	2.20	17.78	346	232	0	238	8	8
	0.3	4.64	20.24	2.28	2.84	22.97	475	232	106	338	15	11
	0.4	4.88	20.24	3.14	3.00	24.23	517	232	140	372	18	11
	0.5	5.13	20.24	4.06	3.17	25.01	558	232	173	405	20	12
	0.6	5.37	20.24	5.05	3.35	27.03	599	232	206	438	23	13
	0.7	5.62	20.24	6.12	3.53	28.53	637	232	237	469	25	14
	0.8	5.87	20.24	7.27	3.76	30.38	672	232	263	500	28	15
	0.9	6.11	20.24	8.51	4.02	32.47	711	232	298	530	30	16
	1.0	6.36	20.24	9.85	4.33	34.98	746	232	326	558	33	17
275	0	4.19	21.74	0	2.40	19.37	372	249	0	249	9	9
	0.3	4.96	21.74	2.50	3.10	25.05	501	249	107	356	15	11
	0.4	5.21	21.74	3.45	3.27	26.40	543	249	141	391	18	12
	0.5	5.47	21.74	4.47	3.45	27.87	581	249	175	424	20	13
	0.6	5.72	21.74	5.56	3.65	29.46	619	249	208	457	23	14
	0.7	5.98	21.74	6.73	3.85	31.09	657	249	239	488	25	14
	0.8	6.23	21.74	7.99	4.10	33.10	696	249	270	519	28	15
	0.9	6.49	21.74	9.36	4.38	35.35	731	249	299	548	30	16
	1.0	6.74	21.74	10.85	4.72	38.07	766	249	327	576	32	17
300	0	4.46	23.21	0	2.60	21.00	397	266	0	266	10	10
	0.3	5.26	23.21	2.73	3.35	27.07	523	266	109	375	16	12
	0.4	5.53	23.21	3.77	3.54	28.58	565	266	143	409	18	13
	0.5	5.79	23.21	4.87	3.74	30.17	603	266	177	443	21	14

续表

LBW (kg)	ADG (kg/d)	DMI (kg/d)	NE$_m$ (MJ/d)	NE$_g$ (MJ/d)	RND	NE$_{mf}$ (MJ/d)	CP (g/d)	IDCP$_m$ (g/d)	IDCP$_g$ (g/d)	IDCP (g/d)	钙 (g/d)	磷 (g/d)
300	0.6	6.06	23.21	6.06	3.95	31.88	641	266	210	476	23	14
	0.7	6.32	23.21	7.34	4.17	33.64	679	266	241	507	25	15
	0.8	6.58	23.21	8.72	4.44	35.82	715	266	271	537	28	16
	0.9	6.85	23.21	10.21	4.74	38.24	750	266	300	566	30	17
	1.0	7.11	23.21	11.84	5.10	41.17	785	266	328	594	32	17
325	0	4.75	24.65	0	2.78	22.43	421	282	0	282	11	11
	0.3	5.57	24.65	2.96	3.59	28.95	547	282	110	393	17	13
	0.4	5.84	24.65	4.08	3.78	30.54	586	282	145	427	19	14
	0.5	6.12	24.65	5.28	3.99	32.22	624	282	179	461	21	14
	0.6	6.39	24.65	6.57	4.22	34.06	662	282	212	494	23	15
	0.7	6.66	24.65	7.95	4.46	35.98	700	282	243	526	25	16
	0.8	6.94	24.65	9.45	4.74	38.28	736	282	273	556	28	16
	0.9	7.21	24.65	11.07	5.06	40.88	771	282	302	584	30	17
	1.0	7.49	24.65	12.82	5.45	44.02	803	282	329	611	32	18
350	0	5.02	26.06	0	2.95	23.85	445	299	0	299	12	12
	0.3	5.87	26.06	3.19	3.81	30.75	569	299	118	416	17	14
	0.4	6.15	26.06	4.39	4.02	32.47	607	299	155	454	19	14
	0.5	6.43	26.06	5.69	4.24	34.27	645	299	191	490	21	15
	0.6	6.72	26.06	7.07	4.49	36.23	683	299	226	524	23	16
	0.7	7.00	26.06	8.56	4.74	38.24	719	299	259	558	25	16
	0.8	7.28	26.06	10.17	5.04	40.71	757	299	290	589	28	17
	0.9	7.57	26.06	11.92	5.38	43.47	789	299	320	619	30	18
	1.0	7.85	26.06	13.81	5.80	46.82	824	299	348	646	32	18
375	0	5.28	27.44	0	3.13	25.27	469	314	0	314	12	12
	0.3	6.16	27.44	3.41	4.04	32.59	593	314	115	429	18	14
	0.4	6.45	27.44	4.71	4.26	34.39	631	314	151	465	20	15
	0.5	6.74	27.44	6.09	4.50	36.32	669	314	185	500	22	16
	0.6	7.03	27.44	7.58	4.76	38.41	704	314	219	533	24	17
	0.7	7.32	27.44	9.18	5.03	40.58	743	314	250	565	26	17

341

续表

LBW (kg)	ADG (kg/d)	DMI (kg/d)	NE$_m$ (MJ/d)	NE$_g$ (MJ/d)	RND	NE$_{mf}$ (MJ/d)	CP (g/d)	IDCP$_m$ (g/d)	IDCP$_g$ (g/d)	IDCP (g/d)	钙 (g/d)	磷 (g/d)
375	0.8	7.62	27.44	10.90	5.35	43.18	778	314	280	595	28	18
	0.9	7.91	27.44	12.77	5.71	46.11	810	314	308	622	30	19
	1.0	8.20	27.44	14.79	6.15	49.66	845	314	333	648	32	19
400	0	5.55	28.80	0	3.31	26.74	492	330	0	330	13	13
	0.3	6.45	28.80	3.64	4.26	34.43	613	330	111	441	18	15
	0.4	6.76	28.80	5.02	4.50	36.36	651	330	146	476	20	16
	0.5	7.06	28.80	6.50	4.76	38.41	689	330	180	510	22	16
	0.6	7.36	28.80	8.08	5.03	40.58	727	330	211	541	24	17
	0.7	7.66	28.80	9.79	5.31	42.89	763	330	242	572	26	17
	0.8	7.96	28.80	11.63	5.65	45.65	798	330	270	600	28	18
	0.9	8.26	28.80	13.62	6.04	48.74	830	330	296	626	29	19
	1.0	8.56	28.80	15.78	6.50	52.51	866	330	319	649	31	19
450	0	6.06	31.46	0	3.89	31.46	537	361	0	361	12	12
	0.3	7.02	31.46	4.10	4.40	35.56	625	361	105	465	18	14
	0.4	7.34	31.46	5.65	4.59	37.11	653	361	137	498	20	15
	0.5	7.65	31.46	7.31	4.80	38.77	681	361	168	528	22	16
	0.6	7.97	31.46	9.09	5.02	40.55	708	361	197	557	24	17
	0.7	8.29	31.46	11.01	5.26	42.47	734	361	224	585	26	17
	0.8	8.61	31.46	13.08	5.51	44.54	759	361	249	609	28	18
	0.9	8.93	31.46	15.32	5.79	46.78	784	361	271	632	30	19
	1.0	9.25	31.46	17.75	6.09	49.21	808	361	291	652	32	19
500	0	6.56	34.05	0	4.21	34.05	582	390	0	390	13	13
	0.3	7.57	34.05	4.55	4.78	38.60	662	390	98	489	18	15
	0.4	7.91	34.05	6.28	4.99	40.32	687	390	128	518	20	16
	0.5	8.25	34.05	8.12	5.22	42.17	712	390	156	547	22	16
	0.6	8.58	34.05	10.10	5.46	44.15	736	390	183	573	24	17
	0.7	8.92	34.05	12.23	5.73	46.28	760	390	207	597	26	17
	0.8	9.26	34.05	14.53	6.01	48.58	783	390	228	618	28	18
	0.9	9.60	34.05	17.02	6.32	51.07	805	390	247	637	29	19
	1.0	9.93	34.05	19.72	6.65	53.77	827	390	263	653	31	19

附录

附表3 妊娠母牛的每日营养需要量

体重 (kg)	妊娠 月份	DMI (kg/d)	NE_m (MJ/d)	NE_c (MJ/d)	RND	NE_{mf} (MJ/d)	CP (g/d)	$IDCP_m$ (g/d)	$IDCP_c$ (g/d)	IDCP (g/d)	钙 (g/d)	磷 (g/d)
300	6	6.32	23.21	4.32	2.80	22.60	409	266	28	294	14	12
	7	6.43	23.21	7.36	3.11	25.12	477	266	49	315	16	12
	8	6.60	23.21	11.17	3.50	28.26	587	266	85	351	18	13
	9	6.77	23.21	15.77	3.97	32.05	735	266	141	407	20	13
350	6	6.86	26.06	4.63	3.12	25.19	449	299	30	328	16	13
	7	6.98	26.06	7.88	3.45	28.87	517	299	53	351	18	14
	8	7.15	26.06	11.97	3.87	31.24	627	299	91	389	20	15
	9	7.32	26.06	16.89	4.37	35.30	775	299	151	450	22	15
400	6	7.39	28.80	4.94	3.43	27.69	488	330	32	362	18	15
	7	7.51	28.80	8.40	3.78	30.56	556	330	56	386	20	16
	8	7.68	28.80	12.76	4.23	34.13	666	330	97	427	22	16
	9	7.84	28.80	18.01	4.76	38.47	814	330	161	491	24	17
450	6	7.90	31.46	5.24	3.73	30.12	526	361	34	394	20	17
	7	8.02	31.46	8.92	4.11	33.15	594	361	60	420	22	18
	8	8.19	31.46	13.55	4.58	36.99	704	361	103	463	24	18
	9	8.36	31.46	19.13	5.15	41.58	852	361	171	532	27	19
500	6	8.40	34.05	5.55	4.03	32.51	563	390	36	426	22	19
	7	8.52	34.05	9.45	4.43	35.72	631	390	63	453	24	19
	8	8.69	34.05	14.35	4.92	39.76	741	390	109	499	26	20
	9	8.86	34.05	20.25	5.53	44.62	889	390	181	571	29	21
550	6	8.89	36.57	5.86	4.31	34.83	599	419	37	457	24	20
	7	9.00	36.57	9.97	4.73	38.23	667	419	67	486	26	21
	8	9.17	36.57	15.14	5.26	42.47	777	419	115	534	29	22
	9	9.34	36.57	21.37	5.90	47.62	925	419	191	610	31	23

附表4 哺乳母牛的每日营养需要量

体重 (kg)	DMI (kg/d)	FCM (kg/d)	NE_m (MJ/d)	NEL (MJ/d)	RND	NE_{mf} (MJ/d)	CP (g/d)	$IDCP_m$ (g/d)	IDCPL (g/d)	IDCP (g/d)	钙 (g/d)	磷 (g/d)
300	4.47	0	23.21	0	3.50	28.31	332	266	0	266	10	10
	5.82	3	23.21	9.41	4.92	39.79	587	266	142	408	21	14

343

体重 (kg)	DMI (kg/d)	FCM (kg/d)	NE_m (MJ/d)	NEL (MJ/d)	RND	NE_{mf} (MJ/d)	CP (g/d)	$IDCP_m$ (g/d)	IDCPL (g/d)	IDCP (g/d)	钙 (g/d)	磷 (g/d)
	6.27	4	23.21	12.55	5.40	43.61	672	266	190	456	29	15
	6.72	5	23.21	15.69	5.87	47.44	757	266	237	503	34	17
	7.17	6	23.21	18.83	6.34	51.27	842	266	285	551	39	18
300	7.62	7	23.21	21.97	6.82	55.09	927	266	332	598	44	19
	8.07	8	23.21	25.10	7.29	58.92	1012	266	379	645	48	21
	8.52	9	23.21	28.24	7.77	62.75	1097	266	427	693	53	22
	8.97	10	23.21	31.38	8.24	66.57	1182	266	474	740	58	23
	5.02	0	26.06	0	3.93	31.78	372	299	0	299	12	12
	6.37	3	26.06	9.41	5.35	43.26	627	299	142	441	27	16
	6.82	4	26.06	12.55	5.83	47.08	712	299	190	488	32	17
	7.27	5	26.06	15.69	6.30	50.91	797	299	237	536	37	19
350	7.72	6	26.06	18.83	6.77	54.74	882	299	285	583	42	20
	8.17	7	26.06	21.97	7.25	58.56	967	299	332	631	46	21
	8.62	8	26.06	25.10	7.72	62.39	1052	299	379	678	51	23
	9.07	9	26.06	28.24	8.20	66.22	1137	299	427	725	56	24
	9.52	10	26.06	31.38	8.67	70.04	1222	299	474	773	61	25
	5.55	0	28.80	0	4.35	35.12	411	330	0	330	13	13
	6.90	3	28.80	9.41	5.77	46.60	666	330	142	472	28	17
	7.35	4	28.80	12.44	6.24	50.43	751	330	190	520	33	18
	7.80	5	28.80	15.69	6.71	54.26	836	330	237	567	38	20
400	8.25	6	28.80	18.83	7.19	58.08	921	330	285	615	43	21
	8.70	7	28.80	21.97	7.66	61.91	1006	330	332	662	47	22
	9.15	8	28.80	25.10	8.14	65.74	1091	330	379	709	52	24
	9.60	9	28.80	28.24	8.61	69.56	1176	330	427	757	57	25
	10.05	10	28.80	31.38	9.08	73.39	1261	330	474	804	62	26
	6.06	0	31.46	0	4.75	38.37	449	361	0	361	15	15
	7.41	3	31.46	9.41	6.17	49.85	704	361	142	503	30	19
450	7.86	4	31.46	12.55	6.61	53.67	789	361	190	550	35	20
	8.31	5	31.46	15.69	7.12	57.50	874	361	237	598	40	22

体重 (kg)	DMI (kg/d)	FCM (kg/d)	NE_m (MJ/d)	NEL (MJ/d)	RND	NE_{mf} (MJ/d)	CP (g/d)	$IDCP_m$ (g/d)	IDCPL (g/d)	IDCP (g/d)	钙 (g/d)	磷 (g/d)
	8.76	6	31.46	18.83	7.59	61.33	959	361	285	645	45	23
	9.21	7	31.46	21.97	8.06	65.15	1044	361	332	693	49	24
450	9.66	8	31.46	25.10	8.54	68.98	1129	361	379	740	54	26
	10.11	9	31.46	28.24	9.01	72.81	1214	361	417	787	59	27
	10.56	10	31.46	31.38	9.48	76.63	1299	361	474	835	64	28
	6.56	0	34.05	0	5.14	41.52	486	390	0	390	16	16
	7.91	3	34.05	9.41	6.56	53.00	741	390	142	532	31	20
	8.36	4	34.05	12.55	7.03	56.83	826	390	190	580	36	21
	8.81	5	34.05	15.69	7.51	60.66	911	390	237	627	41	23
500	9.26	6	34.05	18.83	7.98	64.48	996	390	285	675	46	24
	9.71	7	34.05	21.97	8.45	68.31	1081	390	332	722	50	25
	10.16	8	34.05	25.10	8.93	72.14	1166	390	379	770	55	27
	10.61	9	34.05	28.24	9.40	75.96	1251	390	427	817	60	28
	11.06	10	34.05	31.38	9.87	79.79	1336	390	474	864	65	29
	7.14	0	36.57	0	5.52	44.60	522	419	0	419	18	18
	8.39	3	36.57	9.41	6.94	56.08	777	419	142	561	32	22
	8.84	4	36.57	12.55	7.41	59.91	862	419	190	609	37	23
	9.29	5	36.57	15.69	7.89	63.73	947	419	237	656	42	25
550	9.74	6	36.57	18.83	8.36	67.56	1032	419	285	704	47	26
	10.19	7	36.57	21.97	8.83	71.39	1117	419	332	751	52	27
	10.64	8	36.57	25.10	9.31	75.21	1202	419	379	799	56	29
	11.09	9	36.57	28.24	9.78	79.04	1287	419	427	846	61	30
	11.54	10	36.57	31.38	10.23	82.87	1372	419	474	893	66	31

附表5 哺乳母牛每千克4%标准乳中的营养含量

干物质 （g）	肉牛能量单位 （RND）	综合净能 （MJ）	脂肪 （g）	粗蛋白质 （g）	钙 （g）	磷 （g）
450	0.32	2.57	40	85	2.46	1.12

附表6 肉牛对日粮微量矿物元素需要量（mg/kg）

微量元素	需要量（以日粮干物质计）			最大耐受浓度[1]
	生长和育肥牛	妊娠母牛	泌乳早期母牛	
钴（Co）	0.10	0.10	0.10	10
铜（Cu）	10.00	10.00	10.00	100
碘（I）	0.50	0.50	0.50	50
铁（Fe）	50.00	50.00	50.00	1000
锰（Mn）	20.00	40.00	40.00	1000
硒（Se）	0.10	0.10	0.10	2
锌（Zn）	30.00	30.00	30.00	500

注：参照NRC（1996）

附表7 青绿饲料类饲料成分与营养价值表

编号	饲料名称	样品说明	DM[a] (%)	CP[b] (%)	EE[c] (%)	CF[d] (%)	NFE[e] (%)	Ash[f] (%)	Ca[g] (%)	P[h] (%)	DE[i] (MJ/kg)	NEm[j] (MJ/kg)	RND[k] (个/kg)
2-01-610	大麦青割	北京，5月上旬	15.7	2.0	0.5	4.7	6.9	1.6	—	—	1.80	0.86	0.11
			100.0	12.7	3.2	29.9	43.9	10.2	—	—	11.45	5.48	0.68
2-01-072	甘薯藤	11省市，15样平均值	13.0	2.1	0.5	2.5	6.2	1.7	0.20	0.05	1.37	0.63	0.08
			100.0	16.2	3.8	19.2	47.7	13.1	1.54	0.38	10.55	4.84	0.60
2-01-645	苜蓿	北京，盛花期	26.2	3.8	0.3	9.4	10.8	1.9	0.34	0.01	2.42	1.02	0.13
			100.0	14.5	1.1	35.9	41.2	7.3	1.30	0.04	9.22	3.87	0.48
2-01-655	沙打旺	北京	14.9	3.5	0.5	2.3	6.6	2.0	0.20	0.05	1.75	0.85	0.10
			100.0	23.5	3.4	15.4	44.3	13.4	1.34	0.34	11.76	5.68	0.70
2-01-679	野青草	黑龙江	18.9	3.2	1.0	5.7	7.4	1.6	0.24	0.03	2.06	0.93	0.12
			100.0	16.9	5.3	30.2	39.2	8.5	1.27	0.16	10.92	4.93	0.61
2-01-677	野青草	北京，狗尾草为主	25.3	1.7	0.7	7.1	13.3	2.5	—	0.12	2.53	1.14	0.14
			100.0	6.7	2.8	28.1	52.6	9.9	—	0.47	10.01	4.50	0.56
3-03-605	玉米青贮	4省市，5样品平均值	27.7	1.6	0.6	6.9	11.6	2.0	0.10	0.06	2.25	1.00	0.12
			100.0	7.0	2.6	30.4	51.1	8.8	0.44	0.26	9.90	4.40	0.54
3-03-025	玉米青贮	吉林，收获后黄干贮	25.0	1.4	0.3	8.7	12.5	1.9	0.10	0.02	1.70	0.61	0.08
			100.0	5.6	1.2	35.6	50.0	7.6	0.40	0.08	6.78	2.44	0.30
3-03-606	玉米大豆青贮	北京	21.8	2.1	0.5	6.9	8.1	4.1	0.15	0.06	2.20	1.05	0.13
			100.0	9.6	2.3	31.7	37.6	18.8	0.69	0.28	10.09	4.82	0.60
3-03-601	冬大麦青贮	北京，7样品平均值	22.2	2.6	0.7	6.6	9.5	2.8	0.05	0.03	2.47	1.18	0.15
			100.0	11.7	3.2	29.7	42.8	12.6	0.23	0.14	11.14	5.33	0.66

续表

编号	饲料名称	样品说明	DM^a (%)	CP^b (%)	EE^c (%)	CF^d (%)	NFE^e (%)	Ash^f (%)	Ca^g (%)	P^h (%)	DE^i (MJ/kg)	NEm^j (MJ/kg)	RND^k (个/kg)
3-03-011	胡萝卜叶青贮	青海西宁，起苔	19.7	3.1	1.3	5.7	4.8	4.8	0.35	0.03	2.01	0.95	0.12
			100.0	15.7	6.6	28.9	24.4	24.4	1.78	0.15	10.18	4.81	0.60
3-03-005	苜蓿青贮	青海西宁，盛花期	33.7	5.3	1.4	12.8	10.3	3.9	0.50	0.10	3.13	1.32	0.16
			100.0	15.7	4.2	38.0	30.6	11.6	1.48	0.30	9.29	3.93	0.49
3-03-021	甘薯蔓青贮	上海	18.3	1.7	1.1	4.5	7.3	3.7	—	—	1.53	0.64	0.08
			100.0	9.3	6.0	24.6	39.9	20.2	—	—	8.38	3.52	0.44
3-03-021	甜菜叶青贮	吉林	37.5	4.6	2.4	7.4	14.6	8.5	0.39	0.10	4.26	2.14	0.26
			100.0	12.3	6.4	19.7	38.9	22.7	1.04	0.27	11.36	5.69	0.70

注：a表示干物质；b表示粗蛋白质；c表示粗脂肪；d表示粗纤维；e表示无氮浸出物；f表示粗灰分；g表示钙；h表示磷；i表示消化能；j表示综合净能；k表示肉牛能量单位

附表8 块根、块茎、瓜果类饲料成分与营养价值表

编号	饲料名称	样品说明	DM (%)	CP (%)	EE (%)	CF (%)	NFE (%)	Ash (%)	Ca (%)	P (%)	DE (MJ/kg)	NE_m (MJ/kg)	RND (个/kg)
4-04-601	甘薯	北京	24.6	1.1	0.2	0.8	21.2	1.3	—	0.07	3.70	2.07	0.26
			100.0	4.5	0.8	3.3	86.2	5.3	—	0.28	15.05	8.43	1.04
4-04-200	甘薯	7省市、8样品平均值	25.0	1.0	0.3	0.9	22.0	0.8	0.13	0.05	3.83	2.14	0.26
			100.0	4.0	1.2	3.6	88.0	3.2	0.52	0.20	15.31	8.55	1.06
4-04-603	胡萝卜	张家口	9.3	0.8	0.2	0.8	6.8	0.7	0.05	0.03	1.14	0.82	0.10
			100	8.6	2.2	8.6	73.1	7.5	0.54	0.32	15.60	8.87	1.10
4-04-208	胡萝卜	12省市、13样品平均值	12.0	1.1	0.3	1.2	8.4	1.0	0.15	0.09	1.85	1.05	0.13
			100.0	9.2	2.5	10.0	70.0	8.3	1.25	0.75	15.44	8.73	1.08
4-04-211	马铃薯	10省市、10样品平均值	22.0	1.6	0.1	0.7	18.7	0.9	0.02	0.03	3.29	1.82	0.23
			100.0	7.5	0.5	3.2	85.0	4.1	0.09	0.14	14.97	8.28	1.02
4-04-213	甜菜	8省市、9样品平均值	15.0	2.0	0.4	1.7	9.1	1.8	0.06	0.04	1.94	1.01	0.12
			100.0	13.3	2.7	11.3	60.7	12.0	0.40	0.27	12.93	6.71	0.83
4-04-611	甜菜丝干	北京	88.6	7.3	0.6	19.6	56.6	4.5	0.66	0.07	12.25	6.49	0.80
			100.0	8.2	0.7	22.1	63.9	5.1	0.74	0.08	13.82	7.33	0.91
4-04-215	芜菁甘蓝	3省市、5样品平均值	10.0	1.0	0.2	1.3	6.7	0.8	0.06	0.02	1.58	0.91	0.11
			100.0	10.0	2.0	13.0	67.0	8.0	0.60	0.20	15.80	9.05	1.12

附表9 干草类饲料成分与营养价值表

编号	饲料名称	样品说明	DM (%)	CP (%)	EE (%)	CF (%)	NFE (%)	Ash (%)	Ca (%)	P (%)	DE (MJ/kg)	NE_m (MJ/kg)	RND (个/kg)
1-05-645	羊草	黑龙江, 4样品平均值	91.6	7.4	3.6	29.4	46.6	4.6	0.37	0.18	8.78	3.70	0.46
			100.0	8.1	3.9	32.1	50.9	5.0	0.40	0.20	9.59	4.04	0.50
1-05-622	苜蓿干草	北京, 苏联苜蓿2号	92.4	16.8	1.3	29.5	34.5	10.3	1.95	0.28	9.79	4.51	0.56
			100.0	18.2	1.4	31.9	37.3	11.1	2.11	0.30	10.59	4.89	0.60
1-05-625	苜蓿干草	北京, 下等	88.7	11.6	1.2	43.3	25.0	7.6	1.24	0.39	7.67	3.13	0.39
			100.0	13.1	1.4	48.8	28.2	8.6	1.40	0.44	8.64	3.53	0.44
1-05-646	野干草	北京, 秋白草	85.2	6.8	1.1	27.5	40.1	9.6	0.41	0.31	7.86	3.43	0.42
			100.0	8.0	1.3	32.3	47.1	11.4	0.48	0.36	9.22	4.03	0.50
1-05-071	野干草	河北, 野草	87.9	9.3	3.9	25.0	44.2	5.5	0.33	—	8.42	3.54	0.44
			100.0	10.6	4.4	28.4	50.3	6.3	0.38	—	9.58	4.03	0.50
1-05-607	黑麦草	吉林	87.8	17.0	4.9	20.4	34.3	11.2	0.39	0.24	10.42	5.00	0.62
			100.0	19.4	5.6	23.2	39.1	12.8	0.44	0.27	11.86	5.70	0.71
1-05-617	碱草	内蒙古, 结实期	91.7	7.4	3.1	41.3	32.5	7.4	—	—	6.54	2.37	0.29
			100.0	8.1	3.4	45.0	35.4	8.1	—	—	7.13	2.58	0.32

附表10　农副产品类饲料成分与营养价值表

编号	饲料名称	样品说明	DM (%)	CP (%)	EE (%)	CF (%)	NFE (%)	Ash (%)	Ca (%)	P (%)	DE (MJ/kg)	NE$_m$ (MJ/kg)	RND (个/kg)
1-06-062	玉米秸	辽宁，3样品平均值	90.0	5.9	0.9	24.9	50.2	8.1	—	—	5.83	2.53	0.31
			100.0	6.6	1.0	27.7	55.8	9.0	—	—	6.48	2.81	0.35
1-06-622	小麦秸	新疆，墨西哥种	89.6	5.6	1.6	31.9	41.1	9.4	0.05	0.06	5.32	1.96	0.24
			100.0	6.3	1.8	35.6	35.6	10.5	0.06	0.07	5.93	2.18	0.27
1-06-620	小麦秸	北京，冬小麦	43.5	4.4	0.6	15.7	18.1	4.7	—	—	2.54	0.91	0.11
			100.0	10.1	1.4	36.1	41.6	10.8	—	—	5.85	2.10	0.26
1-06-009	稻草	浙江，晚稻	89.4	2.5	1.7	24.1	48.8	12.3	0.07	0.05	4.84	1.92	0.24
			100.0	2.8	1.9	27.0	54.6	13.8	0.08	0.06	5.42	2.16	0.27
1-06-611	稻草	河南	90.3	6.2	1	27.0	37.3	18.6	0.56	0.17	4.64	1.79	0.22
			100.0	6.9	1.3	29.9	41.3	20.6	0.62	0.19	5.17	0.99	0.25
1-06-615	谷草	黑龙江，2样品平均值	90.7	4.5	1.2	32.6	44.2	8.2	0.34	0.03	6.33	2.71	0.34
			100.0	5.0	1.3	35.9	48.7	9.0	0.37	0.03	6.98	2.99	0.37
1-06-100	甘薯蔓	7省市，31样品平均值	88.0	8.1	2.7	28.5	39.0	9.7	1.55	0.11	7.53	3.28	0.41
			100.0	9.2	3.1	32.4	44.3	11.0	1.76	0.13	8.69	3.78	0.47
1-06-617	花生蔓	山东，伏花生	91.3	11.0	1.5	29.6	41.3	7.9	2.46	0.04	9.48	4.31	0.53
			100.0	12.0	1.6	32.4	45.2	8.7	2.69	0.04	10.39	4.72	0.58

附表11 谷实类饲料成分与营养价值表

编号	饲料名称	样品说明	DM (%)	CP (%)	EE (%)	CF (%)	NFE (%)	Ash (%)	Ca (%)	P (%)	DE (MJ/kg)	NEm (MJ/kg)	RND (个/kg)
4-07-263	玉米	23省市，120样品平均值	88.4	8.6	3.5	2.0	72.9	1.4	0.08	0.21	14.47	8.06	1.00
			100.0	9.7	4.4	2.3	82.5	1.6	0.09	0.24	16.36	9.12	1.13
4-07-194	玉米	北京，黄玉米	88.0	8.5	4.3	1.3	72.2	1.7	0.02	0.21	14.87	8.40	1.04
			100.0	9.7	4.9	1.5	82.0	1.9	0.02	0.24	16.90	9.55	1.18
4-07-104	高粱	17省市，38样品平均值	89.3	8.7	3.3	2.2	72.9	2.2	0.09	0.28	13.31	7.08	0.88
			100.0	9.7	3.7	2.5	81.6	2.5	0.10	0.31	14.90	7.93	0.98
4-07-605	高粱	北京，红高粱	87.0	8.5	3.6	1.5	74.3	2.1	0.09	0.36	13.09	6.98	0.87
			100.0	9.8	4.1	1.7	82.0	2.4	0.10	0.41	15.04	8.02	0.99
4-07-022	大麦	20省市，49样品平均值	88.8	10.8	2.0	4.7	68.1	3.2	0.12	0.29	13.31	7.19	0.89
			100.0	12.1	2.3	5.3	76.7	3.6	0.14	0.33	14.99	8.10	1.00
4-07-074	籼稻谷	9省市，34样品平均值	90.6	8.3	1.5	8.5	67.5	4.8	0.13	0.28	13.00	6.98	0.87
			100.0	9.2	1.7	9.4	74.5	5.3	0.14	0.31	14.35	7.71	0.96
4-07-188	燕麦	11省市，17样品平均值	90.3	11.6	5.2	8.9	60.7	3.9	0.15	0.33	13.28	6.95	0.86
			100.0	12.8	5.8	9.9	67.2	4.3	0.17	0.37	14.70	7.70	0.96
4-07-164	小麦	15省市，28样品平均值	91.8	12.1	1.8	2.4	73.2	2.3	0.11	0.36	14.82	8.29	1.03
			100.0	13.2	2.0	2.6	79.7	2.5	0.12	0.39	16.14	9.03	1.12

附表12 糠麸类饲料成分与营养价值表

编号	饲料名称	样品说明	DM (%)	CP (%)	EE (%)	CF (%)	NFE (%)	Ash (%)	Ca (%)	P (%)	DE (MJ/kg)	NE_m (MJ/kg)	RND (个/kg)
4-08-078	小麦麸	全国，115样品平均值	88.6	14.4	3.7	9.2	56.2	5.1	0.18	0.78	11.37	5.86	0.73
			100.0	16.3	4.2	10.4	63.4	5.8	0.20	0.88	13.24	6.61	0.82
4-08-049	小麦麸	山东，39样品平均值	89.3	15.0	3.2	10.3	55.4	5.4	0.14	0.60	11.47	5.66	0.70
			100.0	16.8	3.6	11.5	62.0	6.0	0.16	0.67	12.84	6.33	0.79
4-08-094	玉米皮	北京	87.9	10.17	4.9	13.8	57.0	2.1	—	—	10.12	4.59	0.57
			100.0	11.5	5.6	15.7	64.8	2.4	—	—	11.51	5.22	0.65
4-08-030	米糠	4省市，13样品平均值	90.2	12.1	15.5	9.2	43.3	10.1	0.14	1.04	13.93	7.22	0.90
			100.0	13.4	17.2	10.2	48.0	11.2	0.16	1.15	15.44	8.00	0.99
4-08-016	高粱糠	2省，8样品平均值	91.1	9.6	9.1	4.0	63.5	4.9	0.07	0.81	14.02	7.40	0.92
			100.0	10.5	10.0	4.4	69.7	5.4	0.08	0.89	15.39	8.13	1.01
4-08-001	大豆皮	北京	91.0	18.8	2.6	25.4	39.4	5.1	—	0.35	11.25	5.40	0.67
			100.0	20.7	2.9	27.6	43.3	5.6	—	0.38	12.36	5.94	0.74

附表13 糠麸类饲料成分与营养价值表

编号	饲料名称	样品说明	DM (%)	CP (%)	EE (%)	CF (%)	NFE (%)	Ash (%)	Ca (%)	P (%)	DE (MJ/kg)	NE$_m$ (MJ/kg)	RND (个/kg)
5-10-043	豆饼（机榨）	13省，42样品平均值	90.6	43.0	5.4	5.7	30.6	5.9	0.32	0.50	14.31	7.41	0.92
			100.0	47.5	6.0	6.3	33.8	6.5	0.35	0.55	15.80	8.17	1.01
5-10-602	豆饼	四川，溶剂法	89.0	45.8	0.9	6.0	30.5	5.8	0.32	0.67	13.48	6.97	0.86
			100.0	51.2	1.0	6.7	34.3	6.5	0.36	0.75	15.15	7.83	0.97
5-10-062	胡麻饼（机榨）	8省市，11样品平均值	92.0	33.1	7.5	9.8	34.0	7.6	0.58	0.77	13.76	7.01	0.87
			100.0	36.0	8.2	10.7	37.0	8.3	0.63	0.84	14.95	7.62	0.94
5-10-075	花生饼（机榨）	9省市，34样品平均值	89.9	46.4	6.6	5.8	25.7	5.4	0.24	0.52	14.44	7.41	0.92
			100.0	51.6	7.3	6.5	28.6	6.0	0.27	0.58	16.06	8.24	1.02
5-10-610	棉籽饼（去壳）	上海，浸2样品平均值	88.3	39.4	2.1	10.4	29.1	7.3	0.23	2.01	12.05	5.95	0.74
			100.0	44.6	2.4	11.8	33.0	8.3	0.26	2.28	13.65	6.74	0.83
5-10-612	棉籽饼（去壳机榨）	9省市，34样品平均值	89.6	32.5	5.7	10.7	34.5	6.2	0.27	0.81	13.11	6.62	0.82
			100.0	36.3	6.4	11.9	38.5	6.9	0.30	0.90	14.63	7.39	0.92
5-10-110	向日葵	北京，去壳浸提	92.6	46.1	2.4	11.8	25.5	6.8	0.53	0.35	10.97	4.93	0.61
			100.0	49.8	2.6	12.7	27.5	7.4	0.57	0.38	11.84	5.32	0.66

附表14　糟渣类饲料成分与营养价值表

编号	饲料名称	样品说明	DM (%)	CP (%)	EE (%)	CF (%)	NFE (%)	Ash (%)	Ca (%)	P (%)	DE (MJ/kg)	NE_m (MJ/kg)	RND (个/kg)
5-11-103	酒糟	吉林，高粱酒糟	37.7	9.3	4.2	3.4	17.6	3.2	—	—	5.83	3.03	0.38
			100.0	24.7	11.1	9.0	46.7	8.5	—	—	15.46	8.05	1.00
4-11-092	酒糟	贵州，玉米酒糟	21.0	4.0	2.2	2.3	11.7	0.7	—	—	2.69	1.25	0.15
			100.0	19.0	10.5	11.0	55.7	3.4	—	—	12.89	5.94	0.73
4-11-058	玉米粉渣	6省，7样品平均值	15.0	2.8	0.7	1.4	10.7	0.4	0.02	0.02	2.41	1.33	0.16
			100.0	12.0	4.7	9.3	71.3	2.7	0.13	0.13	16.1	8.86	1.10
4-11-069	马铃薯粉渣	3省，3样品平均值	15.0	1.0	0.4	1.3	11.7	0.6	0.06	0.04	1.90	0.94	0.12
			100.0	6.7	2.7	8.7	78.0	4.0	0.40	0.27	12.67	6.29	0.78
5-11-607	啤酒糟	2省，3样品平均值	23.4	1.6	1.9	3.9	9.5	1.3	0.09	0.18	2.98	1.38	0.17
			100.0	6.8	8.1	16.7	40.6	5.6	0.38	0.77	12.27	5.91	0.73
1-11-609	甜菜渣	黑龙江	8.4	0.9	0.1	2.6	3.4	1.4	0.08	0.14	1.00	0.52	0.06
			100.0	10.7	1.2	31.0	40.5	16.7	0.95	0.60	11.92	6.17	0.76
1-11-602	豆腐渣	2省市，4样品平均值	11.0	3.3	0.8	2.1	4.4	0.4	0.05	0.03	1.77	0.93	0.12
			100.0	30.0	7.3	19.1	40.0	3.6	0.45	0.27	16.09	8.49	1.05
5-11-082	酱油渣	宁夏银川	24.3	7.1	4.5	3.3	7.9	1.5	0.11	0.03	3.62	1.74	0.22
			100.0	29.2	18.5	13.6	32.5	6.2	0.45	0.12	14.89	7.14	0.88

附表15 矿物质饲料类饲料成分与营养价值表（%）

编号	饲料名称	样品说明	DM	Ca	P
6-14-001	白云石	北京	—	21.16	0
6-14-002	蚌壳粉	东北	99.3	40.82	0
6-14-003	蚌壳粉	东北	99.8	46.46	—
6-14-004	蚌壳粉	安徽	85.7	23.51	—
6-14-006	贝壳粉	吉林榆树	98.9	32.93	0.03
6-14-007	贝壳粉	浙江舟山	98.6	34.76	0.02
6-14-016	蛋壳粉	四川	—	37.00	0.15
6-14-017	蛋壳粉	云南会泽，6.3CP	96	25.99	0.1
6-14-030	砺粉	北京	99.6	39.23	0.23
6-14-032	碳酸钙	北京，脱氧	—	27.91	14.38
6-14-034	磷酸氢钙	四川	风干	23.20	18.60
6-14-035	磷酸氢钙	云南，脱氧	99.8	21.85	8.64
6-14-037	马芽石	云南昆明	风干	38.38	0
6-14-038	石粉	河南南阳，白色	97.1	39.49	—
6-14-039	石粉	河南大理石，灰色	99.1	32.54	—
6-14-040	石粉	广东	风干	42.21	—
6-14-041	石粉	广东	风干	55.67	0.11
6-14-042	石粉	云南昆明	92.1	33.98	0
6-14-044	石灰石	吉林	99.7	32.0	—
6-14-045	石灰石	吉林九台	99.9	24.48	—
6-14-046	碳酸钙	浙江湖州	99.1	35.19	0.14
6-14-048	蟹壳粉	上海	89.9	23.33	1.59

参考文献

[1] 徐泽君, 王学君. 规模化肉牛场科学建设与生产管理[M]. 河南：河南科学技术出版社, 2016.

[2] 郑崔芝, 李义. 畜禽场设计及畜禽舍环境控制[M]. 北京：中国农业出版社, 2012.

[3] 许尚忠, 魏伍川. 肉牛高效生产使用技术[M]. 北京：中国农业出版社, 2002.

[4] 陈幼春. 现代肉牛生产（第二版）[M]. 北京：中国农业出版社, 2012.

[5] 国家畜禽遗传资源委员会. 中国畜禽遗传资源志·牛志[M]. 北京：中国农业出版社, 2011.

[6] 陈国宏, 张勤. 《动物遗传原理与育种方法》[M]. 北京：中国农业出版社, 2009.

[7] 苏玉虹, 耿明杰. 《动物遗传育种技术》[M]. 北京：中国农业科学技术出版社, 2012.

[8] 张沅. 《家畜育种学》[M]. 北京：中国农业出版社, 2001.

[9] 莫放, 李强, 赵德兵. 《肉牛育肥生产技术与管理》[M]. 北京：中国农业大学出版社, 2012.

[10] 魏成斌, 徐照学. 肉牛标准化繁殖技术[M]. 北京:中国农业科学技术出版社, 2015.

[11] 周虚. 动物繁殖学[M]. 北京:科学出版社, 2015.

[12] 李国浩. 牛卵母细胞冷冻方法的研究[D]. 河南：河南科技大学, 2011.

[13] 许亚坤. 液氮玻璃化冷冻牛未成熟卵母细胞的研究[D]. 河南：河南科技大学, 2015.

[14] 何洪武, 穆尔扎提·尤努斯, 贾海军, 等. 应用西门塔尔牛性控冻精生产体内胚胎的试验[J]. 草食家畜, 2019(06):29-32.

[15] 李剑波, 王廷斌, 高帅, 等. 应用奶牛性控精液生产体内性控胚胎及其移植试验初报[J]. 湖北畜牧兽医, 2007(07):7-8.

[16] 梁红云, 左北瑶, 纪军, 等. "性控胶囊"在奶牛生产上的应用效果分析[J]. 草食家畜, 2009(01):42-43.

[17] 裴杰, 阎萍, 程胜利, 等. 牛PCR性别鉴定研究进展：中国畜牧兽医学会养牛学分会2011年学术研讨会论文集[C]. 北京：中国畜牧兽医学会养牛学分会, 2011:320-324.

[18] 王爱华, 袁亚丽, 孟庆斌, 等. 奶牛性控胚胎移植试验[J]. 中国奶牛, 2008(08):33-34.

[19] 袁立岗, 席继峰, 柳炜, 等. Zfy干扰基因对荷斯坦牛性别控制的效果[J]. 中国奶牛, 2019(03):18-21.

[20] 周虚. 动物繁殖学（第一版）[M]. 北京：科学出版社, 2015.

[21] 杨利国. 动物繁殖学（第一版）[M]. 北京：中国农业出版社, 2003.

[22] 候放亮. 牛繁殖与改良新技术（第一版）[M]. 北京：中国农业出版社, 2005.

[23] 王元兴. 动物繁殖学（第一版）[M]. 南京：江苏科学技术出版社, 1993.

[24] 中华人民共和国农业农村部. 牛冷冻精液生产技术规程：NY/T 1234—2018[S]. 北京, 2009.

[25] 中华人民共和国国家质量监督检验检疫总局. 牛冷冻精液：GB 4143—2008[S]. 北京, 2009.

[26] 王仲兵, 王凤龙. 舍饲牛场疾病预防与控制新技术[M]. 北京：中国农业出版社, 2013.

[27] 潘耀谦, 刘兴友, 冯春花. 牛传染性疾病诊治彩色图谱[M]. 北京：中国农业出版社, 2019.

[28] 周国乔, 徐健. 牛病诊断与防治彩色图谱[M]. 北京：中国农业科学技术出版社, 2019.

[29] 庄桂玉. 养牛防疫消毒技术指南[M]. 北京：中国农业科学技术出版社, 2017.

[30] 段得贤. 家畜内科学[M]. 北京：中国农业科学技术出版社, 2017.

[31] 李佑民. 家畜传染病学[M]. 长春：中国人民解放军兽医大学训练部出版社, 1985.

[32] [美]威廉. C. 雷布汉. 奶牛疾病学[M]. 赵德明, 沈建忠. 译. 北京: 中国农业大学出版社, 1999.

[33] 中华人民共和国农业部. 肉牛饲养标准：NY/T 815-2004[S]. 北京, 2004.

[34] 陈立华, 王秋梅. 饲料配制与检测[M]. 北京：中国农业大学出版社, 2014.

[35] 韩友文. 饲料与饲养学[M]. 北京：中国农业出版社, 1997.

[36] 单安山. 饲料与饲养学[M]. 北京：中国农业出版社, 2006.

[37] 莫放. 养牛生产学[M]. 北京：中国农业大学出版社, 2010.

[38] 王建平, 刘宁. 肉牛快速育肥新技术[M]. 北京：化学工业出版社, 2019.

[39] 章世元. 动物饲料配方设计[M]. 南京：江苏科学技术出版社, 2008.

[40] 孟庆翔, 周振明, 吴浩. 肉牛营养需要[M]. 北京：科学出版社, 2018.

[41] [美]独立行政法人　农业·食品产业技术综合研究机构. 日本饲养标准·肉用牛[M]. 曹兵海. 北京：中国农业大学出版社, 2009.

[42] Anderson GB, Cupps PT, Drost M, et al. Induction of twinning in beef heifers by bilateral embryo transfer[J]. Journal of Animal Science, 46(2), 449–452.

[43] Boland MP, Crosby TF, Gordon I. Twin pregnancy in cattle established by non-surgical egg transfer[J]. British Veterinary Journal,131(6), 738–740.

[44] Kraay GJ, Giebelhaus ED, Colling DT. A case of unrelated twins in cattle[J].The Canadian veterinary journal,19(10), 279–283.

[45] Beal WE, Hinshaw RH, Whitman SS. Evaluating embryo freezing method and the site of embryo deposition on pregnancy rate in bovine embryo transfer[J]. Theriogenology, 1998, 49(1).